高等职业教育
土建类专业系列教材

建筑工程项目管理

主　编◎庞业涛　左彩霞　文婷婷

副主编◎杨　静

参　编◎吴　思　张瀚兮　郑　艳　陈　耕
　　　　曹双平　杨　娥　王汁汁　郑东华

主　审◎邢广武

重庆大学出版社

内容提要

本书根据最新标准与规范编写,强化职业技能的训练。全书共分为 12 个项目,主要内容包括建筑工程项目管理基础知识、建筑工程项目策划与决策、建筑工程项目组织、建筑工程项目进度控制、建筑工程项目成本控制、建筑工程项目质量控制、建筑工程职业健康安全与环境管理、建筑工程项目合同管理、建筑工程项目信息管理、建筑工程项目风险管理、建筑工程项目收尾管理和装配式建筑项目管理。全书按照项目导向、任务驱动的教学模式构建知识体系,采用项目制的编写形式,注重实践技能的培养,突出教、学、做一体化。

本书可作为职业本科院校土木工程类专业、高职高专院校建筑工程技术、建设工程管理、工程造价及相关专业的教学用书,也可供相关工程技术人员参考使用。

图书在版编目(CIP)数据

建筑工程项目管理 / 庞业涛,左彩霞,文婷婷主编.
重庆:重庆大学出版社,2024.8. -- (高等职业教育
土建类专业系列教材). -- ISBN 978-7-5689-4682-7
Ⅰ. TU712.1
中国国家版本馆 CIP 数据核字第 2024RX4197 号

建筑工程项目管理

主　编　庞业涛　左彩霞　文婷婷
副主编　杨　静
参　编　吴　思　张瀚兮　郑　艳　陈　耕
　　　　曹双平　杨　娥　王汁汁　郑东华
主　审　邢广武
责任编辑:杨育彪　　　版式设计:林青山
责任校对:刘志刚　　　责任印制:赵　晟

*

重庆大学出版社出版发行
出版人:陈晓阳
社址:重庆市沙坪坝区大学城西路 21 号
邮编:401331
电话:(023)88617190　88617185(中小学)
传真:(023)88617186　88617166
网址:http://www.cqup.com.cn
邮箱:fxk@ cqup.com.cn(营销中心)
全国新华书店经销
重庆金博印务有限公司印刷

*

开本:787mm×1092mm　1/16　印张:20　字数:498 千
2024 年 8 月第 1 版　2024 年 8 月第 1 次印刷
印数:1—1 500
ISBN 978-7-5689-4682-7　定价:49.00 元

前　言

　　随着我国建筑市场的稳步发展，建筑工程项目管理的地位越来越重要，项目管理已成为每个项目必须分析的一项内容。项目管理在工程建设项目中的具体应用，为加速我国工程建设管理现代化步伐起着巨大的推动作用。目前，我国建筑行业发生了巨大变化，建筑业正朝着工业化、信息化、产业化的方向发展，国家正在推行以 BIM 为代表的信息技术，大力发展装配式建筑，促进建筑业转型升级，国家也颁布了一批新的规范与标准。

　　"建筑工程项目管理"是工程土木工程类专业的专业基础课程之一，其理论知识是今后专业学习和从事工程建设领域相关工作必不可少的内容。本书充分考虑了我国建筑行业的发展情况，根据高等职业教育改革发展的需要，针对应用型本科、高职高专培养技能型人才的目标和特点，参照相关的规范和标准，以突出职业能力培养为编写原则，注重理论与实践相结合，设计了围绕课程内容开展的"格物、致知、诚意、正心、修身、齐家、治国、平天下"的思政体系。

　　本书内容丰富，涵盖了传统项目管理中的"三控制二管理一协调"、建筑工业化及装配式建筑、建筑信息化等前沿知识，大量的二维码数字资源链接可以满足不同层次学生的学习需求。本书采用项目式编写体制，每个任务都提供针对性的练习题，每个项目增加综合技能练习，内容与建造师执业资格对接，实现教学做一体化。

　　本书由重庆建筑科技职业学院庞业涛、左彩霞，重庆机电职业技术大学文婷婷担任主编；重庆建筑科技职业学院杨静担任副主编；重庆建筑科技职业学院吴思、张瀚兮、郑艳、陈耕、曹双平、杨娥，重庆工商职业学院王汁汁，广东金绿能科技有限公司郑东华参加编写。本书具体编写分工：项目 6、项目 8、项目 9 由庞业涛、左彩霞编写；项目 3、项目 4 由文婷婷和杨静编写；项目 1、项目 11 由吴思与张瀚兮编写；项目 7、项目 12 由郑艳和陈耕编写；项目 2、项目 5、项目 10 由曹双平、杨娥和王汁汁编写；郑东华提供案例资料及参加部分项目的编写。全书的统稿、修撰和思政体系设计由庞业涛、左彩霞负责。全书由重庆象屿置业有限公司邢广武主审。

　　由于编者水平有限，书中难免存在疏漏和不妥之处，恳请读者批评指正。

编　者

目　录

项目 1　建筑工程项目管理基础知识

【项目引入】

鲁布革水电站位于云南省罗平县和贵州省兴义市交界处黄泥河下游的深山峡谷中,这里河流密布,水流湍急,落差较大,1990 年在这里建成投产了装机容量为 60 万 kW 的水电站。

1977 年,原水利电力部就着手进行鲁布革水电站的建设,中国水利水电第十四工程局有限公司开始进行施工准备。但由于资金缺乏,工程一直未能正式开工。1983 年,原水利电力部决定向世界银行贷款。鲁布革水电站工程向世界银行贷款总额度为 1.454 亿美元。根据世界银行的要求,鲁布革水电站工程将引水系统工程进行国际竞争性招标,日本大成公司以比标底低 43% 的投标额中标。大成公司组成了 30 人的项目管理班子进行管理,施工人员是中国水利水电第十四工程局有限公司的 500 名职工。1984 年 11 月 24 日,引水系统工程正式开工,1985 年 11 月截流,1988 年 7 月,大成公司承担的引水系统工程全部完工,1988 年年底第一台机组发电,1990 年水电站全部竣工。

通过世界银行贷款建设的鲁布格水电站项目是第一个运用现代项目管理方法的大型工程项目,项目取得了巨大成功,开创了中国水电工程项目管理体制改革的先河。随着开放的深入,我国企业开始通过国际合作,率先在工程项目管理中引进国际工程管理方式,自此开启了与国际接轨的项目管理之路。

问题:

1. 工程项目管理的意义有哪些?
2. 该项目具有哪些特点?
3. 应如何做好该项目的管理工作?

【学习目标】

知识目标:了解项目管理,掌握建筑工程项目管理的基本知识,掌握建筑工程项目全寿命周期管理。

技能目标:能正确辨析项目和一般生产活动的区别;能明确建筑工程项目的特点;能明确建筑工程项目全寿命周期不同阶段项目管理的重点;能对中小型项目进行管理策划。

素质目标:我国古代有很多规模宏大、工艺精湛的工程项目,比如万里长城、都江堰水利工程、丁谓修复皇宫,这些项目不仅体现了我国劳动人民的聪明智慧和高超的建筑技艺,也体现出我国古代项目管理的认识水平和实践经验。在工程项目管理不断发展的今天,作为学生应该以格物、致知、正心、修身为目标,对自身职业产生强烈的认同感、归属感和自豪感。

【学习重、难点】

重点:建筑工程项目管理和全寿命周期管理。

难点：建筑工程项目管理的类型、目标及任务；建筑工程项目全寿命周期各阶段的工作内容。

【学习建议】

1. 本项目对建筑工程项目管理进行概括性学习，着重学习建筑工程项目及项目管理的概念、类型、目标和任务以及建筑工程项目全寿命周期各阶段的管理任务。

2. 用学习、生活、工作中的相关案例加强对项目知识的理解，可以以日常生活中的项目（晚会、会议）、学校的工程项目（教学楼、图书馆）、大型项目（长城、三峡大坝）等为例引出建筑工程项目及全寿命周期管理。

3. 项目后的习题应在学习中对应进度逐步练习，通过做练习加以巩固基本知识。

任务 1.1 项目与项目管理

项目管理是一门应用科学，它反映了项目运作和项目管理的客观规律，是在实践的基础上总结研究出来的，同时又用来指导实践活动。项目管理对企业来说非常重要，无论企业经济效益好坏、规模大小，都需要加强项目管理。重视项目管理和加强项目管理是企业走向成功的必经之路。

1.1.1 项目的概念及特性

1)项目的概念

项目是指一系列独特的、复杂的并相互关联的活动，这些活动有着一个明确的目标或目的，就是必须在特定的时间、预算、资源限定内，依据规范完成。项目参数包括项目范围、质量、成本、时间、资源等。

2)项目的特性

(1)一次性

一次性是项目与其他重复运行或操作的工作最大的区别。项目有明确的起点和终点，没有可以完全照搬的先例，也不会有完全相同的复制。项目的其他属性也是从这一主要的特性中衍生出来的。

(2)独特性

每个项目都是独特的；或者其提供的产品或服务有自身的特点；或者其提供的产品或服务与其他项目类似，然而其时间和地点、内部和外部的环境、自然和社会条件有别于其他项目。因此，项目的过程总是独一无二的。

(3)目标的确定性

项目必须有确定的目标：
①时间性目标，如在规定的时段内或规定的时点之前完成；
②成果性目标，如提供某种规定的产品或服务；
③约束性目标，如不超过规定的资源限制；
④其他需满足的要求，包括必须满足的要求和尽量满足的要求。

目标的确定性允许有一个变动的幅度，也就是可以修改。不过一旦项目目标发生实质性变化，它就不再是原来的项目，而成为一个新的项目。

(4) 活动的整体性

项目中的一切活动都是相关联的,构成一个整体。多余的活动是不必要的,而缺少某些活动必将损害项目目标的实现。

1.1.2　项目管理的概念及内容

1) 项目管理的概念

项目管理是指将各种系统、方法和人员结合在一起,在规定的时间、预算和质量目标范围内完成项目的各项工作,即对项目从投资决策开始到项目结束的全过程进行计划、组织、指挥、协调、控制和评价,以实现项目的目标。

按照传统的做法,当企业设定了一个项目后,会有好几个部门将参与这个项目,包括财务、市场、行政等,而不同部门在运作项目过程中不可避免地会产生摩擦,必须进行协调,而这些无疑会增加项目管理的成本,影响项目实施的效率。而项目管理的做法则不同,不同职能部门的成员因为某一个项目而组成团队,项目经理是项目团队的领导者,他们所肩负的责任就是领导他的团队准时、优质地完成全部工作,在不超出预算的情况下实现项目目标。项目的管理者不仅仅是项目的执行者,他还参与项目的需求确定、项目选择、计划直至收尾的全过程,并在时间、成本、质量、风险、合同、采购、人力资源等各个方面对项目进行全方位的管理,因此,项目管理可以帮助企业处理需要跨领域解决的复杂问题,并实现更高的运营效率。

2) 项目管理的内容

项目管理的主要内容包括以下 10 个方面。

(1) 项目范围管理

项目范围管理是指为实现项目的目标,对项目的工作内容进行控制的管理过程。其包括范围的界定、范围的规划、范围的调整等。

(2) 项目时间管理

项目时间管理是指为确保项目最终按时完成的一系列管理过程。其包括具体活动界定、活动排序、时间估计、进度安排及时间控制等工作。

(3) 项目成本管理

项目成本管理是指为保证完成项目的实际成本、费用不超过预算成本、费用而开展的管理活动。其包括资源的配置,成本、费用的预算以及费用的控制等工作。

(4) 项目质量管理

项目质量管理是指为确保项目达到客户所规定的质量要求所实施的一系列管理措施。其包括质量规划、质量控制和质量保证等。

(5) 项目人力资源管理

项目人力资源管理是指为保证所有项目关系人的能力和积极性都得到最有效的发挥和利用所做的一系列管理措施。其包括组织的规划、团队的建设、人员的选聘和项目的班子建设等一系列工作。

(6) 项目沟通管理

项目沟通管理是指为确保项目信息的合理收集和传输所需要实施的一系列措施。其包括沟通规划、信息传输和进度报告等。

（7）项目风险管理

项目风险管理是指对项目风险从识别到分析乃至采取应对措施等一系列活动。其包括风险识别、风险量化、对策制订和风险控制等。

（8）项目采购管理

项目采购管理是指为从项目实施组织之外获得所需资源或服务所采取的一系列管理措施。其包括采购计划、采购与征购、资源的选择以及合同的管理等工作。

（9）项目集成管理

项目集成管理是指为确保项目各项工作能够有机协调和配合所展开的综合性和全局性的项目管理工作和过程。其包括项目集成计划的制订、项目集成计划的实施、项目变动的总体控制等。

（10）项目利益相关者管理

项目利益相关者对决定一个项目的成败起着重要的作用。因为他们是决定什么样的改变将满足他们需求的人。如果项目经理没有在初始阶段就让他们参与进来，那么利益相关者在后期提出的变更将会阻碍项目的质量和价值。

在上述内容中，质量、时间与成本是项目管理的三要素，也是项目管理的三大核心内容。

①质量是项目成功的必需与保证，质量管理包括质量计划、质量保证与质量控制。

②时间管理是保证项目能够按期完成所需的过程。在总体计划的指导下，各参与建设的单位编制自己的分解计划，才能保证项目的顺利进行。

③成本管理是保证项目在批准的预算范围内完成项目的过程，其包括资源计划的编制、成本估算、成本预算与成本控制。

1.1.3 项目管理的职能

项目管理的基本职能包括：计划、组织、协调和控制。

（1）计划职能

计划职能是指把项目活动全过程、全目标都列入计划，通过统一的、动态的计划系统来组织、协调和控制整个项目，使项目协调有序地达到预期目标。

（2）组织职能

组织职能是指建立一个高效率的项目管理体系和组织保证系统，通过合理的职责划分、授权，运用各种规章制度以及合同的签订与实施，确保项目目标的实现。

（3）协调职能

项目的协调职能，即是在项目存在的各种结合部或界线之间，对所有的活动及力量进行联结、联合、调和，以实现系统目标的活动。项目经理在协调各种关系特别是主要的人际关系中，应处于核心地位。

（4）控制职能

项目的控制职能就是在项目实施的过程中，运用有效的方法和手段，不断分析、决策、反馈，不断调整实际值与计划值之间的偏差，以确保项目总目标的实现。项目控制是通过制订与分解目标，实施、检查对照和采取纠偏措施来实现的。

1.1.4 项目管理与企业管理的区别

项目管理与企业管理同属于管理活动范畴，但二者之间存在着明显的区别。

(1) 管理主体不同

项目管理实施的主体是项目管理组织,即项目经理部;而企业管理实施的主体是企业管理层。

(2) 管理对象不同

项目管理的对象是一个具体的项目,即一个一次性任务;而企业管理的对象是一个企业,即一个持续稳定的经济实体。

(3) 管理目标不同

项目管理是以具体项目的质量、进度和投资为目标,一般是以效益为中心,项目的目标是短期的、临时的;而企业管理的目标是以持续稳定的利润为目标,企业的目标是稳定的、长远的。

(4) 管理内容不同

项目管理活动贯穿于一个具体项目寿命周期的全过程,是一种任务型管理,需要按项目管理的科学方法进行管理;而企业管理则是一种职能管理和作业管理的综合,其本质是一种实体型管理,主要包括企业综合性管理、专业性管理和作业性管理。

(5) 运行规律不同

建设项目管理是一项一次性多变的活动,其规律性是以项目生命期和项目内在规律为基础的;而企业管理是一种持续稳定的活动,其规律性是以现代企业制度和企业经济活动内在规律为基础的。

1.1.5　现代项目管理的特点

1) 项目管理理论、方法、手段的科学化

项目管理的科学化是项目管理现代化的显著特点。现代项目管理吸收并使用了现代科学技术的新成果,其具体表现:

①现代管理理论的应用,例如系统论、控制论、信息论、行为科学等在项目管理中的应用奠定了现代项目管理理论体系的基石。可以说,项目管理方法实质上就是这些理论在项目实施过程中的综合运用。

②现代管理方法的应用,例如预测技术、决策技术、网络技术、数理统计方法、线性规划、排队论等,它们可以用于解决各种复杂的项目问题。

③管理手段的现代化,最显著的是计算机的应用以及现代图文处理技术、多媒体技术的使用等。由于各种复杂的项目有大量的信息、数据需要动态管理,要提高工作效率,就必须使用先进的方法和工具,包括使用项目管理软件。

2) 项目管理的社会化和专业化

在现代社会中,由于工程规模大、技术新颖、参加单位多,人们对项目的目标要求越来越高。项目管理过程复杂,就需要专业化的项目管理公司、职业化的项目管理者来专门承接项目管理业务,提供全套的专业化咨询和管理服务。项目管理(包括咨询、工程监理、工程造价等)已成为一个产业,并已探索出许多比较成熟的项目管理模式。项目管理发展到今天已不仅是一门学科,而且成为一个职业。

3) 项目管理的标准化和规范化

项目管理是一项技术性非常强的复杂工作,要符合社会化大生产的需要,项目管理必须标准化、规范化。这使得项目管理成为人们通用的管理技术,并逐渐摆脱经验型管理以及管理工

作"软"的特征。这样，项目管理工作才有通用性，才能专业化、社会化，才能提高管理水平和管理效率。

4) 项目管理的国际化

项目管理的国际趋势不仅在中国而且在全世界越来越明显。项目管理的国际化，即按国际惯例进行项目管理。国际惯例能把不同文化背景的人包罗进来，提供一套通用的程序，通行的准则和方法，这样统一的文件就使得项目中的协调有一个统一的基础。

工程项目管理国际惯例通常有世界银行推行的工业项目可行性研究指南、世界银行的采购条件，国际咨询工程师联合会发布的 FIDIC 合同条件和相应的招投标程序。国际上处理一些工程问题的惯例和通行准则等。

【学习笔记】

_____

_____

_____

_____

_____

_____

_____

【关键词】

项目、项目管理的概念　项目管理的职能、特点　企业管理

【任务练习】

选择题

1. 项目是(　　)。

A. 一个实施一个计划相应范围的过程

B. 一组以协作方式管理、获得一个期望的结果的主意

C. 创立独特的产品或服务所承担的临时努力

D. 一系列必须在一个确定的日期完成的任务或功能

2. (　　)属于项目。

A. 管理一个公司　　　　　　　　　B. 开发一种新型计算机

C. 提供产品技术支持　　　　　　　D. 提供金融服务

3. 项目管理的目标是在有限资源条件下，保证项目的(　　)、质量、成本达到最优化。

A. 范围　　　　　B. 时间　　　　　C. 效率　　　　　D. 效益

4. 项目最主要的特征是(　　)。

A. 目标明确性　　　B. 一次性　　　　C. 约束性　　　　D. 生命周期性

5. 项目管理三要素为(　　)。

A. 质量　　　　　B. 进度　　　　　C. 成本　　　　　D. 效益

6. 项目具有的特性包括(　　)。

A. 独特性　　　　B. 一次性　　　　C. 目标确定性　　D. 复杂性　　　　E. 整体性

7. 项目管理的内容包括(　　)。

A. 项目时间管理　　　　　　　　　B. 项目成本管理

C. 项目范围管理　　　　　　　　D. 项目质量管理

E. 项目成本管理

8. 项目管理的基本职能包括(　　)。

A. 控制　　　　　B. 计划　　　　　C. 组织　　　　　D. 协调　　　　　E. 质量管理

任务 1.2　建筑工程项目与建筑工程项目管理

建筑工程项目是由建筑业企业自施工承包投标开始到保修期满为止的全过程中完成的项目。企业项目管理的基本任务是进行施工项目的进度、质量、安全和成本目标控制。而要实现这些目标,就得从项目管理抓起,其项目管理主要服务于项目的整体利益。

1.2.1　建筑工程项目

1) 建筑工程项目的概念

建筑工程项目也称建设项目(Construction Project),是指在一个总体设计或初步设计范围内,由一个或几个单项工程所组成、经济上实行统一核算、行政上实行统一管理、严格按基建程序实施的基本建设工程;一般指符合国家总体建设规划,能独立发挥生产功能或满足生活需要,其项目建议书经批准立项和可行性研究报告经批准的建设任务,如工业建设中的一座工厂、一个矿山,民用建设中的一个居民区、一幢住宅、一所学校等均为一个建设项目。

2) 建筑工程项目的特点

(1) 具有明确的建设目标

每个项目都具有确定的目标,包括成果性目标和约束性目标。成果性目标是指对项目的功能性要求,也是项目的最终目标;约束性目标是指对项目的约束和限制,如时间、质量、投资等量化的条件。

(2) 具有特定的对象

任何项目都具有具体的对象,它决定了项目的最基本特性,是项目分类的依据。

(3) 一次性

项目都是具有特定目标的一次性任务,有明确的起点和终点,任务完成即告结束,所有项目没有重复。

(4) 生命周期性

项目的一次性决定了项目具有明确的起止点,即任何项目都具有诞生、发展和结束的时间,也就是项目的生命周期。

(5) 有特殊的组织和法律条件

项目的参与单位之间主要以合同作为纽带相互联系,并以合同作为分配工作、划分权力和责任关系的依据。项目参与方之间在建设过程中的协调主要通过合同、法律和规范实现。

(6) 涉及面广

一个建筑工程项目涉及建设规划、计划、土地管理、银行、税务、法律、设计、施工、材料供应、设备、交通、城管等诸多部门,因而,项目组织者需要做大量的协调工作。

(7) 作用和影响具有长期性

每个建设项目的建设周期、运行周期、投资回收周期都很长,因此,其影响面大、作用时间长。

（8）环境因素制约多

每个建设项目都受建设地点的气候条件、水文地质条件、地形地貌等多种环境因素的制约。

3）建筑工程项目的分类

为了加强建筑工程项目管理，正确反映建设的项目内容及规模，建筑工程项目可按不同的标准分类。

（1）按建设性质分类

建筑工程项目按其建设性质不同，可划分为基本建设项目和更新改造项目两大类。

①基本建设项目是指投资建设以扩大生产能力或增加工程效益为主要目的的新建、扩建工程及有关工作。其具体包括以下内容：

a.新建项目是指以技术、经济和社会发展为目的，从无到有的建设项目。现有企业、事业和行政单位一般不应有新建项目，新增加的固定资产价值超过原有全部固定资产价值（原值）三倍以上时，才可算新建项目。

b.扩建项目是指企业为扩大生产能力或新增效益而增建的生产车间或工程项目，以及事业和行政单位增建业务用房等。

c.迁建项目是指现有企、事业单位为改变生产布局或出于环境保护等其他特殊要求，搬迁到其他地点的建设项目。

d.恢复项目是指原固定资产因自然灾害或人为灾害等原因已全部或部分报废，又投资重新建设的项目。

②更新改造项目是指建设资金用于对企、事业单位原有设施进行技术改造或固定资产更新，以及相应配套的辅助性生产、生活福利设施等工程和有关工作。其包括挖潜工程、节能工程、安全工程、环境工程。

更新改造项目应依据"专款专用、少搞土建、不搞外延"的原则进行。

（2）按投资作用分类

基本建设项目按其投资在国民经济各部门中的作用不同，可分为生产性建设项目和非生产性建设项目。

①生产性建设项目是指直接用于物质生产或直接为物质生产服务的建设项目。其主要包括以下内容：

a.工业建设项目，包括工业、国防和能源建设。

b.农业建设项目，包括农、林、牧、渔、水利建设。

c.基础设施项目，包括交通、邮电、通信建设，地质普查、勘探建设，建筑业建设等。

d.商业建设项目，包括商业、饮食、营销、仓储、综合技术服务事业等的建设。

②非生产性建设项目（消费性建设）包括用于满足人民物质和文化需求、福利需要的建设和非物质生产部门的建设。其主要包括以下内容：

a.办公用房，包括各级国家党政机关、社会团体、企业管理机关的办公用房。

b.居住建筑，包括住宅、公寓、别墅等。

c.公共建筑，包括科学、教育、文化艺术、广播电视、卫生、博览、体育、社会福利事业、公用事业、咨询服务、宗教、金融、保险等建设。

d.不属于上述各类的其他非生产性建设。

(3)按项目规模分类

按照国家规定的标准,基本建设项目可分为大型、中型、小型三类;更新改造项目可分为限额以上和限额以下两类。不同等级标准的建设项目,国家规定的审批机关和报建程序也不尽相同。现行国家的有关规定如下:

①按投资额划分的基本建设项目,属于工业生产性项目中的能源、交通、原材料部门的工程项目,投资额达到 5 000 万元以上为大中型项目;其他部门和非工业建设项目,投资额达到 3 000 万元以上为大、中型建设项目。

②按生产能力或使用效益划分的建设项目,以国家对各行各业的具体规定作为标准。

③更新改造项目只按投资额标准划分为限额以上(能源、交通、原材料工业项目为 5 000 万元,其他项目为 3 000 万元)和限额以下项目。

(4)按项目的投资效益分类

建筑工程项目按其投资效益不同,可分为竞争性项目、基础性项目和公益性项目。

①竞争性项目主要是指投资效益比较高、竞争性比较强的一般性建设项目。这类建设项目应以企业作为基本投资主体,由企业自主决策、自担投资风险。

②基础性项目主要是指具有自然垄断性、建设周期长、投资额大而收益低的基础设施和需要政府重点扶持的一部分基础工业项目,以及直接增强国力的符合经济规模的支柱产业项目。对于这类项目,主要应由政府集中必要的财力、物力,通过经济实体进行投资。同时,还应广泛吸收地方、企业参与投资,有时还可吸收外商直接投资。

③公益性项目主要包括科技、文教、卫生、体育和环保等设施建设项目,公、检、法等司法机关以及政府机关、社会团体办公设施建设项目,国防建设项目等。公益性项目的投资主要是由政府用财政资金安排的。

4)建筑工程项目的划分

根据工程设计要求以及编审建设预算、制订计划、统计、会计核算的需要,建设项目一般进一步划分为单项工程、单位工程、分部工程及分项工程。

(1)单项工程

单项工程一般是指有独立设计文件,建成后能独立发挥效益或生产设计规定产品的车间(联合企业的分厂)、生产线或独立工程等。一个项目在全部建成投产以前,往往陆续建成若干个单项工程,所以,单项工程也是考核投产计划完成情况和计算新增生产能力的基础。

(2)单位工程

单位工程是单项工程中具有独立施工条件的工程,是单项工程的组成部分。通常按照不同性质的工程内容,根据组织施工和编制工程预算的要求,将一个单项工程划分为若干个单位工程。例如,在工业建设中,一个车间是一个单项工程,车间的厂房建筑是一个单位工程,车间的设备安装又是一个单位工程。

(3)分部工程

分部工程是单位工程的组成部分,是按建筑安装工程的结构、部位或工序划分的。例如,一般房屋建筑可分为土方工程、桩基础工程、砖石工程、混凝土工程、装饰工程等。

(4)分项工程

分项工程是对分部工程的再分解,指在分部工程中能用较简单的施工过程生产出来,并能适当计量和估价的基本构造。一般是按不同的施工方法、不同的材料、不同的规划划分的,例如,砖石工程就可以分解成砖基础、砖内墙、砖外墙等分项工程。

分部、分项工程是编制施工预算,制订检查施工作业计划,核算工、料费的依据,也是计算施工产值和投资完成额的基础。

5)建筑工程项目应满足的要求

①技术上:满足一个总体设计或初步设计的技术要求。

②构成上:由一个或几个相互关联的单项工程所组成,每一个单项工程可由一个或几个单位工程所组成。

③建设过程中:在经济上实行统一核算,在行政上实行统一管理。

1.2.2　建筑工程项目管理

1)建筑工程项目管理的概念

建筑工程项目管理是指在一定约束条件下,以建筑工程项目为对象,以最优实现建筑工程项目目标为目的,以建筑工程项目经理负责制为基础,以建筑工程承包合同为纽带,为实现项目投资、进度、质量目标而进行的全过程、全方位的规划组织、控制和协调的系统管理活动。

根据《建设工程项目管理规范》(GB/T 50326—2017)的规定,建筑工程项目管理是一种专业化的活动,简称项目管理。企业应遵循《建设工程项目管理试行办法》,进行策划、实施、检查、处置的动态管理原理,确定项目管理流程,建立项目管理制度,实施项目系统管理,持续改进管理绩效,提高相关方满意水平,确保实现项目管理目标。

建设工程项目
管理试行办法

建筑工程项目管理的内涵是:自项目开始至项目完成,通过项目策划和项目控制,以使项目的费用目标、进度目标和质量目标得以实现。"自项目开始至项目完成"是指项目的实施期;"项目策划"指的是目标控制前的一系列筹划和准备工作;"费用目标"对业主而言是投资目标,对施工方而言是成本目标。项目决策期管理工作的主要任务是确定项目的定义,而项目实施期管理的主要任务是通过管理使项目的目标得以实现。

2)建筑工程项目管理的类型

企业应识别项目需求和项目范围,根据自身项目管理能力、相关方约定及项目目标之间的内在联系,确定项目管理目标。在建筑工程项目的实施过程中,由于各阶段的任务和实施主体不同,建筑工程项目管理也分为了不同的类型。同时,由于建筑工程项目承包合同形式的不同,建筑工程项目管理的类型也不同。因此,从系统分析的角度看,建筑工程项目管理大致有如图1.1所示的几种类型。

(1)发包方(业主)的项目管理(建设监理)

业主的项目管理是全过程的,包括项目决策和实施阶段的各个环节,即从编制项目建议书开始,经可行性研究、设计和施工,直至项目竣工验收、投产使用的全过程管理。

工程项目的一次性决定了业主自行进行项目管理往往有很大的局限性。在项目管理方面,缺乏专业化的队伍,即使配备了管理班子,没有连续的工程任务也是不经济的。在计划经济体制下,每个建设单位都要配备专门的项目管理队伍,这不符合资源优化配置和动态管理的原则,而且也不利于工程建设经验的积累和应用。在市场经济体制下,工程业主完全可以从社会化的咨询服务单位获得项目管理方面的服务。如图1.1所示,监理单位可以受工程业主的委托,在工程项目实施阶段为业主提供全过程的监理服务;另外,监理单位还可将其服务范围扩展到工程项目前期的决策阶段,为工程业主进行科学决策提供咨询服务。

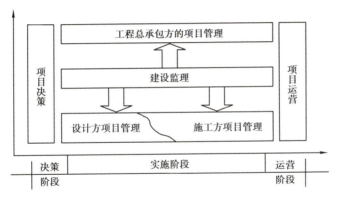

图 1.1　建筑工程项目管理类型示意图

（2）工程总承包方的项目管理

在设计、施工总承包的情况下，业主在项目决策之后，通过招标择优选定总承包方全面负责工程项目的实施过程，直至最终交付使用功能和质量标准符合合同文件规定的工程项目。由此可见，总承包方的项目管理是贯穿于项目实施全过程的全面管理，既包括工程项目的设计阶段，也包括工程项目的施工安装阶段。总承包方为了实现其经营方针和目标，必须在合同条件的约束下，依靠自身的技术和管理优势或实力，通过优化设计及施工方案，在规定的时间内保质、保量地全面完成工程项目的承建任务。

（3）设计方的项目管理

设计方的项目管理是指设计方受业主委托承担工程项目的设计任务后，根据设计合同所界定的工作目标及责任义务，对建设项目设计阶段的工作所进行的自我管理。设计方通过设计项目管理，对建设项目的实施在技术和经济上进行全面而详尽的安排，引进先进技术和科研成果，形成设计图纸和说明书，以便实施，并在实施过程中进行监督和验收。

（4）施工方的项目管理

施工方通过投标获得工程施工承包合同，并以施工合同所界定的工程范围组织项目管理，简称为施工项目管理。施工项目管理的目标体系包括工程施工质量（Quality）、成本（Cost）、工期（Delivery）、安全和现场标准化（Safety），简称 QCDS 目标体系。显然，这一目标体系既和整个工程项目目标相联系，又有很强的施工企业项目管理的自主性特征。

3) 建筑工程项目管理的目标和任务

（1）业主方项目管理的目标和任务

业主方项目管理服务于业主的利益，其项目管理的目标包括项目的投资目标、进度目标和质量目标。其中投资目标是指项目的总投资目标；进度目标是指项目动用的时间目标，即项目交付使用的时间目标，如办公楼可以启用、旅馆可以开业的时间目标等。

业主方的项目管理工作涉及项目实施阶段的全过程，即在设计前的准备阶段、设计阶段、施工阶段、动用前的准备阶段和保修阶段分别进行如下工作：安全管理、投资控制、进度控制、质量控制、合同管理、信息管理、组织和协调。其中安全管理是项目管理中最重要的任务。

（2）工程总承包方项目管理的目标和任务

建设项目工程总承包方作为项目建设的一个重要参与方，其项目管理主要服务于项目的整体利益和建设项目工程总承包方本身的利益，其项目管理的目标应符合合同的要求，包括：工程建设的安全管理目标；项目的总投资目标和建设项目工程总承包方的成本目标（前者是业主方的总投资目标,后者是建设项目工程总承包方本身的成本目标);建设项目工程总承包方的进度目标;建设项目工程总承包方的质量目标。

建设项目工程总承包方项目管理的主要任务包括安全管理、项目的总投资控制和建设项目工程总承包方的成本控制、进度控制、质量控制、合同管理、信息管理、与建设项目工程总承包方有关的组织和协调等。

(3)设计方项目管理的目标和任务

设计方作为项目建设的一个参与方,其项目管理主要服务于项目的整体利益和设计方本身的利益。设计方的项目管理工作主要在设计阶段进行,但它也涉及设计前的准备阶段、施工阶段、动用前的准备阶段和保修阶段。其项目管理的目标包括设计的成本目标、设计的进度目标和设计的质量目标,以及项目的投资目标。项目的投资目标能否实现与设计工作密切相关。

设计方项目管理的任务包括与设计工作有关的安全管理、设计成本控制和与设计工作有关的工程造价控制、设计进度控制、设计质量控制、设计合同管理、设计信息管理、与设计工作有关的组织和协调。

(4)施工方项目管理的目标和任务

施工方作为项目建设的一个重要参与方,其项目管理不仅应服务于施工方本身的利益,也必须服务于项目的整体利益。

施工方项目管理的目标应符合合同的要求,它包括:施工的安全管理目标、施工的成本目标、施工的进度目标和施工的质量目标。

施工方项目管理的任务包括:施工安全管理、施工成本控制、施工进度控制、施工质量控制、施工合同管理、施工信息管理及与施工有关的组织和协调等。

1.2.3 工程项目管理体制

1)我国现行的工程项目管理体制

我国现行的工程项目管理体制是在政府有关部门的监督管理之下,由参与项目建设的业主、承包商和监理单位通过发包关系、委托服务关系和监理和被监理关系有机地联系起来,形成了既有利于相互协调,又有利于相互约束的完整的工程项目组织系统。它的组织结构如图1.2所示。

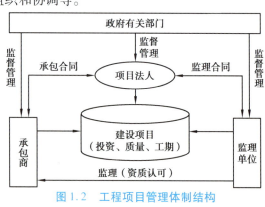

图1.2　工程项目管理体制结构

现行工程项目管理体制的优点如下。

(1)现行工程项目管理体制形成了完整的项目组织系统

随着经济全球化和科学技术的迅猛发展,现代工程建设项目的规模越来越大,工程内容越来越复杂,建设要求越来越高,速度越来越快,涉及的方面也越来越广。传统的以自筹自管和工程建设单位(建设指挥部)为主体的工程项目管理体制日益显示出其各主要环节设计、施工、物资供应之间互相分割与脱节,工程建设周期长,工作效率不高,投资效益低下等缺点。

现行的工程管理体制从以下4个方面克服了传统管理的弊端:

①建立了项目法人责任制度,实行权责分明、逐级负责;

②建立了招投标制度,充分发挥竞争机制的作用,使市场主体在平等条件下公平竞争、优胜劣汰,从而实现资源的优化配置;

③建立了工程监理制度，依据建设行业法规和技术标准，综合运用法律、经济、行政和技术的手段，对工程建设参与者的行为及其责、权、利，进行必需的协调和制约，保障工程建设顺利进行，达到工程建设的多、快、好、省，取得最佳投资效益的目的；

④建立了合同管理制度，通过合同契约关系为工程项目管理提供了有力的法律保障，从而为工程款的结算提供了法律上的依据。

在这些制度中，核心是合同管理制度。

（2）现行体制既有利于加强宏观监督管理，又有利于加强微观监督管理

现行工程项目管理体制通过政府有关部门，对项目参与三方实施纵向的、强制性的宏观监督管理，改变了既抓工程项目的宏观监督，又抓工程项目建设的微观管理的不切实际的做法，使政府能够集中精力做好立法和执法工作，加强了宏观监督管理。通过项目建设的监理单位与承包商之间的横向的、委托性的微观监督管理，使工程项目建设的全过程在监理单位的参与下的得以科学有效的监督管理，加强了工程项目的微观监督管理。

这种政府与企业相结合、强制与委托相结合、宏观与微观相结合的工程项目监督管理模式，极大地提高了我国工程项目管理的水平。

2）建筑工程项目的发包方式

在工程项目建设的实践中应用的工程项目发包方式有多种类型。每一种模式都有不同的优势和相应的局限性，适应于不同种类工程项目。业主可根据工程项目的特点选择合适的工程项目管理模式，在选择工程项目管理模式时，业主应考虑项目的进度要求、复杂程度、业主的合同经验、当地的建筑市场情况、资金限制、法律限制等。下面介绍几种常用的建筑工程项目发包方式。

（1）PM（项目管理服务）

项目管理服务是指专业化的项目管理公司为业主提供的项目管理服务工作。以项目的生存周期为主线，项目管理服务主要是针对项目中的管理过程而言的，它并不针对项目中创建项目产品的过程。

一般而言，项目管理服务可以分为咨询服务型和代理服务型两类，咨询服务型只对业主提供建议，不直接指挥承包商；代理服务型则代表业主管理承包商，对项目进行管理和控制。在实际项目运作中，项目管理服务的提供模式种类是非常多的，最关键的就是项目管理服务商按照合同要求为业主提供其所必需的项目管理工作。

（2）PMC（项目管理总承包）

PMC项目管理方式对于国内工程建设领域而言是一种新的形式，但国际大型工程公司实施PMC管理已经成为惯例，它们对工程项目的PMC在设计、采购、建设、进度控制、质量保证、资料控制、财务管理、合同管理、人力资源管理、IT管理、HSE管理、政府关系管理、行政管理等方面，都已形成相应的管理程序、管理目标、管理任务和管理方法，尤其是在项目费用和奖励机制、项目费用估算、项目文档管理体系等方面都有一些独特做法。

PMC作为一种新的国际工程项目管理模式，就是要让具有相应资质、人才和经验的项目管理承包商，受业主委托，作为业主的代表或业主的延伸，帮助业主在项目前期策划、可行性研究、项目定义、计划、融资方案，以及设计、采购、施工、试运行等整个实施过程中有效地控制工程质量、进度和费用，保证项目的成功实施。

（3）DBB（设计—招标—建造）

DBB即设计—招标—建造（Design-Bid-Build）模式，这是最传统的一种工程项目管理模式。

该管理模式在国际上最为通用,世行、亚行贷款项目及以国际咨询工程师联合会(FIDIC)合同条件为依据的项目多采用这种模式。其最突出的特点是强调工程项目的实施必须按照设计—招标—建造的顺序方式进行,只有一个阶段结束后另一个阶段才能开始。我国第一个利用世行贷款项目—鲁布革水电站工程实行的就是这种模式。

该模式的优点是通用性强,可自由选择咨询、设计、监理方,各方均熟悉使用标准的合同文本,有利于合同管理、风险管理和减少投资。缺点是工程项目要经过规划、设计、施工三个环节之后才移交给业主,项目周期长;业主管理费用较高,前期投入大;变更时容易引起较多索赔。

(4)CM(建设—管理)

CM 即建设—管理(Construction-Management)模式,又称阶段发包方式,就是在采用快速路径法进行施工时,从开始阶段就雇用具有施工经验的 CM 单位参与到建设工程实施过程中来,以便为设计人员提供施工方面的建议且随后负责管理施工过程。这种模式改变了过去那种设计完成后才进行招标的传统模式,采取分阶段发包,由业主、CM 单位和设计单位组成一个联合小组,共同负责组织和管理工程的规划、设计和施工,CM 单位负责工程的监督、协调及管理工作,在施工阶段定期与承包商会晤,对成本、质量和进度进行监督,并预测和监控成本和进度的变化。CM 模式于 20 世纪 60 年代发源于美国,进入 20 世纪 80 年代以来,在国外广泛流行,它的最大优点就是可以缩短工程从规划、设计到竣工的周期,节约建设投资,减少投资风险,可以比较早地取得收益。

(5)DBM(设计—建造)

DBM 即设计—建造模式(Design-Build),就是在项目原则确定后,业主只选定唯一的实体负责项目的设计与施工,设计—建造承包商不但对设计阶段的成本负责,而且可用竞争性招标的方式选择分包商或使用本公司的专业人员自行完成工程,包括设计和施工等。唯一的实体负责项目的设计与施工,设计—建造承包商不但对设计阶段的成本负责,而且可用竞争性招标的方式选择分包商或使用本公司的专业人员自行完成工程,包括设计和施工等。在这种方式下,业主首先选择一家专业咨询机构代替业主研究、拟定拟建项目的基本要求,授权一个具有足够专业知识和管理能力的人作为业主代表,与设计—建造承包商联系。

(6)BOT(建造—运营—移交)

BOT 即建造—运营—移交(Build-Operate-Transfer)模式。BOT 模式是 20 世纪 80 年代在国外兴起的一种将政府基础设施建设项目依靠私人资本的一种融资、建造的项目管理方式,或者说是基础设施国有项目民营化。政府开放本国基础设施建设和运营市场,授权项目公司负责筹资和组织建设,建成后负责运营及偿还贷款,协议期满后,再无偿移交给政府。BOT 方式不增加东道主国家外债负担,又可解决基础设施不足和建设资金不足的问题。项目发起人必须具备很强的经济实力(大财团),资格预审及招投标程序复杂。

(7)EPC(设计、采购、施工)

在工程建设项目中,设计(Engineering)、采购(Procurement)、施工(Construction)是创造项目产品的过程,可以简称为 EPC。

工程总承包(EPC)就是指从事工程总承包的企业受业主委托,按照合同约定对工程项目的勘察、设计、采购、施工、试运行(竣工验收)等实现全过程或若干阶段的承包,它要求总承包商按照合同约定,完成工程设计、设备材料采购、施工、试运行等服务工作,实现设计、采购、施工各阶段工作合理交叉与紧密配合,并对工程质量、安全、工期、造价全面负责,承包商在试运行阶段还需承担技术服务。工程总承包商在合同范围内对工程的质量、工期、造价、安全负责。

　　工程总承包(EPC)项目的产品是合同约定的工程,工程总承包商为完成工程必须进行创造项目产品过程与项目管理过程的管理,因其项目产品是工程,因此拥有工程建设所特有的过程。完整的工程总承包项目,其创造项目产品的过程要经过五个阶段,即可行性研究阶段、设计阶段、采购阶段、施工阶段、开车阶段。每一个阶段有各自的使命,分别起到各自的作用。

【学习笔记】

_____

_____

_____

_____

_____

_____

【关键词】

建筑工程项目　　建筑工程项目管理　　工程项目管理体制　　工程项目的发包方式

【任务练习】

一、填空题

1. 建设项目按其建设性质不同,可划分为_____和_____两大类。

2. 基本建设项目包括_____、_____、_____、_____。

3. 属于工业生产性项目中的能源、交通、原材料部门的工程项目,投资额达到_____万元以上为大、中型项目;其他部门和非工业建设项目,投资额达到_____万元以上为大、中型建设项目。

4. 建设项目按项目的投资效益不同可分为_____、_____、_____。

5. 建设项目一般可划分为_____、_____、_____、_____。

二、选择题

1. 建设工程项目管理的核心任务是项目的(　　　)。

A. 合同管理　　　B. 组织与协调　　　C. 目标控制　　　D. 质量控制、成本控制和进度控制

2. 在建设工程项目管理的内涵中,"自项目开始至项目完成"指的是项目的(　　　)。

A. 施工工期　　　B. 实施期　　　C. 竣工期　　　D. 投产

3. 一般具有独立设计文件,建成后能独立发挥效益或生产设计规定产品的车间(联合企业的分厂)、生产线或独立工程等是指(　　　)。

A. 单项工程　　　B. 单位工程　　　C. 分部工程　　　D. 分项工程

4. 如工业建设中一个车间是一个单项工程,那车间的设备安装属于(　　　)。

A. 单项工程　　　B. 单位工程　　　C. 分部工程　　　D. 分项工程

5. 房屋建筑的土方工程属于(　　　)。

A. 单项工程　　　B. 单位工程　　　C. 分部工程　　　D. 分项工程

6. 按照建筑工程项目不同参与方的工作性质和组织特征划分的项目管理类型,施工方的项目管理不包括(　　　)的项目管理。

A. 施工总承包方　　　　　　B. 建设项目总承包方

C. 施工总承包管理方　　　　D. 施工分包方

任务1.3 建筑工程项目全寿命周期管理

近年来,我国大力提倡科学发展观,发展低碳经济,全寿命周期的项目管理模式对工程建设将发挥越来越重要的作用。项目管理理念、理论和方法的不断创新,项目管理内容、效用和领域的拓展,目标控制的强化,以及项目增值和可持续发展的需要,使全寿命周期的项目管理模式成为新世纪管理模式更新的必然。

1.3.1 建筑工程项目全寿命周期管理的定义

全寿命周期管理(Life Cycle Cost,LCC)于20世纪60年代出现在美国军界,主要用于军队航母、激光制导导弹、先进战斗机等高科技武器的管理上。从20世纪70年代开始,全寿命周期管理理念被各国广泛应用于交通运输系统、航天科技、国防建设、能源工程等领域。

所谓全寿命周期管理,就是从长期效益出发,应用一系列先进的技术手段和管理方法,统筹规划、建设、生产、运行和退役等各环节,在确保规划合理、工程优质、生产安全、运行可靠的前提下,以项目全寿命周期的整体最优作为管理目标。

工程项目全寿命周期管理全过程

1.3.2 建筑工程项目全寿命周期各阶段工作程序

①根据国民经济和社会发展长远规划,结合行业和地区发展规划的要求,编制项目建议书。
②在勘察、试验、调查研究及详细技术经济论证的基础上编制可行性研究报告。
③根据项目的咨询评估情况对建设项目进行决策。
④根据可行性研究报告编制设计文件。
⑤初步设计批准后,做好施工前的各项准备工作。
⑥组织施工并根据工程进度做好生产准备。
⑦项目按批准的设计内容建成并经竣工验收合格后正式投产,交付生产使用。
⑧生产运营一段时间后(一般为两年)进行项目后评价。

建筑工程项目全寿命周期是指从建设项目构思开始到建设工程报废(或建设项目结束)的全过程。

建筑工程项目全寿命周期包括项目的决策阶段、实施阶段和使用阶段(或称运营阶段、运行阶段)。

项目的决策阶段包括编制项目建议书和可行性研究报告;项目的实施阶段包括设计前的准备阶段、设计阶段、施工阶段、动用前的准备阶段和保修阶段,如图1.3所示。

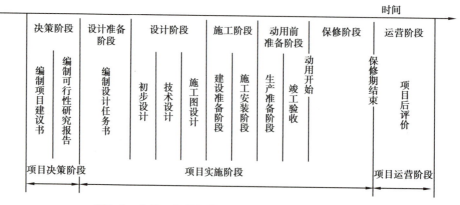

图1.3 建筑工程项目的全寿命周期各阶段工作程序

1.3.3　建筑工程项目全寿命周期各阶段工作内容

1) 编制项目建议书阶段

项目建议书是业主单位向国家提出的要求建设某一项目的建议文件,是对工程项目建设的轮廓设想。项目建议书的主要作用是推荐一个拟建项目,论述其建设的必要性、建设条件的可行性和获利的可能性,供国家选择并确定是否进行下一步工作。

项目建议书的内容视项目的不同而有繁有简,但一般应包括以下几个方面:

①项目提出的必要性和依据。

②产品方案、拟建规模和建设地点的初步设想。

③资源情况、建设条件、协作关系等的初步分析。

④投资估算和资金筹措设想。

⑤项目的进度安排。

⑥经济效益和社会效益的估计。

项目建议书按要求编制完成后,应根据建设规模和限额划分分别报送有关部门审批。

项目建议书经批准后,可以进行详细的可行性研究工作,但并不表示项目非上不可,项目建议书不是项目的最终决策。

2) 编制可行性研究报告阶段

项目建议书一经批准,即可着手开展项目可行性研究工作。可行性研究是对工程项目在技术上是否可行和经济上是否合理进行科学的分析和论证。

(1) 可行性研究的工作内容

①进行市场研究,以解决项目建设的必要性问题。

②进行工艺技术方案的研究,以解决项目建设的技术可行性问题。

③进行财务和经济分析,以解决项目建设的合理性问题。

凡经可行性研究未通过的项目,不得进行下一步工作。

(2) 可行性研究报告的内容

可行性研究工作完成后,需要编写出反映其全部工作成果的可行性研究报告。就其内容来看,各类项目的可行性研究报告内容不尽相同,但一般应包括以下基本内容:

①项目提出的背景、投资的必要性和研究工作的依据。

②需求预测及拟建规模,产品方案和发展方向的技术经济比较和分析。

③资源、原材料、燃料及公用设施情况。

④项目设计方案及协作配套工程。

⑤建厂条件与厂址方案。

⑥环境保护、防震、防洪等要求及其相应措施。

⑦企业组织、劳动定员和人员培训。

⑧建设工期和实施进度。

⑨投资估算和资金筹措方式。

⑩国民经济和财务评价。

⑪综合评价与结论、建议。

（3）可行性研究报告的审批

按照现行国家规定，凡属中央政府投资、中央和地方政府合资的大中型和限额以上项目的可行性研究报告，都要报送国家发展改革委审批。国家发展改革委在审批过程中要征求行业主管部门和国家专业投资公司的意见，同时要委托具有相应资质的工程咨询公司进行评估。总投资在2亿元以上的项目，无论是中央政府投资还是地方政府投资，都要经国家发展改革委审查后报国务院审批。中央各部门所属小型和限额以下项目的可行性研究报告，由各部门审批。总投资额在2亿元以下的地方政府投资项目，其可行性研究报告由地方发展改革委审批。

可行性研究报告经过正式批准后，将作为初步设计的依据，不得随意修改和变更。如果在建设规模、产品方案、建设地点、主要协作关系等方面有变动以及突破原定投资控制数时，应报请原审批单位同意，并正式办理变更手续。可行性研究报告经批准，建设项目才算正式"立项"。

3）设计阶段

设计是对拟建工程的实施在技术上和经济上所进行的全面而详尽的安排，是基本建设计划的具体化，同时也是组织施工的依据。工程项目的设计工作一般分为两个阶段，即初步设计阶段和施工图设计阶段。重大项目和技术复杂项目可根据需要增加技术设计阶段。

（1）初步设计

初步设计是根据可行性研究报告的要求所做的具体实施方案，目的是阐明在指定的地点、时间和投资控制数额内，拟建项目在技术上的可能性和经济上的合理性，并通过对工程项目所做出的基本技术经济规定，编制项目总概算。

初步设计不得随意改变被批准的可行性研究报告所确定的建设规模、产品方案、工程标准、建设地址和总投资等控制目标。如果初步设计提出的总概算超过可行性研究报告总投资的10%以上或其他主要指标需要变更时，应说明原因和计算依据，并重新向原审批单位报批可行性研究报告。

（2）技术设计

应根据初步设计和更详细的调查研究资料，进一步解决初步设计中的重大技术问题，如工艺流程、建筑结构、设备选型及数量确定等，使工程建设项目的设计更具体、更完善，技术指标更好。

（3）施工图设计

根据初步设计或技术设计的要求，结合现场实际情况，完整地表现建筑物外形、内部空间分割、结构体系、构造状况以及建筑群的组成和周围环境的配合。它还包括各种运输、通信、管道系统、建筑设备的设计。在工艺方面，应具体确定各种设备的型号、规格及各种非标准设备的制造加工图。

4）建设准备阶段

项目在开工建设之前要切实做好各项准备工作，其主要内容包括以下几项：
①征地、拆迁和场地平整。
②完成施工用水、电、路等工作。
③组织设备、材料订货。
④准备必要的施工图纸。
⑤组织施工招标，择优选定施工单位。

工程项目设计管理

按规定进行了建设准备和具备了开工条件以后,便应组织开工。建设单位申请批准开工要经国家发展改革委统一审核后,编制年度大中型和限额以上工程建设项目新开工计划报国务院批准。部门和地方政府无权自行审批大中型和限额以上工程建设项目开工报告。年度大中型和限额以上新开工项目经国务院批准,国家发展改革委下达项目计划。

5) 施工安装阶段

施工安装活动应按照工程设计要求、施工合同条款及施工组织设计,在保证工程质量、工期、成本及安全、环保等目标的前提下进行,达到竣工验收标准后,由施工单位移交给建设单位。

6) 生产准备阶段

对于生产性工程建设项目而言,生产准备是项目投产前由建设单位进行的一项重要工作。它是衔接建设和生产的桥梁,是由项目建设转入生产经营的必要条件。建设单位应适时组成专门班子或机构做好生产准备工作,确保项目建成后能及时投产。

生产准备工作的内容根据项目或企业的不同,其要求也各不相同,但一般应包括以下几项主要内容:

①招收和培训生产人员。招收项目运营过程中所需要的人员,并采用多种方式进行培训。特别要组织生产人员参加设备的安装、调试和工程验收工作,使其能尽快掌握生产技术和工艺流程。

②组织准备。组织准备主要包括生产管理机构设置、管理制度和有关规定的制订、生产人员配备等。

③技术准备。技术准备主要包括国内装置设计资料的汇总,有关国外技术资料的翻译、编辑,各种生产方案、岗位操作法的编制以及新技术的准备等。

④物资准备。物资准备主要包括落实原材料、协作产品、燃料、水、电、气等的来源和其他需协作配合的条件,并组织工装、器具、备品、备件等的制造或订货。

7) 竣工验收阶段

现行国家规定,所有基本建设项目和更新改造项目,按批准的设计文件所规定的内容建成,符合验收标准,即工业项目经过投料试车(带负荷运转)合格、形成生产能力的,非工业项目符合设计要求、能够正常使用的,都应及时组织验收,办理固定资产移交手续。工程项目竣工验收、交付使用,应达到相应标准。

(1) 竣工验收的准备工作

建设单位应认真做好工程竣工验收的准备工作,主要包括:

①整理技术资料。技术资料主要包括土建施工、设备安装方面及各种有关的文件、合同和试生产情况报告等。

②绘制竣工图。工程建设项目竣工图是真实记录各种地下、地上建筑物等详细情况的技术文件,是对工程进行交工验收、维护、扩建、改建的依据,同时,也是使用单位长期保存的技术资料。关于绘制竣工图的规定如下:

a.凡按图施工没有变动的,由施工承包单位(包括总包单位和分包单位)在原施工图上加盖"竣工图"标志后即作为竣工图。

b.凡在施工中,虽有一般性设计变更,但能将原施工图加以修改补充作为竣工图的,可不重新绘制,由施工承包单位负责在原施工图上注明修改部分,并附以设计变更通知单和施工说明,加盖"竣工图"标志后,即作为竣工图。

c.凡结构形式改变、工艺改变、平面布置改变、项目改变以及有其他重大改变,不宜再在原施工图上修改补充的,应重新绘制改变后的竣工图。由于设计原因造成的,由设计单位负责重新绘制;由于施工原因造成的,由施工承包单位负责重新绘图;由于其他原因造成的,由业主自行绘图或委托设计单位绘图,施工承包单位负责在新图上加盖"竣工图"标志,并附以有关记录和说明,作为竣工图。

竣工图必须准确、完整,符合归档要求,方能交工验收。

③编制竣工决算。建设单位必须及时清理所有财产、物资和未花完或应收回的资金,编制工程竣工决算,分析概(预)算执行情况,考核投资效益,报请主管部门审查。

(2)竣工验收的程序和组织

根据国家现行规定,规模较大、较复杂的工程建设项目应先进行初验,然后进行正式验收;规模较小、较简单的工程项目,可以一次进行全部项目的竣工验收。

工程项目全部建完,经过各单位工程的验收,符合设计要求,并具备竣工图、竣工决算、工程总结等必要文件资料,由项目主管部门或建设单位向负责验收的单位提出竣工验收申请报告。

大中型和限额以上项目由国家发展改革委或由国家发展改革委委托项目主管部门、地方政府组织验收。小型和限额以下项目,由项目主管部门或地方政府组织验收。竣工验收要根据工程规模及复杂程度组成验收委员会或验收组。验收委员会或验收组负责审查工程建设的各个环节,听取各有关单位的工作汇报,审阅工程档案,实地查验建筑安装工程实体,对工程设计、施工和设备质量等做出全面评价。不合格的工程不予验收。对遗留问题要提出具体解决意见,限期落实完成。

8)项目后评价阶段

项目后评价是工程项目竣工投产、生产运营一段时间后,再对项目的立项决策、设计施工、竣工投产、生产运营等全过程进行系统评价的一种技术经济活动,是固定资产投资管理的一项重要内容,也是固定资产投资管理的最后一个环节。通过建设项目后评价,可以达到肯定成绩、总结经验、研究问题、吸取教训、提出建议、改进工作、不断提高项目决策水平和投资效果的目的。

项目后评价的内容包括立项决策评价、设计施工评价、生产运营评价和建设效益评价。在实际工作中,可以根据工程项目的特点和工作需要而有所侧重。

项目后评价的基本方法是对比法,就是将工程项目投产后所取得的实际效果、经济效益和社会效益、环境保护等情况与前期决策阶段的预测情况相对比,与项目建设前的预测情况相对比,从中发现问题,总结经验和教训。在实际工作中,往往从以下三个方面对工程项目进行后评价。

(1)影响评价

通过项目竣工投产(营运、使用)后对社会的经济、政治、技术和环境等方面所产生的影响来评价项目决策的正确性。如果项目投产后达到了原来预期的效果,对国民经济发展、产业结构调整、生产力布局、人民生活水平的提高、环境保护等方面都带来有益的影响,说明项目决策是正确的;如果背离了既定的决策目标,就应具体问题具体分析,找出原因,改进工作。

(2)经济效益评价

通过项目竣工投产后所产生的实际经济效益与可行性研究时所预测的经济效益相比较,对项目进行评价。对生产性建设项目要运用投产运营后的实际资料计算财务内部收益率、财务净现值、财务净现值率、投资利润率、投资利税率、贷款偿还期、国民经济内部收益率、经济净现值、经济净现值率等一系列后评价指标,然后与可行性研究阶段所预测的相应指标进行对比,从经济上分析项目投产运营后是否达到了预期效果。没有达到预期效果的,应分析原因,采取措施,提高经济效益。

(3)过程评价

对工程项目的立项决策、设计施工、竣工投产、生产运营等全过程进行系统分析,找出项目后评价与原预期情况之间的差异及其产生的原因,使后评价结论有根有据,同时,针对问题提出解决办法。

以上 3 个方面的评价有着密切的联系,必须全面理解和运用,才能对后评价项目作出客观、公正、科学的结论。

1.3.4　建筑工程项目全寿命周期管理的内容和基本特点

1)全寿命周期管理的内容

全寿命周期管理的内容包括对资产、时间、费用、质量、人力资源、沟通、风险、采购的集成管理。管理的周期由原来的以项目期为主转变为现在以运营期为主的全寿命模式,能更全面地考虑项目所面临的机遇和挑战,有利于提高项目价值。全寿命周期管理具有宏观预测与全面控制两大特征,它考虑了从规划设计到报废的整个寿命周期,避免短期成本行为,并从制度上保证LCC 方法的应用;打破了部门界限,将规划、基建、运行等不同阶段的成本统筹考虑,以企业总体效益为出发点寻求最佳方案;考虑所有会产生的费用,在合适的可用率和全部费用之间寻求平衡,找出 LCC 方法最优的方案。

2)全寿命周期管理的基本特点

全寿命周期管理具有与其他管理理念不同的特点,其具体包括以下几项:

①全寿命周期管理是一个系统工程,需要系统、科学地管理,才能实现各阶段目标,确保最终目标(投资的经济、社会和环境效益最大化)的实现。

②全寿命周期管理贯穿于建设项目全过程,并在不同阶段有不同的特点和目标,各阶段的管理环环相连,如图 1.4 所示。

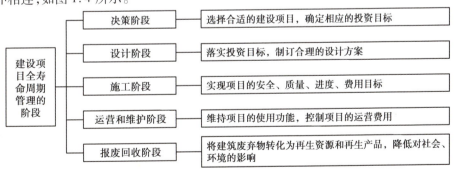

图 1.4　建设项目全寿命周期管理的阶段

③全寿命周期管理的持续性,即建设项目全寿命周期管理既具有阶段性,又具有整体性,要求各阶段工作具有良好的持续性。

④全寿命周期管理的参与主体多,各主体之间相互联系、相互制约。

⑤全寿命周期管理的复杂性,它由建设项目全寿命周期管理的系统性、阶段性、多主体性决定。

1.3.5 全寿命周期中的项目系统管理

在项目管理的过程中,企业应识别影响项目管理目标实现的所有过程,确定其相互关系和相互作用,集成项目寿命期阶段的各项因素,确定项目系统管理方法。系统管理方法应包括系统分析、系统设计、系统实施、系统综合评价。

应用系统管理方法,应符合下列规定:

①在综合分析项目质量、安全、环保、工期和成本之间内在联系的基础上,结合各个目标的优先级,分析和论证项目目标,在项目目标策划过程中兼顾各个目标的内在需求。

②对项目投资决策、招投标、勘察、设计、采购、施工、试运行进行系统整合,在综合平衡项目各过程和专业之间关系的基础上,实施项目系统管理。

③对项目实施的变更风险进行管理,兼顾相关过程需求,平衡各种管理关系,确保项目偏差的系统性控制。

④对项目系统管理的过程和结果进行监督和控制,评价项目系统管理绩效。

【学习笔记】

_____

_____

_____

_____

_____

_____

【关键词】

全寿命周期　全寿命周期管理　决策　设计　施工　运营　回收

【任务练习】

选择题

1. 建设项目全寿命周期是指从_____到建设工程报废(或建设项目结束)的全过程。

A. 项目构思　　　B. 项目建议书　　　C. 项目可行性研究　　　D. 项目施工安装

2. 通过( ),可以达到肯定成绩、总结经验、研究问题、吸取教训、提出建议、改进工作、不断提高项目决策水平和投资效果的目的。

A. 项目策划　　　B. 可行性研究　　　C. 项目后评价　　　D. 前期策划

3. ( )是业主单位向国家提出的要求建设某一项目的建议文件,是对工程项目建设的轮廓设想。

A. 项目建议书　　　B. 可行性研究报告　　　C. 设计图纸　　　D. 施工方案

4. 工程项目的设计工作一般包括( )两个阶段。

A. 初步设计　　　B. 技术设计　　　C. 施工图设计　　　D. 方案设计

5. 全寿命周期管理具有( )特征。

A. 宏观预测　　　B. 微观预测　　　C. 全面控制　　　D. 系统制约

6. 建筑工程项目全寿命周期包括( )。

A. 项目决策阶段　　　B. 项目实施阶段　　　C. 项目运行阶段　　　D. 项目报废阶段

7. 可行性研究的工作内容包括(　　　)。

A. 建设必要性　　　B. 技术可能性　　　C. 建设合理性　　　D. 技术先进性

8. 全寿命周期管理的内容包括对(　　　)人力资源、沟通、风险、采购的集成管理。

A. 资产　　　　　　B. 时间　　　　　　C. 质量　　　　　　D. 费用

【项目小结】

本项目介绍了项目的概念、特性,项目管理的概念、内容、职能、工作内容,项目管理与企业管理的区别,现代项目管理的特点;建筑工程项目的概念、特点、分类、划分,建筑工程项目应满足的要求;建筑工程项目管理的概念类型及目标和任务,工程项目管理体制,建筑工程项目的发包方式;全寿命周期管理的定义,建筑工程项目全寿命周期各阶段工作程序、工作内容,全寿命周期管理的内容和基本特点,全寿命周期建筑工程项目管理的目标和任务,项目系统管理;建筑工程项目策划的类型与内容;工程项目常用的决策方法:确定型决策、不确定型决策、风险型决策。

【项目练习】

选择题

1. 下列项目管理类型中,属于项目管理核心的是(　　　)。

A. 业主方的项目管理　　　　　　B. 设计方的项目管理

C. 施工方的项目管理　　　　　　D. 供货方的项目管理

2. 建设项目管理规划涉及项目整个实施阶段,它属于(　　　)项目管理的范畴。

A. 业主方　　　　B. 设计方　　　　C. 施工方　　　　D. 上

3. (　　　)不属于建筑工程项目管理的类型。

A. 发包方的项目管理　　　　　　B. 工程总承包方的项目管理

C. 供货方的项目管理　　　　　　D. 施工方的项目管理

4. 建筑工程项目全寿命周期是指从(　　　)开始到建设工程报废(或建设项目结束)的过程。

A. 可行性研究阶段　　　　　　　B. 建设项目立项

C. 建设项目开始施工　　　　　　D. 建设项目构思

5. 工程项目建设周期可划分为(　　　)。

A. 工程项目策划和决策阶段　　　B. 工程项目准备阶段

C. 工程项目实施阶段　　　　　　D. 工程项目竣工验收和总结评价阶段

6. 工程项目管理可分为(　　　)。

A. 建设项目管理　　B. 设计项目管理　　C. 业主项目管理　　　D. 施工项目管理

7. 建设项目按其建设性质不同可分为(　　　)。

A. 新建项目　　　　B. 扩建项目　　　　C. 迁建项目　　　　D. 重建项目

8. 建设项目按规模可分为(　　　)。

A. 大型　　　　　　B. 大中型　　　　　C. 中型　　　　　　D. 小型

9. 建设项目按投资效益可分为(　　　)。

A. 非竞争性项目　　B. 竞争性项目　　　C. 基础性项目　　　D. 公益性项目

10. 我国建设项目可行性研究的主要内容有(　　　)。

A. 项目协议书　　　B. 可行性研究　　　C. 项目评估　　　　D. 经济研究

E.技术研究

11.建筑工程项目在投资决策阶段工作的核心和重点是( )。

A.项目决策　　　　B.可行性研究工作　　C.筹资　　　　　　　D.厂址选择

12.在建筑工程项目可行性研究中,( )可作为项目能否成立的依据。

A.市场研究　　　　B.财务分析　　　　　C.经济效益分析　　　　D.工艺技术方案论证

13.建筑工程项目可行性研究可作为项目进行( )。

A.工程结算的依据　　　　　　　　　B.编制施工图的依据

C.招标投标的依据　　　　　　　　　D.投资决策的基本依据

14.项目实施阶段管理的主要任务是( )。

A.确定项目的定义　　　　　　　　　B.通过管理使项目的目标得以实现

C.为业主提供建设服务　　　　　　　D.施工合同管理

15.建筑工程项目管理的内涵是自项目开始至项目完成通过项目策划和项目控制以使项目的( )得以实现。

A.成本目标　　　　B.费用目标　　　　　C.进度目标　　　　　　D.管理目标

E.质量目标

16.建筑工程项目管理中的费用目标对业主而言是( )。

A.成本目标　　　　B.管理目标　　　　　C.投资目标　　　　　　D.控制目标

17.施工方项目管理的目标主要包括( )。

A.施工的投资目标　　　　　　　　　B.施工的进度目标

C.施工的安全管理目标　　　　　　　D.施工的质量目标

E.施工的成本目标

18.建筑工程项目决策阶段的管理主体是( )。

A.投资方和设计方　　　　　　　　　B.开发方和投资方

C.开发方和设计方　　　　　　　　　D.开发方和供货方

【项目实训】

实训题 1

【背景资料】

某施工企业承接了一个工程项目的施工任务。该企业成立了一个项目组,确定了项目的背景、目标及领导组,并决定由该企业的老总担任项目领导组组长。在施工过程中,发现有个别员工做事怠慢、工作不积极,找其谈话之后效果仍然不佳,导致部分工作停滞不前,影响了工程的进度。

【问题】

1.该企业成立项目组之后,除确定项目的背景、目标及领导组之外,还应确定哪些内容?

2.项目领导组组长由企业老总担任是否妥当?

3.针对员工做事怠慢、工作不积极的情况,作为一个出色的项目负责人,可从哪些方面入手来改善?

实训题 2

【背景资料】

华北某厂 1 260 m³ 级高炉扩容改造工程。根据招标文件要求,为了快速、高效、优质、低耗地完成扩容改建任务,该扩容改建应采用高炉整体平移新技术。高炉分两段安装:第一段为移送;第二段为悬吊。高炉本体工程拟定在拼装平台上基本完成,尽量缩短停炉后施工工期,保证业主要求的工期。高炉本体平移作业采用滚动摩擦方式,液压缸推送。要求"新、旧高炉中心线重合,标高与原设计标高相符,误差控制在 5~8 m"。高炉本体移送重量约为 4 500 t,推移高度约为 36 m,推移距离约为 42 m。高炉本体在液压缸推动下,分步向炉基平移。

【问题】

1.结合该工程谈谈项目目标的制订。
2.结合该工程谈谈项目管理的总体安排。

实训题 3

【背景资料】

某公司在工程进行前成立了项目组,工程各个阶段资金需求已事先确定,但工程进行到某一阶段时,却出现了资金短缺的现象,项目组着手调查资金短缺原因,发现该项目在建设时各个阶段所用资金没有完整记录,以致该阶段资金出现短缺的原因无法进行详细分析。

【问题】

1.该项目组对项目资金的使用及管理出现了什么问题?
2.在项目管理过程中,资金使用应如何进行控制?

实训题 4

【背景资料】

甲建设单位将教学楼改建工程直接发包给乙施工单位,约定工期为 12 个月,由丙监理公司负责监理。甲建设单位指定丁建材公司为供货商,乙施工单位不得从其他供货商处另行采购建筑材料。乙施工单位具有房屋建筑工程总承包资质,为完成施工任务,招聘了几名具有专业执业资格的人员。在征得甲建设单位同意的情况下,乙施工单位将电梯改造工程分包给戊公司。在取得施工许可证后,改建工程顺利开工。

【问题】

1.施工企业项目经理往往是一个施工项目施工方的总组织者、总协调者和总指挥者,项目经理不仅要考虑项目的利益,还应服从(　　　)的整体利益。

A. 业主   B. 总承包单位   C. 本企业   D. 本项目各参与方

2. 施工方是承担施工任务的单位的总称谓,下列选项中不属于施工方的是( )。

A. 施工总承包方   B. 施工总承包管理方

C. 施工劳务分包方   D. 材料及设备供应方

3. 在教学楼改建过程中,丙监理单位的监理内容包括( )。

A. 进度控制   B. 质量控制   C. 成本控制   D. 合同管理

E. 施工管理

项目 2　建筑工程项目策划与决策

【项目引入】

内蒙古根河"天工部落"位于内蒙古自治区呼伦贝尔根河市敖鲁古雅乡,项目占地 2 000 亩 (1 亩＝666.67 m²),预计投资 2 亿元,其中一期投资为 4 000 万元。天工部落作为徽州文化园模式的快速复制,凭借根河优越的生态环境,倡导生态养生,主张"像鸟一样生活",主推产品为俄罗斯乡野风情的度假式公寓和产权式酒店,是一个集休闲、度假、娱乐为一体的综合性度假区。

项目预测建设期为 5 年,经营期为 20 年。年接待游客 15 万人次以上。人均消费按 550 元计算,则营业收入为 8 250 万元。项目期总营业收入为 16.5 亿元。通过经济分析,该旅游项目正常年份利润总额为 2 887.5 万元,投资利润率为 11.5%,投资回收期为 9 年(含建设期 5 年)。

项目一期建设完毕,度假式公寓和产权式酒店的销售遭遇寒冬,日游客接待量甚至不足百人,引发投资商不满,导致项目二期建设因资金问题中断。到现在来看,这个项目已然失败。

问题:

1. 该项目失败的原因有哪些?
2. 项目的策划与决策有什么意义?

【学习目标】

知识目标:了解项目管理,掌握建筑工程项目管理的基本知识,掌握建筑工程项目全寿命周期管理。

技能目标:能正确辨析项目和一般生产活动的区别;能明确建筑工程项目的特点;能明确建筑工程全寿命周期不同阶段项目管理的重点;能对中小型项目进行管理策划。

素质目标:我国古代有很多规模宏大、工艺精湛的工程项目,比如万里长城、都江堰水利工程、丁谓修复皇宫,这些项目不仅体现了我国劳动人民的聪明智慧和高超的建筑技艺,也体现出我国古代项目管理的认识水平和实践经验。在工程项目管理不断发展的今天,作为学生应该以格物、致知、正心、修身为目标,对自身职业产生强烈的认同感、归属感和自豪感。

【学习重、难点】

重点:建筑工程项目策划和定量决策方法。

难点:项目管理规划大纲,决策树方法。

【学习建议】

1. 利用网络搜索引擎搜索项目引入案例的详细信息,了解项目失败的原因,提高对项目策划与决策重要性的认识。

2.通过二维码链接、书籍和网络等形式，对施工组织设计内容进行拓展性学习。

3.项目后的习题应在学习中对应进度逐步练习，通过做练习加以巩固基本知识。

任务 2.1 建筑工程项目策划

建筑工程项目策划指的是通过调查研究和收集资料，在充分占有信息的基础上，针对建筑工程项目的决策和实施，或决策和实施中的某个问题，进行组织、管理、经济和技术等方面的科学分析和论证，旨在为项目建设的决策和实施增值。决策工作贯穿于项目管理的整个进程，正确的决策在工程项目管理中有着举足轻重的作用。

2.1.1 建筑工程项目策划的类型

建筑工程项目策划包括建筑工程项目前期策划（建筑工程项目决策期策划）、建筑工程项目实施期策划和建筑工程项目建成以后的运营策划。建筑工程项目前期策划不仅包括项目决策期各个环节的策划，而且包括对项目建设期、项目运营期各个环节的策划。

建筑工程项目前期策划阶段是指从工程项目的构思到项目批准，正式立项为止的过程。前期策划主要是上层管理者的工作。前期策划工作的主要任务是寻找并确定项目目标、定义项目，并将项目进行详细技术经济论证。

建筑工程项目实施阶段策划是在建设项目立项之后，为了把项目决策付诸实施而形成的指导性的项目实施方案。建筑工程项目实施阶段策划的主要任务是确定如何组织该项目的开发或建设。

项目运营期策划包括项目运营方式、运营管理组织、经营机制和项目运营准备等方面的策划。项目运营策划要在项目前期制定的生产运营期设施管理总体方案和生产运营期经营管理总体方案的基础上进行。

2.1.2 建筑工程项目前期策划内容

根据图 1.2，项目决策阶段指有建设意图到项目批准，正式立项为止。这个阶段的主要任务就是工程项目的前期策划。工程项目前期策划阶段策划的主要任务是定义（指的是严格地确定）项目开发或建设的任务和意义。在建筑工程项目前期策划阶段形成的文件主要有项目建议书和可行性研究报告，内容详见任务 1.3。建筑工程项目决策阶段策划的基本内容如下。

1）项目环境和条件的调查与分析

环境和条件包括自然环境、宏观经济环境、政策环境、市场环境、建设环境（能源、基础设施等）等。

2）项目定义和项目目标论证

①确定项目建设的目的、宗旨和指导思想；

②项目的规模、组成、功能和标准的定义；

③项目总投资规划和论证；

④建设周期规划和论证。

3）组织策划

①决策期的组织结构；

②决策期任务分工；

③决策期管理职能分工；

④决策期工作流程；

⑤实施期组织总体方案；

⑥项目编码体系分析。

4) 管理策划

①项目实施期管理总体方案；

②生产运营期设施管理总体方案；

③生产运营期经营管理总体方案。

5) 合同策划

①决策期的合同结构；

②决策期的合同内容和文本；

③实施期合同结构总体方案。

6) 经济策划

①项目建设成本分析；

②项目效益分析；

③融资方案；

④编制资金需求量计划。

7) 技术策划

①技术方案分析和论证；

②关键技术分析和论证；

③技术标准、规范的应用和制定。

2.1.3   建筑工程项目实施阶段策划内容

建筑工程项目实施阶段策划的内容涉及的范围和深度，在理论上和工程实践中并没有统一的规定，应视项目的特点而定。建筑工程项目实施阶段策划的基本内容如下。

1) 项目实施的环境和条件的调查与分析

环境和条件包括自然环境、建设政策环境、建筑市场环境、建设环境（能源、基础设施等）、建筑环境（民用建筑的风格和主色调等）等。

2) 项目目标的分析和再论证

项目决策期对项目的总目标进行了分析论证，在项目实施期需要对项目目标进一步进行分析和论证，一是进一步论证目标的可行性；二是对目标进行分解，形成项目管理目标体系，变成可操作性的数据系统，为项目控制服务。项目目标的分析和再论证是建设项目管理的基础，包括投资目标、进度目标和质量目标的分析和再论证。

①投资目标的分解和论证；

②编制项目投资总体规划；

③进度目标的分解和论证；

④编制项目建设总进度规划；

⑤项目功能分解；

⑥建筑面积分配；

⑦确定项目质量目标。

3）项目实施的组织策划

①业主方项目管理的组织结构；

②任务分工和管理职能分工；

③项目管理工作流程；

④建立编码体系。

4）项目实施的管理策划

①项目实施各阶段项目管理的工作内容；

②项目风险管理与工程保险方案。

5）项目实施的合同策划

①方案设计竞赛的组织；

②项目管理委托、设计、施工和物资采购的合同结构方案；

③合同文本。

6）项目实施的经济策划

①资金需求量计划；

②融资方案的深化分析。

7）项目实施的技术策划

①技术方案的深化分析和论证；

②关键技术的深化分析和论证；

③技术标准和规范的应用和制定等。

8）项目实施的风险策划

①风险识别；

②风险评估；

③风险应对；

④风险监控。

2.1.4　建筑工程项目管理策划

1）项目管理策划组成

根据《建设工程项目管理规范》（GB/T 50326—2017）的管理规定，项目管理策划应由项目管理规划策划和项目管理配套策划组成。项目管理规划应包括项目管理规划大纲和项目管理实施规划，项目管理配套策划应包括除项目管理规划策划以外的所有项目管理策划内容。

2）项目管理规划的范围和编制主体

工程项目管理规划的范围和编制主体见表2.1。项目管理配套策划范围和内容的确定由组织规定的授权人负责实施。

建筑工程项目
前期策划的
过程

表 2.1　工程项目管理规划的范围和编制主体

项目定义	项目范围和特征	项目管理规划名称	编制主体
建设项目	在一个总体规划范围内、统一立项审批、单一或多元投资、经济独立核算的建设工程	《建设项目管理规划》	建设单位
工程项目	建设项目内的单位、单项工程或独立使用功能的交工系统(一般含多个)	《工程项目管理规划》(《规划大纲》和《实施规划》。如日常的施工组织设计、项目管理计划等)	承包单位
专业工程项目	上下水、强弱电、风暖气、桩基础、内外装等	《工程项目管理规划》(《规划大纲》可略)	专业分包单位

工程总承包及代建制模式的《项目管理规划》需包含项目投融资、勘察设计管理、招标采购、项目过程控制及动用准备等相关的管理规划内容。

3)项目管理规划大纲

项目管理规划大纲是项目管理工作中具有战略性、全局性和宏观性的指导文件。项目管理规划大纲宜包括下列内容,编制人员也可根据需要在其中选定:

①项目概况;

②项目范围管理;

③项目管理目标;

④项目管理组织;

⑤项目采购与投标管理;

⑥项目进度管理;

⑦项目质量管理;

⑧项目成本管理;

⑨项目安全生产管理;

⑩绿色建造与环境管理;

⑪项目资源管理;

⑫项目信息管理;

⑬项目沟通与相关方管理;

⑭项目风险管理;

⑮项目收尾管理。

需要强调的是,工程总承包及代建制模式的项目管理规划大纲制定,需坚持工程全寿命项目管理理念,将项目的融资、项目结构分解与范围管理、勘察设计管理、工程招标投标管理及项目试运行管理等内容纳入项目管理规划大纲。

4)项目管理实施规划

实施规划是规划大纲的进一步深化与细化,因此,需依据项目管理规划大纲来编制实施规划,而且需把规划大纲策划过程的决策意图体现在实施规划中。一般情况下,施工单位的项目施工组织设计等同于项目管理实施规划。

(1)项目管理实施规划编制依据

①适用的法律、法规和标准;

②项目合同及相关要求；

③项目管理规划大纲；

④项目设计文件；

⑤工程情况与特点；

⑥项目资源和条件；

⑦有价值的历史数据；

⑧项目团队的能力和水平。

（2）项目管理实施规划内容

①项目概况；

②项目总体工作安排；

③组织方案；

④设计与技术措施；

⑤进度计划；

⑥质量计划；

⑦成本计划；

⑧安全生产计划；

⑨绿色建造与环境管理计划；

⑩资源需求与采购计划；

⑪信息管理计划；

⑫沟通管理计划；

⑬风险管理计划；

⑭项目收尾计划；

⑮项目现场平面布置图；

⑯项目目标控制计划；

⑰技术经济指标。

5）项目管理配套策划

项目管理配套策划是除项目管理规划文件内容外的所有项目管理策划要求。项目管理配套策划结果不一定形成文件，具体需依据国家、行业、地方法律法规要求和组织的有关规定执行。项目管理配套策划包含以下3项内容，体现了项目管理规划以外的项目管理策划内容范围，是项目管理规划的两头延伸，覆盖所有相关的项目管理过程。

①确定项目管理规划的编制人员、方法选择、时间安排。它是项目管理规划编制前的策划内容，不在项目管理规划范围内，其结果不一定形成文件。

②安排项目管理规划各项规定的具体落实途径。它是项目管理规划编制或修改完成后实施落实的策划，内容可能在项目管理规划范围内，也可能在项目管理规划范围之外，其结果不一定形成文件。这里既包括落实项目管理规划文件需要应形成书面文件的技术交底、专项措施等，也包括不需要形成文件的口头培训、沟通交流、施工现场焊接工人的操作动作策划等。

③明确可能影响项目管理实施绩效的风险应对措施。例如，可能需要的项目全过程的总结、评价计划，项目后勤人员的临时性安排，现场突发事件的临时性应急措施，针对作业人员临时需要的现场调整，与项目相关方（如社区居民）的临时沟通与纠纷处理等，这些往往是可能影响项目管理实施绩效的风险情况，需要有关责任人员进行风险应对措施的策划，其策划结果不需要形成书面文件或者无法在实施前形成文件，但是其策划缺陷必须通过项目管理策划的有效

控制予以风险预防。

6)施工组织设计

施工组织设计是用来指导施工项目全过程各项活动的技术、经济和组织的综合性文件。施工组织设计是对施工活动实行科学管理的重要手段,它具有战略部署和战术安排的双重作用。它体现了实现基本建设计划和设计的要求,提供了各阶段的施工准备工作内容,协调施工过程中各施工单位,各施工工种,各项资源之间的相互关系。通过施工组织设计,可以根据具体工程的特定条件,拟订施工方案、确定施工顺序、施工方法、技术组织措施,可以保证拟建工程按照预定的工期完成,可以在开工前了解到所需资源的数量及其使用的先后顺序,可以合理安排施工现场布置。因此,施工组织设计应从施工全局出发,充分反映客观实际,符合国家或合同要求,统筹安排与施工活动有关的各个方面,合理地布置施工现场,确保文明施工、安全施工。

【学习笔记】

_____

_____

_____

_____

_____

【关键词】

项目管理策划　项目管理规划大纲　项目管理实施规划　施工组织设计

【任务练习】

选择题

1. 建筑工程项目(　　)阶段是指工程项目的构思到项目批准,正式立项为止的过程。前期策划主要是上层管理者的工作,前期策划工作的主要任务是寻找并确定项目目标、定义项目,并对项目进行详细技术经济论证。

A.前期策划　　　　B.管理策划　　　　C.可行性研究　　　　D.施工组织设计

2.(　　)是在建设项目立项之后,为了把项目决策付诸实施而形成的指导性的项目实施方案。

A.前期策划阶段　　B.运营阶段　　　　C.实施阶段策划　　　D.勘察设计

3.根据《建设工程项目管理规范》的管理规定,项目管理策划应由(　　)组成。

A.项目管理规划策划　　　　　　　B.施工组织设计

C.可行性研究　　　　　　　　　　D.项目管理配套策划

4.建筑工程项目策划包括(　　)。

A.前期策划　　　　B.管理策划　　　　C.运营策划　　　　D.组织结构

5.《建设项目管理规划》的编制主体为(　　)。

A.承包单位　　　　B.专业分包单位　　C.建设单位　　　　D.设计单位

6.项目管理实施规划是项目管理规划大纲的进一步深化与细化,它包含(　　)。

①项目概况　②项目管理目标　③项目质量管理　④进度计划安全生产计划　⑤技术经济指标

A.①②③　　　　　B.①②⑤　　　　　C.①④⑤　　　　　D.③④⑤

7.项目管理配套策划不包含(　　　)。

A.规定项目需要的各种资源

B.确定项目管理规划的编制人员、方法选择、时间安排

C.安排项目管理规划各项规定的具体落实途径

D.明确可能影响项目管理规划实施绩效的风险应对措施。

任务2.2　建筑工程项目决策

项目的策划和决策阶段中任何一项决策的失误,都有可能导致投资项目的失败,而且在现代激烈的市场竞争条件下,任何选择都具有一定的风险。因此,项目策划和决策阶段的工作是投资项目的首要环节和重要方面,对投资项目能否取得预期的经济、社会效益起着关键作用。

2.2.1　决策的含义

决策是人们为了实现预期的目标,采用一定的科学理论,通过一定的程序和方法,对若干备选方案进行研究论证,从中选出最为满意的方案的过程。决策工作贯穿工程项目管理的全过程,项目的建设规模、投资规模、设计方案,建设工期,施工方案等诸多问题都需要做出正确的决策。

2.2.2　工程项目常用的决策方法

随着应用数学和计算机的发展,工程项目决策更多地依赖于定量分析的结果,使得决策不再以感觉为基础,使决策更具科学化。工程项目决策分析与评价的本质是对项目建设和生产过程中各种经济因素给出明确、综合的数量概念,通过效益和费用的分析、比较确定取舍。但是一个复杂的项目,总会有一些因素不能量化,不能直接进行定量分析,只能平行罗列,分别进行对比和作定性描述。因此,在项目决策分析与评价时,应遵循定量分析与定性分析相结合的原则,并以定量分析为主,力求能够正确反映项目实施中的所费(即费用,如投资、日常投入费用等)与所得(即效益,如销售收入等),对不能直接进行数量分析比较的,则应实事求是地进行定性分析。

根据决策问题面临条件的不同,定量决策方法分为确定型决策、风险型决策和不确定型决策。

常用的定性决策方法

1)确定型决策

确定型决策是一种在自然状态的发生为已知的情况下进行的决策。它是一种简单的决策方法,只需求出各方案在已知自然状态下的收益值(收益率)或损失值,然后进行对比分析,从中选择收益值最大的方案或损失值最小的方案作为决策。例如,企业可向三家银行借贷,但利率不同,分别为8%、7.5%和8.5%。企业需决定向哪家银行贷款。很明显,选择利率最低的7.5%的银行为最佳方案。

2)不确定型决策

不确定型决策又称非确定型决策,指无法确定未来各种自然状态发生的概率的决策,是在不稳定条件下进行的决策。只要可供选择的方案不止1个,决策结果就存在不确定性。不确定

型决策所处的条件和状态都与风险型决策相似,不同的只是各种方案在未来将出现哪一种结果的概率不能预测,因而结果不确定。主要方法有:最大收益值(率)法、最大最小收益值(率)法和最小最大后悔值法。

【例2.1】某建筑科技开发公司计划开发生产一种新产品。该产品在市场上的需求量有四种可能:需求量较高、需求量一般、需求量较低、需求量很低。对每种情况出现的概率均无法预测。现有三种方案:A方案是自己动手,改造原有设备;B方案是全部更新,购进新设备;C方案是购进关键设备,其余租赁。该产品计划生产3年。据测算,各个方案在各种自然状态下3年内的预期损益见表2.2。分别采用最大收益值(率)法、最大最小收益值(率)法和最小最大后悔值法对该产品方案进行决策。

表2.2　各方案损益表　　　　　　单位:万元

方案	状态			
	需求量较高	需求量一般	需求量较低	需求量很低
A	70	50	30	20
B	100	80	20	−20
C	85	60	25	5

①最大收益值(率)法,又称乐观法(大中取大法)。这种方法是建立在决策者对未来形势估计非常乐观的基础之上的,即认为极有可能出现最好的自然状态,于是争取好中取好。它是先求出各方案在各种自然状态下可能的最大收益值(率),然后比较这几个收益值(率),从中选出最大收益值(率)对应的方案为决策方案,即"大中取大"。其具体方法是:先从每个方案中选择一个最大的收益值,即A方案70万元,B方案100万元,C方案85万元;然后,再从这些方案的最大收益中选择一个最大值,即B方案的100万元作为决策方案。

②最大最小收益值(率)法,又称悲观法(小中取大法)。这种方法是建立在决策者对未来形势估计非常悲观的基础上的,故从最坏的结果中选最好的。这种方法的主要过程,是先求出各方案在各种自然状态下的最小收益值(率),然后比较这几个最小收益值(率),从中选出最大者作为所选方案,即"小中取大"。其具体方法是:先从每个方案中选择一个最小的收益值,即A方案20元;B方案−20元,C方案5万元;然后,从这些最小收益值中选取数值最大的方案(A方案20万元)作为决策方案。

③最小最大后悔值法,又称大中取小法。这种方法的基本思想是如何使选定决策方案后可能出现的后悔达到最小,即蒙受的损失最小。这种方法的主要过程,是当有多种方案可供决策者选择时,应先估计出每个方案在各种状态下的收益率或收益值。当某一状态出现时,各个方案的收益率或收益值是不同的,其中收益率或收益值最大的那个方案,就是该状态下的最好方案。如果决策者当初采用的是其他方案,那么决策者就会感到后悔。所采用方案的收益率或收益值与最大收益率或最大收益值之间的差,就称作该方案的后悔值。在分析时,应首先计算出各方案在各种状态下的后悔率或后悔值,再找出各个方案的最大后悔值或后悔率,再从这些后悔值或后悔率中选出最小者作为选择方案,即"大中取小"。如表2.3所示,三个方案最大后悔值分别为30、40、20。因为C方案的最大后悔值最小(20),故选中该方案。

表2.3　各方案后悔值　　　　　　单位:万元

方案	需求量较高	需求量一般	需求量较低	需求量很低	最大后悔值
A	100−70=30	80−50=30	30−30=0	20−20=0	30
B	100−100=0	80−80=0	30−20=10	20−(−20)=40	40
C	100−85=15	80−60=20	30−25=5	20−5=15	20

3) 风险型决策

风险型决策也称"随机决策"。风险型决策是决策者根据几种不同自然状态可能发生的概率所进行的决策。决策者虽然对未来的情况无法作出肯定的判断,但可判明各种自然状况发生的概率。决策者所采取的任何一个行动方案都可能面临不同的自然状态,从而导致不同的结果,因此不管决策者选择哪一个行动方案,都要承担一定的风险,从而将这类决策称为风险型决策。

在风险型决策中,决策者对未来可能出现何种自然状态不能确定,但其出现的概率可以大致估计出来。风险型决策常用的方法是决策树分析法。

决策树法又叫作概率分析决策法,它是运用树状图形来分析和选择决策方案的一种决策方法。决策者根据决策树所构造出的决策过程的有序图示,不仅能统观决策过程的全局,而且能对决策过程进行合理的分析,从而作出科学的决策。同时,决策者运用决策树法,不仅能解决单阶段的决策问题,而且能解决多阶段的序列决策问题。下面用例子说明单阶段决策树法的分析步骤。

【例2.2】某房地产开发公司计划未来3年开发某种住宅,需要确定开发方案。根据预测估计,这种住宅的市场状况的概率是畅销为0.2;一般为0.5;滞销为0.3。现提出大、中、小三种规模开发方案,各方案损益值见表2.4,求取得最大经济效益的方案。

表2.4　各方案损益值表　　　　　　单位:亿元

方案	状态		
	畅销	一般	滞销
大规模	40	30	−10
中规模	30	20	8
小规模	20	18	14

决策树分析法的基本步骤如下。

(1) 画决策树

首先从左端决策点(用"□"表示)出发,按备选方案引出相应的方案枝(用"——"表示),每条方案枝上注明所代表的方案;然后,每条方案枝到达一个方案结点(用"○"表示),再由各方案结点引出各个状态枝(也称作概率枝,用"——"表示),并在每个状态枝上注明状态内容及其概率;最后,在状态枝末端(用"△"表示)注明不同状态下的损益值,如图2.1所示。

(2) 计算求解

根据表2.4数据资料,计算结果如下。

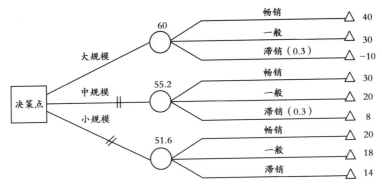

图 2.1　决策树图

大规模开发方案的期望收益值为：

$[40×0.2+30×0.5+(-10)×0.3]×3=60$（亿元）

中规模开发方案的期望收益值为：

$(30×0.2+20×0.5+8×0.3)×3=55.2$（亿元）

小规模开发方案的期望收益值为：

$(20×0.2+18×0.5+14×0.3)×3=51.6$（亿元）

将计算结果写在相应方案节点的上方。

(3) 剪枝选优

根据以上计算结果，可以知道大规模开发方案的期望收益值最高，故应选择大规模开发方案作为决策方案。中规模和小规模开发方案为落选方案，进行修枝（在方案枝上标记"‖"或者"×"）处理。

【学习笔记】

_____

_____

_____

_____

_____

【关键词】

决策　定性决策　确定型决策　不确定型决策　风险决策

【任务练习】

选择题

1.（　　）是人们为了实现预期的目标，采用一定的科学理论，通过一定的程序和方法，对若干备选方案进行研究论证，从中选出最为满意的方案的过程。

A. 计划　　　　　　B. 控制　　　　　　C. 决策　　　　　　D. 领导

2.（　　）是一种在自然状态的发生为已知的情况下进行的决策。

A. 确定型决策　　B. 不确定型决策　　C. 风险型决策　　　D. 定性决策

3. 决策树法是分析（　　）常用的方法。

A. 定量决策　　　B. 不确定型决策　　　C. 风险型决策　　　D. 确定型决策

4. 最大收益值(率)法又称(　　)。

A. 大中取大法　　B. 小中取大法　　C. 大中取小法　　　D. 平均值法

5. 不确定型决策又称非确定型决策,主要方法有(　　)。

A. 决策树法　　　B. 最大收益值法　　C. 最大最小收益值法　　D. 最小最大后悔值法

任务 2.3　工程项目评价

工程项目评价是可行性研究的有机组成部分和重要内容,是项目或方案抉择的主要依据之一。评价的任务是在完成市场需求预测、厂址选择、工艺技术方案选择等可行性研究的基础上,运用定量分析与定性分析相结合、动态分析与静态分析相结合、宏观效益分析与微观效益分析相结合的方法,计算工程项目投入的费用和产出的效益,通过多方案比较,对拟建项目的经济可行性和合理性进行分析论证,作出全面的经济评价。建设工程项目评价包括财务评价、国民经济评价、环境影响评价和社会评价 4 个层次。

2.3.1　工程项目的财务评价

财务评价是根据现行财税制度和市场价格,分析测算项目的效益与费用,考察项目的获利能力,偿还能力以及外汇效果等财务状况,以判别工程项目财务上的可行性。

1)财务评价的步骤

①收集、整理工程项目的基础资料、数据。

②建立可行的技术方案。

③编制财务评价基本计算报表。

④计算财务评价主要评价指标,对项目进行评价。

2)财务评价的主要评价指标

(1)盈利能力分析的静态指标

财务评价内容

盈利能力分析的静态指标包括项目投资回收期、项目资本金净利润率、项目总投资收益率等。

①项目投资回收期

项目投资回收期是指以项目的净收益回收项目投资所需要的时间,一般以年为单位。并宜从项目建设开始年算起,若从项目投产开始年计算,应予以特别注明。

项目投资回收期的计算

其计算表达式为:

$$\sum_{t=0}^{P_t} (CI - CO)_t = 0$$

式中　P_t——项目投资回收期;

　　　CI——现金流入量;

　　　CO——现金流出量;

　　　$(CI-CO)_t$——第 t 期的净现金流量。

投资回收期可用财务现金流量表(全部投资累计净现金流量)计算求得,公计算式为:

$$P_t = 累计折现值开始出现正值的年份 - 1 + \frac{上一年累计现金流量现值的绝对值}{当年净现金流量现值}$$

项目投资回收期的评价标准：

$P_t \leqslant P_c$，可行；反之，不可行。P_c 为行业基准投资回收期。

②项目资本金净利润率 ROE

项目资本金净利润率是指项目达到设计能力后正常年份的年净利润或运营期内年平均净利润（NP）与项目资本金（EC）的比率。

项目资本金净利润率的计算，其计算表达式为：

$$\text{ROE} = \frac{\text{NP}}{\text{EC}} \times 100\%$$

式中 NP——项目正常年份的年净利润或运营期内年平均净利润；

EC——项目资本金。

项目资本金净利润率的评价标准：项目资本金净利润率 ROE 高于同行业的净利润参考值，表明以项目资本金净利润率表示的盈利能力满足要求。

③项目总投资收益率 ROI

总投资收益率是指项目达到设计能力后正常年份的年息税前利润或运营期内年平均息税前利润（EBIT）与项目总投资（TI）的比率。

总投资收益率的计算，其计算表达式为：

$$\text{ROI} = \frac{\text{EBIT}}{\text{TI}} \times 100\%$$

式中 EBIT——项目正常年份的年息税前利润或运营期内年平均息税前利润；

TI——项目总投资。

总投资收益率的评价标准：总投资收益率 ROI 高于同行业的收益率参考值，表明以总投资收益率表示的盈利能力满足要求。

（2）盈利能力分析的动态指标

盈利能力分析的动态指标包括财务内部收益率、财务净现值。

①财务内部收益率 FIRR

财务内部收益率是能使项目计算期内净现金流量现值累计等于零时的折现率。

财务内部收益率的计算，其计算表达式为：

$$\sum_{t=0}^{n} (\text{CI} - \text{CO})_t (1 + \text{FIRR})^{-t} = 0$$

式中 CI——现金流入量；

CO——现金流出量；

$(\text{CI} - \text{CO})_t$——第 t 期的净现金流量；

n——项目计算期。

财务内部收益率的评价标准：当 $\text{FIRR} \geqslant i_c$（基准收益率）时，工程项目方案在财务上可考虑接受。

②财务净现值 FNPV

财务净现值是指按设定的折现率（一般采用基准收益率）计算的项目计算期内净现金流量的现值之和。

财务净现值的计算，其计算表达式为：

$$\text{FNPV} = \sum_{t=0}^{n} (\text{CI} - \text{CO})_t (1 + i_c)^{-t}$$

式中 CI——现金流入量；

CO——现金流出量；

（CI-CO）$_t$——第 t 期的净现金流量；

n——项目计算期；

i_c——设定的折现率（同基准收益率）。

财务净现值 FNPV 的评价标准：当 FNPV≥0 时，工程项目方案在财务上可考虑接受。

（3）清偿能力分析的指标

反映清偿能力和可持续发展能力的指标：借款偿还期、利息备付率、偿债备付率、资产负债率、流动比率、速动比率等。

①借款偿还期。

国内借款偿还期，在国家政策规定及项目具体财务条件下，以项目投产后可用于还款的利润、折旧及其他收益偿还建设投资借款本金和建设期利息（不包括已用自有资金支付的建设期利息）所需要的时间。

$$I_d = \sum_{t=1}^{P_d} R_t = \sum_{t=1}^{P_d} (R_p + D' + R_o - R_r)_t$$

式中　I_d——建设投资国内借款本金和利息之和；

P_d——建设投资国内借款偿还期，一般从借款开始年算起；

R_t——年可用作偿还借款的资金；

R_p——年未分配利润；

D'——年可用作偿还借款的折旧；

R_o——年可用作偿还借款的其他收益；

R_r——还款期间企业留利。

$$借款偿还期（P_d）= \begin{bmatrix} 借款偿还后开始 \\ 出现盈余年份数 \end{bmatrix} - 开始借款年份 + \begin{bmatrix} \dfrac{当年偿还借款额}{当年可用于还款的资金额} \end{bmatrix}$$

借款偿还期的计算：

比较标准：与贷款机构的要求期限对比，小于或等于贷款机构的要求期限，认为项目有偿还能力否则说明项目偿还能力不足，即从项目清偿能力角度考虑，可以认为项目是不行的。

建设期借款利息的计算：

$$每年应计利息 = （年初借款本息累计 + \dfrac{本期借款额}{2}）× 年利率$$

②利息备付率。

项目在借款偿还期内各年可用于支付利息的息税前利润与当期应付利息费用的比值。

$$利息备付率 = \dfrac{息税前利润}{当期应付利息费用}$$

税息前利润=利润总额+计入总成本费用的利息费用当期应付利息指计入总成本费用的全部利息。

对于正常经营的企业，利息备付率应大于2。

③偿债备付率。

项目在借款偿还期内各年可用于还本付息的资金与当期应还本付利息金额的比值。

偿债备付率=可用于还本付息资金/当期应还本息金额可用于还本付息资金=可用于还款的折旧摊销+成本中列支的利息费用+可用于还款的利润

当期应付利息指计入总成本费用的全部利息。

对于正常经营的企业,利息备付率应大于1,且越高越好。

④资产负债率。

该指标反映全部资产和全部负债的关系。是反映项目所面临的财务风险程度及偿还能力的指标。

$$资产负债率 = \frac{负债合计}{资产合计} \times 100\%$$

该比率应在 100% 以下,若大于 100% 则资不抵债。

⑤流动比率。

该指标反映部分资产和部分负债的关系。是反映项目各年偿付流动负债能力的指标。

$$流动比率 = \frac{流动资产总额}{流动负债总额} \times 100\%$$

一般该比率在大于 200% 时,才能保证项目按期偿还短期债务,也才是贷款机构可接受的。

⑥速动比率。

该指标反映部分资产和部分负债的关系。速动比率是反映项目快速偿付流动负债能力的指标。

$$速动比率 = \frac{(流动资产总额-存货)}{流动负债总额} \times 100\%$$

速动比率应接近于 100%。

项目涉及外汇时,如产品出口创汇或顶替进口节汇等,应进行外汇效果分析,主要指标有:外汇净现值、换汇成本、节汇成本。

①外汇净现值。

反映项目实施后对国家外汇收支直接或间接影响的重要指标,用于衡量项目对国家外汇真正的净贡献。

$$NPVF = \sum_{t=0}^{n} (FI - FO)_t (1 + i)^{-t}$$

式中　FI——外汇流入量;

　　　FO——外汇流出量;

　　　$(FI-FO)_t$——第 t 年的外汇净流量;

　　　i——折现率一般可取外汇贷款利率;

　　　n——计算期。

②换汇成本或节汇成本。

$$换汇成本 = \frac{\sum_{t=0}^{n} DR_t (1 + i)^{-t}}{\sum_{t=0}^{n} (FI - FO)_t (1 + i)^{-t}}$$

式中　DR_t——项目在第 t 年生产出口产品时投入的国内资源。

换汇成本小于或等于汇率,表明该项目产品出口或替代进口是有利的。

3) 财务评价的基本计算报表

为了计算评价指标,考察项目的盈利能力、清偿能力以及外汇平衡状况等财务状况,需先编制财务报表。财务评价的基本报表有现金流量表、损益表、资金来源与运用表、资产负债表及财务外汇平衡表。另外,根据需要还可编制一些辅助报表,如:投资估算表、流动资金估算表、投资总额及资金筹措表、借款还本付息估算表、产品销售收入及销售税估算表、生产期成本估算表。

(1)现金流量表

现金流量表反映项目计算期内各年的现金收支(现金流入和现金流出),用以计算各项动态和静态评价指标,进行项目财务盈利能力分析。按投资计算基础的不同,现金流量表分为全部投资现金流量表和自有资金现金流量表。

财务报表

(2)损益表

损益表反映项目计算期内各年的利润总额、所得税及税后利润的分配情况,用以计算投资利润率、投资利税率和资本金利润率等指标。

(3)资金来源与运用表

资金来源与运用表反映项目计算期内各年的资金盈余或短缺情况,用于选择资金筹措方案,制定适宜的借款及偿还计划,并为编制资产负债表提供依据。

(4)资产负债表

资产负债表综合反映项目计算期内各年末资产、负债和所有者权益的增减变化及对应关系,以考察项目资产、负债、所有者权益的结构是否合理,用以计算资产负债率、流动比率及速动比率,进行清偿能力分析。

(5)财务外汇平衡表

财务外汇平衡表适用于有外汇收支的项目,用以反映项目计算期内各年外汇余缺程度,进行外汇平衡分析。

2.3.2　工程项目的国民经济评价

国民经济评价是按照资源合理配置的原则,从国家整体角度考察项目的收益和费用,使用影子价格、影子工资、影子汇率和社会折现率等经济参数分析、计算项目对国民经济整体的贡献,评价项目的经济合理性。

1)国民经济评价的指标

(1)经济净现值

$$\mathrm{ENPV} = \sum_{t=0}^{n} (B - C)_t (1 + i_s)^{-t}$$

经济净现值是指用社会折现率将项目在计算期内各年经济净效益流量折算到建设期初的现值之和,反映项目对国民经济净贡献的绝对指标。

式中　B——经济效益流量;

　　　C——经济费用流量;

　　　$(B-C)_t$——第 t 年的经济净效益流量;

　　　n——计算期,以年计;

　　　i_s——社会折现率。

(2)经济内部收益率 EIRR

$$\sum_{t=0}^{n} (B - C)_t (1 + \mathrm{EIRR})^{-t} = 0$$

式中　EIRR——经济内部收益率,其余符号同前。

经济内部收益率(EIRR)是指能使项目在计算期内各年经济净效流量的现值累计等于零的折现率,反映项目对国民经济净贡献的相对指标。

(3)经济外汇净现值

经济外汇净现值是反映项目实施后对国家外汇收支直接或间接影响的重要指标,用以衡量投资项目对国家外汇真正的净贡献(创汇)或净消耗(用汇)的指标。

$$ENPVF = \sum_{t=0}^{n} (FI - FO)_t (1 + i_s)^{-t}$$

式中　FI——出口产品的外汇流入量,美元;

FO——出口产品的外汇流出量,美元;

ENPVF——一般应按项目的实际外汇净收支计算。当有产品替代进口时,可以按净外汇效果计算经济外汇净现值。净外汇效果是指净外汇流量再加上产品替代进口而引起的节汇额(国家节约的用于进口的外汇支出)。

(4)经济换汇成本

$$经济换汇成本 = \frac{\sum_{t=0}^{n} DR_t (1 + i_s)^{-t}}{\sum_{t=0}^{n} (FI - FO)_t (1 + i_s)^{-t}}$$

经济换汇成本是用货物影子价格、影子工资和社会折现率计算的为生产出口产品而投入的国内资源现值(以人民币表示)与生产出口产品的经济外汇净现值(通常以美元表示)之比,亦即换取 1 美元外汇所需要的人民币金额,是分析评价项目实施后在国际上的竞争力,进而判断其产品应否出口的指标。

式中　DR$_t$——项目在第 t 年为生产出口产品所投入的国内资源(包括投资、原材料、工资、其他投入和贸易费用),人民币;

FI——生产出口产品的外汇流入,美元;

FO——生产出口产品的外汇流出,美元;

n——项目寿命期。

(5)经济节汇成本

经济节汇成本是项目生产出口产品或替代进口产品时,用影子价格、影子工资和社会折现率计算的为生产而投入的国内资源现值(以人民币表示)与产出品的经济外汇净现值(通常以美元表示)的比值,即获取 1 美元净外汇收入或节省 1 美元耗费所需消耗的国内资源价格(人民币元)。

$$经济节汇成本 = \frac{\sum_{t=0}^{n} DR_t (1 + i_s)^{-t}}{\sum_{t=0}^{n} (FI - FO)_t (1 + i_s)^{-t}}$$

式中　DR$_t$——项目在第 t 年为生产替代进口产品投入的国内资源(包括投资、原材料、工资、其他投入和贸易费用),人民币;

FI——生产替代进口产品所节约的外汇,美元;

FO——生产替代进口产品节约的外汇流出(包括应由替代进口产品分摊的固定资产投资及经营费用中的外汇流出),美元。

2)国民经济评价报表

国民经济评价基本报表主要包括项目国民经济效益费用流量表、国内投资国民经济效益费用流量表、经济外汇流量表。

在进行国民经济评价时,一般只需编制国民经济效益费用流量表,分析国民经济盈利能力。

在财务评价基础上编制国民经济效益费用流量表时应注意以下问题:

①剔除转移支付。将财务现金流量表中列支的销售税金及附加、所得税、特种基金、国内借款利息作为转移支付剔除。

②计算外部效益与外部费用。

③调整建设投资。用影子价格、影子汇率、影子工资逐项调整构成的各项费用,剔除涨价预备费、税金、国内借款利息和各项补贴。进口设备购置费通常要剔除进口关税、增值税等转移支付。建筑安装工程费按材料费、劳动力的影子价格进行调整;土地费用按土地影子价格进行调整。

④调整流动资金。应收、应付款项,只是财务会计账目上的资产或负债占用,并没有实际耗用经济资源,应剔除。

⑤调整经营费用。用影子价格调整各项经营费用,对主要原材料、燃料及动力费,用影子价格进行调整;对劳动工资及福利费,用影子工资进行调整。

⑥调整销售收入。

⑦调整外汇价值。国民经济评价各项销售收入和费用支出中的外汇部分,应用影子汇率进行调整,计算外汇价值。从国外引入的资金和向国外支付的投资收益、贷款本息,也应用影子汇率进行调整。

2.3.3 工程项目的环境影响评价

1)环境影响评价的概念

广义指对拟建项目可能造成的环境影响(包括环境污染和生态破坏,也包括对环境的有利影响)进行分析、论证的全过程,并在此基础上提出采取的防治措施和对策。

狭义指对拟议中的建设项目在兴建前即可行性研究阶段,对其选址、设计、施工等过程,特别是运营和生产阶段可能带来的环境影响进行预测和分析,提出相应的防治措施,为项目选址、设计及建成投产后的环境管理提供科学依据。

2)建设项目环境影响评价分类管理的有关法律规定

国家根据建设项目对环境的影响程度,对建设项目的环境影响评价实行分类管理。

建设单位应当按照下列规定组织编制环境影响报告书、环境影响报告表或者填报环境影响登记表(以下统称环境影响评价文件):

①建设项目对环境可能造成重大影响的,应当编制环境影响报告书,对建设项目产生的污染和对环境的影响进行全面、详细的评价;

②建设项目对环境可能造成轻度影响的,应当编制环境影响报告表,对建设项目产生的污染和对环境的影响进行分析或者专项评价;

③建设项目对环境影响很小,不需要进行环境影响评价的,应当填报环境影响登记表。

建设项目环境保护分类管理名录,由国务院环境保护行政主管部门制定并公布。

建设项目所处环境的敏感性质和敏感程度,是确定建设项目环境影响评价分类的重要依据。

建设单位应依据《建设项目环评分类管理名录》分别组织编制环境影响报告书、环境影响报告表或者填报环境影响登记表。

建设涉及环境敏感区的项目,应当严格按照《建设项目环评分类管理名录》确定的环境影响评价类别,不得擅自提高或者降低环境影响评价类别。

环境影响评价文件应当就该项目对环境敏感区的影响作重点分析。跨行业、复合型项目,其环境影响评价类别按照其中单项等级最高的确定。

《建设项目环评分类管理名录》未规定的建设项目,其环境影响评价类别由省级环境保护部门根据建设项目的污染因子、生态影响因子特征及其所处环境的敏感性质和程度提出建议,报国务院环境保护主管部门认定。

本名录所称环境敏感区,是指依法设立的各级各类自然、文化保护地,以及对建设项目的某类污染因子或者生态影响因子特别敏感的区域,主要包括:

①自然保护区、风景名胜区、世界文化和自然遗产地、饮用水水源保护区;

②基本农田保护区、基本草原、森林公园、地质公园、重要湿地、天然林、珍稀濒危野生动植物天然集中分布区、重要水生生物的自然产卵场及索饵场、越冬场和洄游通道、天然渔场、资源性缺水地区、水土流失重点防治区、沙化土地封禁保护区、封闭及半封闭海域、富营养化水域;

③以居住、医疗卫生、文化教育、科研、行政办公等为主要功能的区域,文物保护单位,具有特殊历史、文化、科学、民族意义的保护地。

3) 建设项目环评文件的编制要求

建设项目环境影响报告书内容的有关法律规定,根据《中华人民共和国环境影响评价法》第十七条和《建设项目环境保护管理条例》第八条规定:建设项目的环境影响报告书应当包括下列必备内容:

①建设项目概况;

②建设项目周围环境现状;

③建设项目对环境可能造成影响的分析、预测和评估;

④建设项目环境保护措施及其技术、经济论证;

⑤建设项目对环境影响的经济损益分析;

⑥对建设项目实施环境监测的建议;

⑦环境影响评价的结论。

涉及水土保持的建设项目,还必须有经水行政主管部门审查同意的水土保持方案。环境影响报告表和环境影响登记表的内容和格式,由国务院环境保护行政主管部门制定。

其他必备内容:

①环境影响报告书中,还应附具公众参与的内容;

②如果是针对有风险事故的建设项目,还应当在编制中增加环境风险评价的内容。这些项目例如化工项目等。

1999年8月国家环保总局发布了"环发〔1999〕178号"文件规定了环评报告表和登记表的内容和格式。建设项目环境影响报告表必须由具有环评资质的单位填写,附环境影响评价资质证书及评价人情况。环境影响报告表的主要内容:

①建设项目基本情况;

②建设项目所在地自然环境、社会环境简况及环境质量状况;

③评价适用标准;

④建设项目工程分析及项目主要污染物产生及预计排放情况;

⑤环境影响分析;

⑥建设项目的防治措施及预期治理效果;

⑦结论与建议。

同时,报告表应附的附件包括:"立项批准文件"及"其他与环评有关的行政管理文件";附图包括:项目地理位置图(应反映行政区划、水系、标明纳污口位置和地形地貌等)。如果报告表不能说明项目产生的污染及对环境造成的影响,应进行专项评价。根据项目特点和环境特征,应选择1~2项进行专项评价。按照环评导则的要求,专项评价包括:

①大气环境影响专项评价;

②水环境(包括地表水和地下水);

③生态环境;

④声环境;

⑤土壤;

⑥固体废弃物。

注意:上述七项中与环评报告书相比,没有经济损益分析、实施环境监测的建议、环保措施的技术和经济论证等。

环境影响登记表的主要内容:环境影响登记表只需建设单位简单填报建设项目的基本情况。其内容包括项目内容及规模、原辅材料、水及能源消耗、废水排放量及排放去向、周围环境简况、生产工艺流程简述、拟采取的防止污染措施,以及登记表的审批意见。

2.3.4 工程项目的社会评价

1)社会评价的概念

社会评价是在系统调查和预测拟建项目的建设、运营产生的社会影响与社会效益的基础上,分析评估项目所在地区的社会环境对项目的适应性和可接受程度。

2)项目社会评价的对象和范围

社会评价难度大、要求高,并且需要一定的资金和时间投入,因此,并不是所有项目都需要进行社会评价。社会评价有助于将项目建设方案设计和实施与区域性社会发展结合起来,主要适用于社会因素较为复杂、社会影响较为久远、社会效益较为显著、社会矛盾较为突出、社会风险较大的投资项目。其中主要包括需要大量移民搬迁或者占用农田较多的水利项目、交通运输项目、矿产和油气田开发项目、扶贫项目、农村区域开发项目,以及文化教育、卫生等公益性项目。

3)社会评价主要目的

社会评价主要目的是消除或尽量减少因项目的实施所产生的社会负面影响,使项目的内容和设计符合项目所在地区的发展目标、当地具体情况和目标人口的具体发展需要,为项目地区的人口提供更广阔的发展机遇,提高项目实施的效果,并使项目能为项目地区的区域社会发展目标做出贡献,促进经济与社会的协调发展。

4)项目社会评价的主要内容

社会评价从以人为本的原则出发,研究内容包括项目的社会影响分析、项目与所在地区的互适性分析和社会风险分析。项目社会评价框架如图2.2所示。

5)项目社会评价方法

在项目前期工作阶段,根据项目研究的深度可以分别进行初步社会评价和详细社会评价。具体的评价方法包括了定性评价法和定量评价法,常用的定性评价法有利益相关者分析法、公众参与法、框架分析法;常用的定量评价法有层次分析法(简称:AHP法)、模糊评价法及矩阵分析法等。

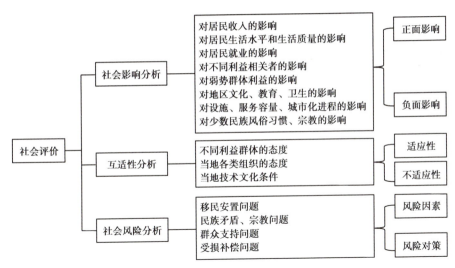

图 2.2　项目社会评价框架

　　初步社会评价是在预可行性研究阶段进行社会评价常用的一种简便方法,主要是分析项目现有资料和状况,对负面社会因素进行分析判断,常以定性描述和分析为主。这一方法可大致了解拟建项目所在地区社会环境的基本状况,识别主要影响因素,粗略地预测可能出现的情况及其对项目的影响程度。详细社会评价是在初步社会评价基础上,采用定性分析与定量分析相结合的方法,结合项目的工程技术方案,进一步研究与项目相关的社会因素和社会影响程度,进行详细论证并预测风险程度,系统地评价社会影响。

【学习笔记】

_____

_____

_____

_____

_____

【关键词】

财务评价　盈利能力分析　清偿能力分析　国民经济评价　环境影响评价

【任务练习】

选择题

1. 在建设工程项目财务评价时,当(　　)时,建设工程项目可行。

A. FNPV$\geq$0　　　　　B. FNPV$\leq$0　　　　　C. FNPV$\geq i_c$　　　　　D. FNPV$\leq i_c$

2. 属于建设项目主要盈利性指标的是(　　)。

A. 资本金利润率　　B. 财务内部收益率　　C. 投资利润率项　　　D. 前期策划

3. (　　)是项目经济评价的核心部分。

A. 技术评价　　　　　　　　　　B. 经济评价

C. 财务评价　　　　　　　　　　D. 国民经济评价

4. (　　)是考察建设工程项目单位赢利能力的静态指标。

A.资本金利润率　　B.财务内部收益率　　C.投资利润率　　　　　D.流动比率

5.在投资项目实施前投资决策阶段所进行的评价,为(　　　)。

A.事中评价　　　　B.事前评价　　　　C.事后评价　　　　　D.总结评价

【项目小结】

本项目介绍了建筑工程项目的策划的类型,建筑工程项目前期策划内容,建筑工程项目实施阶段策划内容,建筑工程项目管理策划组成,项目管理规划的范围和编制主体,项目管理规划大纲项目管理实施规划,项目管理配套策划,施工组织设计。

【项目练习】

选择题

1.(　　　)是用来指导施工项目全过程各项活动的技术、经济和组织的综合性文件。

A.可行性研究　　B.施工组织设计　　C.设计文件　　　　　D.项目建议书

2.建设工程项目决策阶段策划的主要任务是(　　　)。

A.确定如何组织该项目的开发或建设　　B.定义项目开发或建设的任务和意义

C.项目立项　　　　　　　　　　　　D.编制施工组织设计

3.关于建设工程项目策划的说法,正确的是(　　　)。

A.工程项目策划只针对建设工程项目的决策和实施

B.旨在为项目建设的决策和实施增值

C.工程项目策划是一个封闭性的工作过程

D.其实质就是知识组合的过程

4.下列项目策划工作中,属于实施阶段管理策划的是(　　　)。

A.项目实施各阶段项目管理的工作内容策划

B.项目实施期管理总体方案策划

C.生产运营期设施管理总体方案策划

D.生产运营期经营管理总体方案策划

5.项目实施阶段策划的工作内容中,项目实施的组织策划不包含(　　　)。

A.建立编码体系　　　　　　　　　B.项目管理工作流程

C.方案设计竞赛的组织　　　　　　D.业主方项目管理的组织结构

6.建设工程项目实施阶段策划的主要任务是确定(　　　)。

A.项目建设的总目标　　　　　　　B.如何实现项目的目标

C.项目建设的指导思想　　　　　　D.如何组织项目的开发或建设

7.下列工程项目策划工作中,属于建设工程项目实施阶段管理策划的是(　　　)。

A.确定项目实施期管理总体方案　　B.确定生产运营期设施管理总体方案

C.确定项目风险管理与工程保险方案　D.确定生产运营期经营管理总体方案

8.在建设工程项目实施阶段的策划工作中,对项目目标分析和再论证的主要工作内容包括(　　　)。

A.项目功能分解　　　　　　　　　B.编制项目投资总体规划和投资目标论证

C.编制项目建设总进度规划　　　　D.确定项目质量目标

E.确定项目建设的规模和标准

9.某施工项目经理部为了赶工期,制订了增加人力投入和夜间施工两个赶工方案并提交给项目经理。项目经理最终选择增加人力投入的赶工方案,则该项目经理的行为属于管理职能的(　　)环节。

A. 提出问题　　　B. 决策　　　　　C. 筹划　　　　　D. 执行

10. 项目决策的标志是(　　)。

A. 确定项目定义　B. 项目立项　　　C. 确定建设任务　　D. 项目组织

11. 项目寿命管理中,项目决策阶段的管理被称为(　　)。

A. 决策管理　　　B. 实施管理　　　C. 开发管理　　　　D. 组合管理

【项目实训】

实训题 1

【背景资料】

某企业准备建设金融大厦工程项目。本工程通过公开招投标确定由某建筑工程企业承担施工任务,在工程施工合同的签订中,双方约定工程项目的施工质量应达到公司的企业标准(已通过审核认定)。在工程开工前,施工单位在上报的工程资料中,用工程质量计划文件代替工程项目施工组织设计,建设单位工程师以不符合要求为由予以拒绝。

【问题】

1. 建筑工程质量计划是以什么标准为基础的管理文件?

2. 建设单位工程师的做法是否正确,试说明两者区别。

隐藏分析与答案:

(1)建筑工程质量计划是以建筑工程质量标准为基础的一项管理文件。

(2)建设单位工程师的做法正确,施工单位采用建筑施工质量计划文件代替建筑装饰装修施工组织设计做法不符合要求。

建筑装饰装修质量计划文件与建筑装饰装修施工组织设计有很大的区别:

①建筑工程项目施工组织设计文件和质量计划均是针对工程项目的设计文件。施工组织设计作为重要的技术经济文件,除包含质量计划的主要内容外,还包含安全计划、进度计划、施工费用计划等内容。

②建筑工程质量计划的编制是以建筑装饰质量管理标准为基础的,侧重于质量目标、质量方法、质量控制的方法和手段,从影响工程质量的各个环节和过程进行科学有效的控制,达到既定的质量目标;建筑工程项目施工组织设计从工程项目施工的角度、运用技术管理的方法和经验,编制工程项目施工管理的计划文件。

③建筑工程质量计划是承包方对建设单位的承诺和保证文件;而建筑工程项目施工组织设计在工程项目招标投标时是对建设单位的质量管理的保证,但是在工程项目施工过程中,施工单位编制的具体的建筑工程施工组织设计是指导工程项目施工的计划文件,只用于施工单位内部的管理和控制。

实训题 2

【背景资料】

为了适应装配式建筑市场的需要,某构件生产厂提出了预制构件生产的两个方案。A 方案是建设大工厂,B 方案是建设小工厂。建设大工厂需要投资 600 万元,可使用 10 年。销路好每年赢利 200 万元,销路不好则亏损 40 万元。建设小工厂投资 280 万元,如销路好,3 年后扩建,扩建需要投资 400 万元,可使用 7 年,每年赢利 190 万元。不扩建则每年赢利 80 万元。如销路不好则每年赢利 60 万元。经过市场调查,市场销路好的概率为 0.7,销路不好的概率为 0.3。

【问题】

试用决策树法选出合理的决策方案。

项目 3　建筑工程项目组织

【项目引入】

某建筑公司承接了某学校的教学楼工程,建筑面积为 75 000 m²,主体结构为框架结构,基础类型为筏形基础,工期为 300 天。地下 1 层,地上 6 层。该建筑东、西、北三面均为原建教学楼。

问题:

1. 该建筑公司应让谁来负责本项目的项目管理工作?
2. 建筑公司应成立什么样的专业组织来实施项目管理?
3. 在施工过程中,应采取哪些措施避免施工噪声影响周围居民的正常生活休息?
4. 在施工过程中,施工单位要组织协调好哪些关系?

【学习目标】

知识目标:通过本章的学习,了解建筑工程项目组织的定义及特点,项目经理责任制;掌握组织结构的形式,及项目团队建设,熟悉项目的组织协调、沟通、冲突管理。

技能目标:通过本章教学,使学生能根据项目的组织协调、沟通、冲突管理知识,确定各项任务的分工,确保组织的正常运行,形成一定的组织协调能力。

素质目标:无论是小型建筑还是大型建筑,所有的建筑工程项目的都需要建立项目组织,在组织运行的过程中进行协调、沟通和冲突管理,确保组织的正常运行,实现项目管理的目标。协调、沟通和冲突管理是从业人员需要具备的能力。作为学生除具备扎实的专业技能以外,还应该以修身、齐家为目标,锻炼环境适应能力以及韧性与忍耐能力,主动融入企业文化,培养敬业精神、使命感、工匠精神,能够与他人进行沟通、团队协作。

【学习重、难点】

重点:常见的建筑工程项目组织结构的形式及优缺点,组织协调、沟通管理、冲突管理的内容与程序。

难点:组织结构设计,项目团队建设,组织协调、沟通管理、冲突管理的运用。

【学习建议】

1. 模拟项目经理的角色,为了实现项目的各种目标,考虑项目经理需要具备的能力和素质,进行组织结构的选择,成立项目经理部,并进行项目团队的建设,处理施工过程中遇到的组织协调、沟通与冲突管理问题。

2. 项目后的习题应在学习中对应进度逐步练习,通过做练习加以巩固基本知识。

任务 3.1　建筑工程项目组织形式

组织结构是建筑工程项目管理的焦点。一个项目经理建立了理想有效的组织系统,他的项目管理就成功了一半。项目组织一直是各国项目管理专家普遍重视的问题。

3.1.1　建筑工程项目组织的含义

建筑工程项目组织是指为完成特定的建筑工程项目而建立起来的,从事建筑工程项目具体工作的组织。该组织是在项目寿命期内临时组建的,是暂时的,只是为完成特定的目标而存在的。

建筑工程项目组织作为组织机构,是根据项目管理目标通过科学设计而建立健全的组织实体,是由一定的领导机制、部门设置、层次划分、职责分工、规章制度、信息管理系统等构成的有机整体。

建筑工程项目组织作为组织工作,是通过项目管理组织机构所赋予的权力,具有一定的组织力、影响力,在工程项目管理中,负责合理配置生产要素,协调内外部及人员之间关系,发挥各项业务职能的能动作用,确保信息畅通,推进工程项目目标的实现等全部管理活动。

3.1.2　建筑工程项目的组织结构形式

建筑工程项目的组织结构形式是指在建筑工程项目管理组织中处理管理层次、管理跨度、部门设置和上下级关系的组织结构的类型。建筑施工单位在实施工程项目的管理过程中,常用的组织结构形式有以下几种。

1)直线式组织结构

直线式组织结构是指项目管理组织中各种职能均按直线排列,项目经理直接进行单线垂直领导,任何一个下级只能接受唯一上级的指令,如图3.1所示。

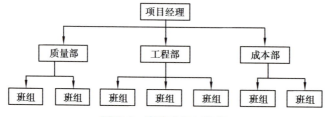

图 3.1　直线式组织结构

优点:组织结构简单,隶属关系明确,权力集中,命令统一,职责分明,决策迅速。

缺点:项目经理的综合素质要求较高,因此比较适合于中、小型项目。

2)职能式组织结构

职能式组织结构是指项目管理组织中设置若干职能部门,并且各个职能部门在其职能范围内有权直接指挥下级,如图3.2所示。

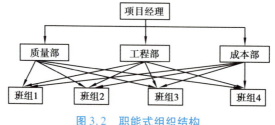

图 3.2　职能式组织结构

优点:充分发挥了职能机构的专业管理作用,项目的运转启动时间短。

缺点:容易产生矛盾的指令,沟通、协调缓慢,因此,一般适用于小型或单一的、专业性较强、不需要涉及许多部门的项目,在项目管理中应用较少。

3)直线职能式组织结构

直线职能式组织结构是指项目管理组织呈直线状,并且设有职能部门或职能人员,如图3.3所示。图中的实线为领导关系,虚线为指导关系。

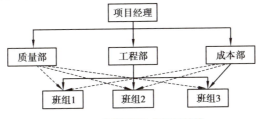

图3.3　直线职能式组织结构

优点:既保持了直线式的统一指挥、职责明确等优点,又体现了职能式的目标管理专业化等优点。

缺点:职能部门可能与指挥部门产生矛盾,信息传递线路较长,因此,主要适用于中小型项目。

4)矩阵式组织结构

矩阵式组织结构是一种较新的组织结构形式,项目管理组织由公司职能、项目两个维度组成,并呈矩阵状。其中的项目管理人员由企业相关职能部门派出并进行业务指导,接受项目经理直接领导,如图3.4所示。

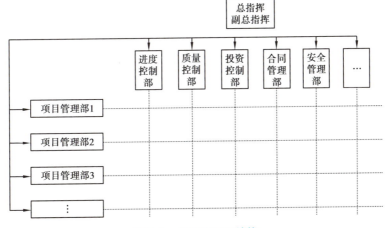

图3.4　矩阵式组织结构

优点:加强了各职能部门的横向联系,体现了职能原则与对象原则的有机结合;组织具有弹性,应变能力强,能有效地利用人力资源,有利于人才的全面培养。

缺点:员工要同时面对两个上级,纵向、横向的协调工作量大,可能产生矛盾指令,经常出现项目经理的责任与权力不统一的现象,对于管理人员的素质要求较高,协调较困难。因此,主要适用于大型复杂项目或多个同时进行的项目。

5)事业部式组织结构

企业成立事业部,事业部对企业内来说是职能部门,对企业外来说享有相对独立的经营权。其可以是一个独立单位,具有相对独立的经营权,相对独立的利益和相对独立的市场。这三者构成事业部的基本要素,如图 3.5 所示。

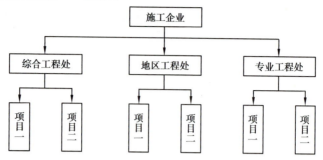

图 3.5　事业部式组织结构

优点:适用于大型经营性企业的工程承包,特别是适用于远离公司本部的工程承包;有利于延伸企业的经营职能,扩大企业的经营业务,便于开拓企业的业务领域,有利于迅速适应环境变化以加强项目管理。

缺点:企业对项目经理部的约束力减弱,协调指导的机会减少,故有时会造成企业机构松散。因此,它主要适用于在一个地区有长期的市场或拥有多种专业施工能力的大型施工企业。

3.1.3　建筑工程项目的组织结构设计

1)组织结构的构成因素

组织结构由管理层次、管理幅度、管理部门、管理职责四大相互关联的因素组成。在进行组织结构设计时,应综合考虑这些因素之间的关系。

(1)管理层次

管理层次是指从最高管理者到最基层操作者的等级层次的数量。合理的层次结构是形成合理的权力结构的基础,也是合理分工的重要方面。管理层次多,信息传递就慢,而且会失真,并且层次越多,所需要的人员和设备也越多,协调的难度就越大。

(2)管理幅度

管理幅度是指一个上级管理者能够直接管理的下属的人数。幅度大,管理人员的接触关系增多,处理人与人之间关系的数量随之增大,他所承担的工作量也增多。管理幅度与管理层次相互联系、相互制约,两者呈反比例关系。

(3)管理部门

部门的划分是将具体工作合并归类,建立起负责各类工作的相应管理部门,并赋予一定的职责和权限。部门的划分应满足专业分工与协作的要求。组织部门划分有多种方法,如按职能、产品、地区划分等。

(4)管理职责

在确定部门职责时应坚持专业化的原则,提高管理的效率和质量,同时应授予与职责相应的权力和利益,以保证和激励部门完成其职责。

2)组织结构设计的原则

组织结构设计关系到建筑工程项目管理的成败,所以,项目组织结构的设计应遵循一定的组织原则。

(1)目的性原则

建筑施工项目组织结构设计的根本目的是实现项目管理的总目标。从这一根本目标出发,因目标而设事,因事设人、设机构、分层次,因事定岗定责,因责授权。

(2)精简高效原则

在保证必要职能得到履行的前提下,尽量简化机构,做到精干高效。人员配置要力求一专多能、一人多职。

(3)集权与分权统一原则

集权是指把权力集中在上级领导的手中,而分权是指经过领导的授权,将部分权力分派给下级。在一个健全的组织中不存在绝对的集权和分权。合理的分权既可以保证指挥的统一,又可以保证下级有相应的权力来完成自己的职责,能发挥下级的能动性。

(4)管理幅度与层次合理原则

适当的管理幅度加上适当的层次划分和适当的授权是建立高效组织的基本条件。在建立项目组织时,每一级领导都要保持适当的管理幅度,以便集中精力在职责的范围内实施有效的领导。

(5)系统化管理原则

建筑工程项目是一个开放的系统,是由众多的子系统组成的有机整体,这就要求项目组织也必须是一个完整的组织结构系统,否则就会导致组织和项目系统之间不匹配、不协调。

(6)弹性和流动性原则

建筑工程建设项目的单件性、阶段性、露天性和流动性是施工项目生产活动的主要特点,其必然带来生产对象数量、质量和地点的变化,带来资源配置的种类和数量变化。因此,要求管理工作和组织结构随之进行调整,以使组织结构适应施工任务的变化。这就是说,要按照弹性和流动性的原则建立组织结构,不能一成不变。

3)组织结构设计的程序

在设计组织结构时,可按图3.6所示的程序进行。

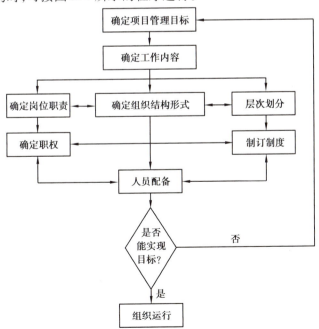

图3.6　组织结构设计程序示意图

(1)确定项目管理目标

建筑工程项目管理目标是建筑工程项目组织设立的前提,明确组织目标是组织设计和组织运行的重要环节之一。建筑工程项目管理目标取决于项目目标,主要是进度、质量、成本三大目标。这些目标应分阶段根据项目特点进行划分和分解。

(2)确定工作内容

根据管理目标确定实现目标所必须完成的工作,并对这些工作进行分类和组合,在进行分类和组合时,应以便于实现目标为目的,考虑项目规模、性质、复杂程度以及组织成员的业务技术水平、组织管理水平等因素。

(3)选择组织结构形式,确定岗位职责、职权

根据项目的性质、规模、建设阶段的不同,可以选择不同的组织结构形式以适应管理的需要。根据组织结构形式和例行性工作确定部门和岗位以及它们的职责,并根据职权一致的原则确定它们的职权。

(4)设计组织运行的工作程序和信息沟通的方式

以规范化程序的要求确定各部门的工作程序,规定它们之间的协作关系和信息沟通方式。

(5)人员配备

按岗位职务的要求和组织原则配备合适的管理人员(关键是各级部门的主管人员)。人员配备是否合理直接关系到组织能否有效运行、组织目标能否实现。应根据授权原理将职权授予相应的人员。

【学习笔记】

_____

_____

_____

_____

_____

_____

【关键词】

组织结构　矩阵式组织结构　直线式组织结构　职能组织结构　事业部式组织结构

【任务练习】

选择题

1.项目组织结构的人员配置要力求一专多能、一人多职。这体现了项目管理组织结构设计的原则中的(　　　)。

A.目的性原则　　B.精干高效原则　　C.集权与分权统一原则　D.弹性原则

2."任何一个下级只能接受唯一上级的指令",是(　　　)组织结构的特点。

A.直线式　　　　B.职能式　　　　C.直线职能式　　　　D.矩阵式

3.在(　　　)式组织结构中,每一个工作部门可能有多个矛盾的指令源。

A.直线　　　　　B.职能　　　　　C.矩阵　　　　　　D.事业部

4.每个部门只有唯一的上级部门,指令来源是唯一的,这种组织结构是(　　　)式组织

结构。

　　A. 直线　　　　　　B. 职能　　　　　　C. 矩阵　　　　　　　　D. 事业部

　　5. 矩阵式组织结构较适用于(　　　)。

　　A. 地区分散的组织系统　　　　　　B. 地区集中的组织系统

　　C. 小的组织系统　　　　　　　　　D. 大的组织系统

　　6. 项目管理目标能否实现的决定性因素是(　　　)。

　　A. 项目管理的组织　　　　　　　　B. 项目经理的能力

　　C. 项目目标的分解　　　　　　　　D. 项目合同的关系

　　7. 直线式组织结构的特点包括(　　　)。

　　A. 指令源有两个　　　　　　　　　B. 适用于大的系统

　　C. 有多个以上的指令源　　　　　　D. 单一的指令源

　　E. 在大的组织系统中,指令路径有时过长

　　8. 某公司准备实施一个大型建设项目和管理任务。为提高项目组织系统的运行效率,决定设置纵向和横向工作部门以减少项目组织结构的层次。该项目采用的组织结构形式是(　　　)。

　　A. 线性组织结构　　B. 矩阵组织结构　　C. 职能组织结构　　　　D. 项目组织结构

　　9. 建筑施工单位在实施工程项目的管理过程中,常用的组织结构形式包括(　　　)。

　　A. 直线式　　　　　B. 职能式　　　　　C. 矩阵式　　　　　　　D. 直线职能式

　　E. 事业部式

　　10. 在进行组织结构设计时,应该考虑(　　　)因素。

　　A. 管理层次　　　　B. 管理幅度　　　　C. 管理部分　　　　　　D. 领导素质

　　E. 管理职责

任务 3.2　项目经理责任制和项目团队建设

　　项目经理是一个项目团队的最高领导者,是项目管理工作的决策制定者,负责定义项目并规定项目的要求,其所肩负的责任就是领导团队准时、优质地完成全部工作,有效实现项目目标。毫不夸张地说,项目经理是整个项目组织的灵魂,是项目完成与否的核心人物。

3.2.1　项目经理的基本概念

1)项目经理的定义

　　项目经理是指由建筑施工企业法定代表人委托和授权,在建筑工程施工项目中担任项目经理职务,直接负责施工项目的组织实施,对建筑工程施工项目实施全过程全面负责的项目管理者。项目经理是建设工程施工项目的责任主体,是建筑企业法定代表人在建筑工程施工项目的委托代表人。

2)项目经理的作用

　　项目经理是对建筑工程施工项目管理实施阶段全面负责的管理者,在整个施工活动中具有举足轻重的地位。项目经理的重要作用如下:

　　①项目经理是建筑施工企业法定代表人在施工项目上负责管理和合同履行的委托代理人,是施工项目实施阶段的第一责任人。项目经理是项目目标的全面实现者,其既要对项目业主的成果性目标负责,又要对企业效益性目标负责。

②项目经理是协调各方面关系,使之相互协作、密切配合的桥梁和纽带。项目经理对项目管理目标的实现承担着全部责任,即履行合同义务、执行合同条款、处理合同纠纷等。

③项目经理对施工项目的实施进行控制,是各种信息的集散地和处理中心。各种信息通过各种渠道汇集到项目经理处,项目经理通过对各种信息汇总分析,及时做出应对决策,并通过报告、指令、计划和协议等形式,对上反馈信息,对下、对外发布信息。

④项目经理是施工项目责、权、利的主体。责任是项目经理责任制的核心,它构成了项目经理工作的压力,是确定项目经理利益的依据。权力是确保项目经理能够承担起责任的条件和前提,如果没有必要的权力,项目经理就无法对工作负责。利益是项目经理工作的动力,是项目经理因负有相应责任而得到的报酬。

3) 项目经理的工作性质

建造师是一种专业人士的名称,而建筑施工企业经理(以下简称项目经理)是一个工作岗位的名称,应注意这两种概念的区别和关系。在国际上,项目经理的地位、作用及其特征如下:

①项目经理是企业任命的一个项目管理班子的负责人(领导人),但他并不一定是(多数不是)一个企业法定代表人在工程项目上的代表人,因为法律赋予一个企业法定代表人在工程项目上的代表人的权限范围太大。

②项目经理的任务仅限于支持项目管理工作,其主要任务是项目目标的控制和组织协调。

③在有些文献中明确界定,项目管理不是一个技术岗位,而是一个管理岗位。

④项目经理是一个组织系统中的管理者,至于他是否有人权、财权和物资采购权等管理权限,则由其上级确定。

4) 项目经理的素质和能力要求

项目管理的实践证明,并不是任何人都可以作为合格的项目经理。项目及项目管理的特点要求项目经理具备相应的素质与能力才能圆满地完成项目任务。通常一个合格的项目经理应该具备良好的道德素质、健康的身体素质、全面的理论知识素质、系统的思维能力、娴熟的管理能力、积极的创新能力、学习能力以及丰富的项目管理经验。

3.2.2 项目经理的责、权、利

项目经理的素质和能力要求

1) 项目经理的职责

施工企业项目经理的职责主要包括两个方面:一方面是保证施工项目按照规定的目标高速、优质、低耗地全面完成;另一方面是保证各生产要素在授权范围内最大限度地优化配置。项目经理的职责具体如下:

①代表企业实施施工项目管理。贯彻执行国家和施工项目所在地政府的有关法律、法规、方针、政策和强制性标准,执行企业的管理制度,维护企业的合法利益。

②与企业法人签订《施工项目管理目标责任书》,执行其规定的任务,并承担相应的责任,组织编制施工项目管理实施规划并组织实施。

③对施工项目所需的人力资源、资金、材料、技术和机械设备等生产要素进行优化配置和动态管理,沟通、协调和处理与分包单位、项目业主、监理工程师之间的关系,及时解决施工中出现的问题。

④进行业务联系和经济往来,严格财经制度,加强成本核算,积极组织工程款回收,正确处理国家、企业及个人之间的利益关系。

⑤做好施工项目竣工结算、资料整理归档,接受企业审计并做好项目经理部的解体和善后

工作。

2) 项目经理的权限

项目经理的权限应由企业法人代表授权,并用制度和目标责任书的形式具体确定下来。项目经理在授权和企业规章制度范围内,具有以下权限:

(1) 用人决策权

项目经理有权决定项目管理机构班子的设置,聘任有关管理人员,选择作业队伍。对班子内的任职情况进行考核监督,决定奖惩。当然,项目经理的用人权应以不违背企业的人事制度为前提。

(2) 财务支付权

项目经理既有权根据施工项目的需要或施工计划的安排,做出投资使用、流动资金周转、固定资产机械设备租赁和使用的决策,也有权对项目管理班子的计酬方式、分配的方案等做出决策。

(3) 进度计划控制权

项目经理根据施工项目进度总目标和阶段性目标的要求,有权对工程施工进行检查、调整,并对资源进行调配,从而对进度计划进行有效的控制。

(4) 技术质量管理权

项目经理根据施工项目管理实施规划或施工组织设计,有权批准重大技术方案和重大技术措施,必要时可召开技术方案论证会,把好技术决策和质量关,防止技术的决策失误,主持处理重大质量事故。

(5) 物资采购管理权

项目经理在有关规定和制度的约束下有权采购和管理施工项目所需的物资。

(6) 现场管理协调权

项目经理代表公司协调与施工项目有关的外部关系,有权处理现场突发事件,但事后须及时通报企业主管部门。

3) 项目经理的利益

项目经理最终的利益是项目经理行使权力和承担责任的结果,也是市场经济条件下责、权、利、效(经济效益和社会效益)相互统一的具体体现。利益可分为两大类:一是物质兑现;二是精神奖励。项目经理应享有以下利益:

①获得基本工资、岗位工资和绩效工资。

②除按《项目经理目标责任书》可获得物质奖励外,还可获得表彰、记功、优秀项目经理等荣誉称号及其他精神奖励。

③经考核和审计,未完成《施工项目管理目标责任书》确定的责任目标或造成亏损的,按有关条款承担责任,并接受经济或行政处罚。

3.2.3　项目经理责任制

1) 项目经理责任制的一般规定

项目经理责任制是施工项目管理的基本制度,是评价项目经理工作绩效的基本依据。项目经理责任制的核心是项目经理承担实现《施工项目管理目标责任书》确定的责任。项目经理与项目经理部在工程建设中应严格遵守和实行施工项目管理责任制度,确保施工项目目标全面实现。

2)项目经理责任书

项目经理责任书由施工企业法定代表人或其授权人与项目经理签订,具体明确项目经理及其管理成员在项目实施过程中的职责、权限、利益与奖惩,是规范和约束企业与项目经理部各自行为,考核项目管理目标完成情况的重要依据,属于内部合同。

3)项目经理责任书的内容

①项目管理实施目标。

②企业和项目管理机构职责、权限和利益的划分。

③项目现场质量、安全、环保、文明、职业健康和社会责任目标。

④项目设计、采购、施工、试运行管理的内容和要求。

⑤项目所需资源的获取和核算方法。

⑥法定代表人向项目管理机构负责人委托的相关事项。

⑦项目管理机构负责人和项目管理机构应承担的风险。

⑧项目应急事项和突发事件处理的原则和方法。

⑨项目管理效果和目标实现的评价原则、内容和方法。

⑩项目实施过程中相关责任和问题的认定和处理原则。

⑪项目完成后对项目管理机构负责人的奖惩依据、标准和办法。

⑫项目管理机构负责人解职和项目管理机构解体的条件及办法。

⑬缺陷责任期、质量保修期及之后对项目管理机构负责人的相关要求。

【知识拓展】

建造师执业资格是指从事建设工程管理包括工程项目管理的专业技术人员的执业资格。按照规定,具备一定条件并参加考试合格的人员才能获得这个资格。获得建造师执业资格的人员,经注册后可以担任工程项目的项目经理及其他有关岗位职务。实行建造师执业资格制度后,大中型工程项目的项目经理必须由取得建造师执业资格的人员来担任;但另一方面,具备建造师执业资格的人员是否担任项目经理,由企业自主决定。小型工程项目的项目经理可以由不是建造师的人员担任。

3.2.4　项目经理部

1)项目经理部的定义

建造师相关知识

项目经理部是由项目经理在施工企业的支持下组建并领导进行项目管理的组织机构。它是施工项目现场管理一次性的施工生产组织机构,负责施工项目从开工到竣工的全过程施工生产经营的管理工作。它既是企业某一施工项目的管理层,又对劳务作业层负有管理与服务的双重职能。

2)项目经理部的设立原则

项目经理部的设立应根据工程项目的实际需要进行。建立项目经理部应遵循下列规定:

①组织结构应符合制度与项目实施要求,例如,大、中型施工项目宜建立矩阵式项目组织结构,小型项目宜建立直线式组织结构。

②应有明确的管理目标、运行程序和责任制度。

③机构成员应满足项目管理要求及具备相应资格。

④组织分工应相对稳定并可根据项目实施变化进行调整。

⑤应确定机构成员的职责、权限、利益和需承担的风险。

3）项目经理部的设立步骤

①根据项目管理规划大纲、项目管理目标责任书及合同要求明确管理任务。

②根据管理任务进行分解和归类,明确组织结构。

③根据组织结构,明确岗位职责、权限以及人员配置。

④制定工作程序和管理制度。

⑤由组织管理层审核认定。

4）项目经理部的解体

项目经理部是一次性、具有弹性的施工现场生产组织机构,工程竣工后即解体并应做好善后处理工作。项目经理部解体应具备下列条件:

①工程已经竣工验收。

②与业主(总包方)和各分包商、租赁商已经结算完毕,债权债务清楚。

③已完成项目管理工作总结和工程资料移交工作。

④《项目管理目标责任书》已经履行完成。

⑤已签订《工程质量保修书》。

⑥施工现场清理完毕。

3.2.5　项目团队建设

1）项目团队的定义

项目团队是指项目经理及其领导下的项目经理部和各职能管理部门。

2）项目团队的建设目的

项目团队的建设目的就是要使项目团队所有成员"心往一处想,劲往一处使",形成"合力",使项目团队形成一个整体。项目团队建设是随着项目的进展而持续不断进行的过程,是项目经理和项目团队的共同职责。项目团队建设应创造一种开放和自信的氛围,使团队成员有归属感,并为实现项目目标而积极做出贡献。

3）项目团队的基本条件

构成团队的基本条件为:成员之间必须有一个共同的目标,而不是各自有各自的目标;团队内有一定的分工和工作程序。上述两项条件缺一不可,否则只能称为"群体",不能称为"团队"。

4）项目团队的核心

项目经理作为项目团队的核心,应起到示范和表率作用,通过自身的言行、素质,调动广大成员的工作积极性和向心力,并善于用人和激励进取。

5）项目团队的建设要点

配备一个合格的项目经理和一批合格的团队成员,并不断提高素质;设计合理的团队组织结构形式和运行规则;进行有效的人力资源管理;建立与项目管理相适应的团队文化;创造和谐、协调的工作氛围。

【学习笔记】

【关键词】

项目经理　项目经理责任制　项目经理部　项目团队建设

【任务练习】

选择题

1. 在完成一个项目的过程中,现场必须有一个最高的责任者和组织者,这就是(　　)。

A. 业主　　　　　　　　B. 总包　　　　　　　　C. 分包　　　　　　　　D. 项目经理

2. 项目经理责任制是施工项目管理的基本制度,是评价项目经理(　　)的基本依据。

A. 职责　　　　　　　　B. 权限　　　　　　　　C. 利益　　　　　　　　D. 工作绩效

3. 下列属于项目经理责任书的内容是(　　)。

A. 施工项目管理实施目标　　　　　　B. 项目经理应承担的风险

C. 施工项目管理规划　　　　　　　　D. 施工项目可行性报告

E. 对项目经理部进行奖惩的依据、标准和方法

4. 施工企业项目经理在承担项目施工管理任务过程中,在企业法定代表人授权范围内,行使的管理权限主要有(　　)。

A. 参与选择物资供应单位　　　　　　B. 选择监理单位

C. 制订内部计酬办法　　　　　　　　D. 参与项目招标、投标和合同签订

E. 参与组建项目经理部

5. 项目经理责任制的作用是确定了(　　)。

A. 项目经理在企业中的地位

B. 企业的层次及其相互关系

C. 项目经理在项目管理目标责任体系中的地位

D. 项目经理在项目管理中的地位

E. 项目经理的基本责任、权限和利益

6. 设立项目经理部应根据(　　)。

A. 项目管理规划大纲确定的组织形式

B. 施工项目的规模、结构复杂程度、专业特点、人员素质和地域范围

C. 施工项目的规模、复杂程度和专业特点

D. 部门和人员设置应满足目标控制的需要,项目经理部不应固化

E. 应建立有益于组织运转的规章制度

7. 某施工企业项目经理在组织项目施工中,为了赶工期,施工质量控制不严,造成分项工程返工,使其施工项目受到了一定的经济损失。施工企业对该项目经理的处理主要应是(　　)。

A.追究法律责任　B.追究经济责任　　C.追究社会责任　　　　D.吊销建造师资格

8.项目经理是建设施工项目(　　)的主体。

A.职责　　　　　　B.权限　　　　　　C.利益　　　　　　D.责任

9.项目经理的权限包括(　　)。

A.用人决策权　　B.物资采购管理权　C.进度计划控制权　　D.技术质量管理权

E.财务支付权

任务 3.3　建筑工程项目组织协调、沟通与冲突管理

建筑工程项目除涉及业主和施工承包商以外,还要涉及设计单位、监理单位、材料供应单位、政府监督管理部门等众多部门,通过组织协调、沟通与冲突的管理,可以统一各方的管理目标问题,理清各方间的工作界面问题,协调它们之间的工作矛盾和资源配置,使项目实施和运行过程顺利。组织协调、沟通与冲突管理是一名优秀项目管理人员必须具备的能力。

3.3.1　组织协调

协调就是联结、联合、调和所有的活动和力量。组织协调是建筑工程项目管理的一项重要职能,协调工作应贯穿于项目管理的全过程,以排除障碍、解决矛盾、保证项目目标的顺利实现。项目经理部应该在项目实施的各个阶段,根据其特点和主要矛盾,动态地、有针对性地通过组织协调,及时沟通,排除障碍,化解矛盾,充分调动有关人员的积极性,发挥各方面的能动作用,协同努力,提高项目组织的运转效率,以保证项目施工活动顺利进行,更好地实现项目总目标。

1)组织协调的范围和层次

组织协调可以分为组织内部关系协调和组织外部关系协调,外部关系协调又分为近外层关系协调和远外部关系协调,见表3.1。

表 3.1　项目组织协调的范围和层次

协调范围		协调关系	协调对象
内部关系		领导与被领导关系 业务工作关系 与专业公司有合同关系	项目经理部与企业之间 项目经理部内部部门之间、人员之间 项目经理部与作业层之间 作业层之间
外部关系	近外层	直接或间接合同关系或服务关系	本公司、建设单位、监理单位、设计单位、供应商、预制构件生产厂家、分包单位等
	远外层	多数无合同关系但要受法律、法规和社会公德等约束	企业、项目经理部与政府、环保、交通、环卫、环保、绿化、文物、消防、公安等

2)组织协调的内容

工程施工是通过业主、设计、监理、总包、分包、供应商等多家单位合作完成的过程,妥善协调各方的工作和管理,是实现工期、成本、质量、安全、文明施工、环境保护等目标的关键之一。建筑项目各个主体单位组织协调的主要内容见表3.2。

表3.2　建筑项目各个这个体单位组织协调的主要内容

主体	协调范围	协调对象	协调主要内容
建设单位	外部关系	施工单位、设计单位	进度目标,如提前预售,分层验收,穿插施工,标准层合理工期;质量目标,如两提两减,示范项目等;安全目标
设计单位	内部关系	建筑、结构、设备、装修等内部设计专业或者部门	建筑、结构、机电、装修的一体化设计
设计单位	外部关系	建设单位、构件厂家、施工单位	通过设计、生产、施工的一体化,技术与管理一体化,合理性与经济性问题,构件生产问题
构件厂家	内部关系	企业内部生产部门	现场施工协调
构件厂家	外部关系	施工单位、监理单位	施工企业内部生产还是产品采购
施工单位	内部关系	企业及项目经理部内部	钢筋、模板、混凝土、机电等工种责任划分,工序的减少及工序的交错
施工单位	外部关系	建设单位、设计单位、构件生产厂家、监理单位、吊装作业队	施工单位与设计单位的沟通,使得设计满足生产、施工的需要;施工企业需要与生产厂家协调构件的出厂、装卸、运输、进场构件专业吊装作业队,自有或对外委托

3.3.2　沟通管理

1)沟通管理的一般规定

①组织应建立项目相关方沟通管理机制,健全项目协调制度,确保组织内部与外部各个层面的交流与合作。

②项目经理部应将沟通管理纳入日常管理计划,沟通信息,协调工作,避免和消除在项目运行过程中的障碍、冲突和不一致。

③项目各相关方应通过制度建设、完善程序,实现相互之间沟通的零距离和运行的有效性。

④在其他方需求识别和评估的基础上,按项目运行的时间节点和不同需求细化沟通内容,界定沟通范围,明确沟通方式和途径,并针对沟通目标准备相应的预案。

2)沟通管理计划

①项目经理部应在项目运行之前,由项目负责人组织编制项目沟通管理计划,制定沟通程序和管理要求,明确沟通责任、方法和具体要求。

②项目沟通管理计划编制依据应包括的内容:合同文件,组织制度和行为规范,项目相关方需求识别与评估结果,项目实际情况,项目主体之间的关系,沟通方案的约束条件、假设以及适用的沟通技术,冲突和不一致解决预案。

③项目沟通管理计划应包括的内容:沟通范围、对象、内容与目标,沟通方法、手段及人员职责,信息发布时间与方式,项目绩效报告安排及沟通需要的资源,沟通效果检查与沟通管理计划的调整。

④项目沟通管理计划应由授权人批准后实施。项目经理部应定期对项目沟通管理计划进行检查、评价和改进。

3) 沟通程序

①项目实施目标分解；

②分析各分解目标自身需求和相关方需求；

③评估各目标的需求差异；

④制订目标沟通计划；

⑤明确沟通责任人、沟通内容和沟通方案；

⑥按既定方案进行沟通；

⑦总结评价沟通效果。

3.3.3　冲突管理

在建筑工程项目实施的各个阶段,由于各参建单位和其他利益相关者对工程项目的期望不同,必然会发生利益冲突。因此,冲突存在于工程项目管理的全过程,冲突管理是工程项目管理者不可回避的重要任务。

1) 项目冲突管理的程序

建筑工程项目冲突管理的程序如图 3.7 所示。

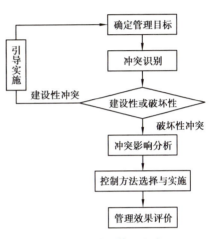

图 3.7　冲突管理程序

2) 项目冲突管理的内容

(1) 工程项目冲突识别

工程项目冲突识别可以从 6 个方面来识别判断冲突是建设性冲突还是破坏性冲突,见表 3.3。

表 3.3　工程项目冲突识别模型

识别指标	建设性冲突	破坏性冲突
是否会损害冲突主体利益	否	是
是否对工程项目目标不利	否	是
是否导致冲突双方信任度、满意度下降	否	是
是否会使组织决策失误	否	是
是否提高组织工作能力	是	否
冲突发生是基于项目整体利益还是个人利益	整体利益	个人利益

(2) 项目冲突分析

①主要是利用已识别冲突发生的概率、类型及对工程项目本身及其各参与方所产生的影响,来对已识别冲突的优先级进行比较分析。

②对已识别的冲突进行原因分析,通过分析可以建立起冲突的基本因果关系,以便找到对冲突进行管理的思路和要点。

(3) 项目冲突控制

根据冲突识别和分析的结果,确定是否控制冲突以及采用何种策略和方式来控制冲突,冲突控制应从人员干预和结构控制两个方面着手。

①人员干预。对冲突各方的人员进行引导和教育,使其承认和接受双方冲突的存在,站在

工程项目整体利益的角度指出冲突的危害,要求尽快结束冲突。

②结构控制。改变或调整工程项目组织。

(4)项目冲突处理策略

①回避或撤出,就是让发生冲突的参与各方从这种状态中撤离出来,从而避免发生实质性的或潜在的争端。

回避或撤出的具体策略:第一层次,保持"中立",没有明确立场;第二层次,采取"隔离"措施,断绝冲突各方之间的直接接触,防止在问题处理期间出现公开冲突;第三层次,其中至少一方"撤退"在有些情况下,撤退是保存自己的明智选择。

②竞争或逼迫,实质就是"非赢即输",在有损另一方的同时来实现自己的主张,强制手段会增加今后由于对抗所产生的冲突。应被作为最后考虑的一种方法,但这种方法确实可以快速解决问题。

③缓和或调停,实质就是"求同存异",对于产生冲突的问题不强调分歧,而强调共性。缓和冲突可使气氛变得友好,但如果经常使用或作为主要的或唯一的处理冲突的办法,冲突将永远得不到解决。因此,缓和的办法只是暂时的,并不能彻底解决问题。

④妥协,实质就是通过协商,参与各方都做出一点让步,都愿意放弃自己一部分观点和利益,寻求在一定程度上参与各方都满意的处理结果。妥协可以最有效地缩小参与各方之间的冲突,加强沟通,是较为恰当的解决方式,但这种方法并非永远可行。

⑤正视,正视冲突是克服分歧、解决冲突的有效途径,要求工程项目参与各方都必须以积极的态度对待冲突,并愿意就面临的问题和冲突广泛地交换意见。这是一种积极的冲突解决途径,但需要一个良好的工程项目环境,有意识地营造合作氛围。

(5)项目冲突管理效果后评价

冲突管理效果后评价是指项目在实施冲突识别、评价、控制和处理后的一段时间内,考察冲突管理措施实施后绩效的变化,并对冲突管理的全过程进行系统、客观地分析,通过检查与总结,评估工程项目管理组织实施的冲突管理的有效性,并分析成败的原因,总结经验教训,最后通过及时有效的信息反馈,为未来冲突管理规划和提高冲突管理水平提供借鉴。

【学习笔记】

_____

_____

_____

_____

_____

_____

【关键词】

协调　内部关系　外部关系　沟通　冲突

【任务练习】

选择题

1.建筑工程项目除涉及业主和施工承包商以外,还要涉及设计单位、监理单位、(　　)单位、政府监督管理部门等。

A.分包　　　　　B.材料供应　　　　C.咨询　　　　　　　D.质检

2.组织应建立项目相关方(　　),健全项目协调制度,确保组织内部与外部各个层面的交流与合作。

A.评价机制　　　B.考核机制　　　　C.响应机制　　　　　D.沟通管理机制

3.项目经理部应定期对项目沟通管理计划进行(　　)。

A.替换　　　　　B.检查　　　　　　C.评价　　　　　　　D.改进

4.(　　)是工程项目管理者不可回避的重要任务;(　　)是建筑工程项目管理的一项重要职能。

A.冲突管理;组织协调　　　　　　B.冲突管理;纠纷协调

C.组织协调;冲突管理　　　　　　D.纠纷协调;冲突管理

5.项目经理部与作业层之间的组织协调,根据协调范围应为(　　)。

A.远外层　　　　B.近外层　　　　　C.外部关系　　　　　D.内部关系

6.建筑、结构、机电、装修的一体化设计,对应的主体和协调范围分别为(　　)。

A.建设单位;外部关系　　　　　　B.建设单位;内部关系

C.设计单位;外部关系　　　　　　D.设计单位;内部关系

7.施工单位对内部关系的协调对象为(　　)。

A.企业内部生产部门

B.企业及项目经理部内部

C.施工单位、监理单位

D.建筑、结构、设备、装修等内部设计专业或者部门

8."人员干预"属于冲突管理中的(　　)程序。

A.工程项目冲突识别　　　　　　　B.工程项目冲突分析

C.工程项目冲突控制　　　　　　　D.工程项目冲突处理策略

9.从协调范围的角度,组织协调可以分为(　　)。

A.组织内部关系协调　　　　　　　B.组织外部关系协调

C.业主　　　　　　　　　　　　　D.设计单位

【项目小结】

本项目介绍了建筑工程项目组织的含义及其结构形式。项目组织结构的形式有直线式组织结构、职能式组织结构、直线职能式组织结构、矩阵式组织结构和事业部式组织结构。在进行组织结构设计时,应综合考虑管理层次、管理幅度、管理部门、管理职责这些因素之间的关系。组织结构的设计原则有目的性原则、精简高效原则、集权与分权统一原则、管理幅度与层次合理原则、系统化管理原则、弹性和流动性原则。项目经理的定义、地位和工作性质,项目经理的责、权、利,项目经理责任制,项目经理部的作用、设立及解体,项目团队建设。建筑工程项目组织协调、沟通管理、冲突管理。

【项目练习】

选择题

1.取得建造师执业资格证书的人员是否担任工程项目施工的项目经理,由(　　)决定。

A.政府主管部门　　B.业主　　　　　C.施工企业　　　　　D.监理工程师

2.施工企业与项目经理签订项目管理目标责任书的主要依据是(　　)。

A.施工企业与建设单位签订的工程承包合同

B.建筑工程项目管理规范

C.施工企业投标文件

D.工程项目招标文件

3.建造师是一种(　　)的名称。

A.工作岗位　　　　B.技术职称　　　　C.管理人士　　　　D.专业人士

4.《施工项目管理目标责任书》应在项目实施之前,由(　　)或其授权人与项目经理协商制定。

A.企业董事长　　　　　　　　B.企业法定代表人

C.企业总经理　　　　　　　　D.主管生产经营的副经理

5.施工企业项目经理是(　　)。

A.项目的全权负责人　　　　　B.项目法定代表人

C.施工合同当事人　　　　　　D.项目管理班子的负责人

6.项目组织结构形式反映了一个组织系统中(　　)。

A.各工作部门的管理职能分工　　B.各组成部门之间的指令关系

C.各项工作之间的逻辑关系　　　D.各子系统的工作任务

7.施工企业的项目经理应履行的职责不包括(　　)。

A.项目管理目标责任书规定的职责

B.协助组织进行项目的检查、鉴定和评奖申报工作

C.主持工程竣工验收

D.进行授权范围内的利益分配

8.国内项目经理承担的责任有(　　)。

A.安全责任　　　B.质量责任　　　C.法律责任　　　　D.道德责任

E.经济责任

9.构成团队的基本条件包括(　　)。

A.成员之间要有共同的目标　　　B.团队成员有共同的工作经验背景

C.要有一定的工作程序　　　　　D.要有团队领导

E.团队内要有一定的分工

10.对项目结构进行逐层分解所采用的组织工具应是(　　)。

A.项目组织结构图　　　　　　　B.项目结构图

C.工作流程图　　　　　　　　　D.合同结构图

11.下列选项中,能够反映一个组织系统中各工作部门或管理人员之间的指令关系的是(　　)。

A.组织分工　　　　　　　　　　B.组织结构模式

C.工作流程组织　　　　　　　　D.项目结构模式

【项目实训】

实训题 1

【背景资料】

某大型建筑工程项目由 A、B、C、D 四个单项工程组成,采用施工总承包方式进行招标。经评标后,由市城乡建筑总公司中标。该公司确定了项目经理,在施工现场设立项目经理部。项目经理部下设综合办公室(兼管合同)、技术部(兼管工期和造价)、质量安全部三个业务职能部门;设立甲、乙、丙、丁四个施工管理组。

【问题】

1. 对委派的项目经理的资格有什么要求? 为什么? 对其素质有什么要求?

2. 为了充分发挥职能部门和施工管理组的作用,使项目经理部具有机动性,应选择何种组织结构形式? 试说明理由。

3. 项目经理部通过什么文件从企业获得任务? 该文件的主要内容是什么? 该文件对该工程的具体目标应如何确定?

实训题 2

【背景资料】

某住宅楼工程,建筑面积为 9 865 m²,主体结构为砖混结构,基础类型为条形基础,建筑檐高为 18.75 m,地下 1 层为设备层,地上 6 层,工期为 290 d。承建方企业资质等级为施工专业承包企业,在施工现场设立项目经理部。

【问题】

1. 施工项目管理组织的主要形式有哪些?

2. 施工项目管理组织结构的设计原则有哪些?

3. 在施工过程中,项目经理部应协调哪些公共关系?

4. 项目经理部的解体应符合什么条件?

实训题 3

【背景资料】

某建设单位在工程项目组织结构设计中采用了直线式组织结构形式(图3.8)。图中反映了业主、设计单位、施工单位及为业主提供设备的供货商之间的组织关系。

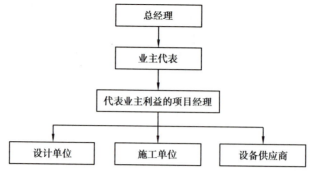

图 3.8　某建设单位工程项目组织结构的形式

【问题】

1. 图 3.8 表明(　　　)。

A. 总经理可直接向设计单位下达指令

B. 总经理可直接向项目经理下达指令

C. 总经理必须通过业主代表下达指令

D. 业主代表可直接向施工单位下达指令

2. 建筑施工企业法定代表人在工程项目上的委托代理人是指(　　　)。

A. 建造师　　　　　　　　　　B. 建筑施工企业项目经理

C. 项目法人代表　　　　　　　D. 高级工程师

项目4 建筑工程项目进度控制

【项目引入】

甲建筑公司作为工程总承包商,承接了某学校的施工任务,该项目由5栋教学楼组成,经建设单位同意,土建、主体部分由甲公司施工,将教学楼装修分包给乙建筑公司,为了确保按合同工期完成施工任务,甲公司和乙公司均编制了施工进度计划。

问题:

1. 甲、乙公司应分别编制哪些施工进度计划?
2. 乙公司编制施工进度计划时,主要依据是什么?
3. 编制施工进度计划常用的表达方式有哪两种?

【学习目标】

知识目标:了解建筑工程项目进度控制的定义、任务、措施、程序等相关基础知识;熟悉建筑工程项目进度计划的编制依据、要求、方法、审核、实施;掌握进度计划各种方法和施工进度的检查与调整。

技能目标:掌握建筑工程项目进度计划的编制和调整方法,掌握进度计划执行情况的偏差分析与纠偏措施。

素质目标:建筑工程进度控制是通过控制以实现工程的进度目标,是业主、监理和承包商进行工程管理的中心任务。做好进度控制不仅需要科学高效的管理方法,而且更需要管理者具备全局眼光和责任心。作为学生应该以正心、修身、治国为目标,具备时间观念,对进度管理有深刻的认识,能够进行职业规划,努力学习,只争朝夕,不负韶华。

【学习重、难点】

重点:建筑工程项目进度计划的编制与审核、实施。

难点:建筑工程项目施工进度的动态管理过程,包括各项进度计划执行情况的偏差检查与纠偏措施调整。

【学习建议】

1. 对本项目的学习要做到理解进度控制的基本概念,掌握进度控制的各种方法、措施和手段。
2. 能够分析影响施工进度目标实现的主要因素,以及能够进行进度偏差分析和纠偏。
3. 项目后的习题应在学习中对应进度逐步练习,通过做练习加以巩固基本知识。

任务 4.1　建筑工程项目进度控制概述

工程项目管理有多种类型,代表不同利益方的项目管理都有进度控制的任务。进度控制必须是一个动态的管理过程,它包括进度目标的分析和论证,在收集资料和调查研究的基础上编制进度计划的跟踪检查与调整。进度控制是保证施工项目按期完成、合理安排资源供应、节约工程成本的重要措施。

4.1.1　建筑工程项目进度控制的定义

建筑工程项目进度控制是指对工程项目建设各阶段的工作内容、工作程序、持续时间和衔接关系根据进度总目标及资源优化配置的原则编制计划并实施,然后在计划的实施过程中经常检查实际进度是否按原计划要求进行,对出现的偏差情况进行分析,采取补救措施或调整、修改原计划后再实施,如此循环,直到工程项目竣工验收交付使用。进度控制的目的是通过控制实现工程的进度目标。

4.1.2　建筑工程项目进度控制的任务

建筑工程项目管理有多种类型,代表不同利益方的项目管理(业主方和项目参与各方)都有进度控制的任务。

1)业主方进度控制的任务

业主方进度控制的任务是根据建筑工程项目的总工期目标控制整个项目实施阶段的进度。其包括控制设计准备阶段的工作进度、设计工作进度、施工进度、物资采购工作进度以及项目动用前准备阶段的工作进度。

2)设计方进度控制的任务

设计方进度控制的任务是依据设计任务委托合同对设计工作进度的要求控制设计工作进度,这是设计方履行合同的义务。另外,设计方应尽可能使设计工作的进度与招标、施工和物资采购等工作进度相协调。

3)施工方进度控制的任务

施工方进度控制的任务是依据施工任务委托合同对施工进度的要求控制施工进度,这是施工方履行合同的义务;在进度计划编制方面,施工方应视项目的特点和施工进度控制的需要,编制深度不同的控制性、指导性和实施性施工的进度计划,以及按不同计划周期(年度、季度、月度和旬)的施工计划等;将编制的各项计划付诸实施并控制其执行。

4)供货方进度控制的任务

供货方进度控制的任务是依据供货合同对供货的要求控制供货进度,这是供货方履行合同的义务。供货进度计划应包括供货的所有环节,如采购、加工制造、运输等。

4.1.3　建筑工程项目进度控制的措施

建筑工程项目进度控制的措施主要有组织措施、管理措施、经济措施和技术措施等。

1)组织措施

①重视健全项目管理的组织体系。

②在项目组织结构中应有专门的工作部门和符合进度控制岗位资格的专人负责进度控制

工作。

③在任务分工表和管理职能分工表中表示并落实进度控制的工作任务和职能。

④编制项目进度控制的工作流程。

⑤进行有关进度控制会议的组织设计,明确会议的类型。

⑥确定各类会议的主持人及参加单位和人员。

⑦确定各类会议的召开时间。

⑧整理、分发和确认各类会议文件等。

2)管理措施

建筑工程项目进度控制的管理措施涉及管理的思想、管理的方法、管理的手段、承发包模式、合同管理和风险管理等。

①树立正确的管理观念,包括进度计划系统的观念、动态管理的观念、进度计划多方案比较和选优的观念。

②运用科学的管理方法和工程网络计划的方法编制进度计划,实现进度控制的科学化。

③选择合适的承发包模式,以避免因过多的合同交界面而影响工程的进展。

④采取风险管理措施,以减少进度失控的风险量。

⑤重视信息技术在进度控制中的应用。

3)经济措施

①及时办理工程预付款及工程进度款支付手续。

②对应急赶工给予优厚的赶工费用。

③对工期提前给予奖励。

④对工程延误收取误期损失赔偿金。

4)技术措施

建筑工程项目进度控制的技术措施涉及对实现进度目标有利的设计技术和施工技术的选用。

①不同的设计理念、设计技术路线、设计方案会对工程进度产生不同的影响,在设计工作的前期,特别是在设计方案评审和选用时,应对设计技术与工程进度的关系作分析比较。在工程进度受阻时,应分析是否存在设计技术的因素,为实现进度目标有无设计变更的可能性。

②施工方案对工程进度有直接的影响,在选用前不仅应分析技术的先进性和经济的合理性,还应考虑其对进度的影响。在工程进度受阻时,应分析是否存在施工技术的因素,为实现进度目标有无改变施工技术、施工方法和施工机械的可能性。

4.1.4　建筑工程项目进度控制的程序

①确定进度目标。明确进度计划开工日期、计划总工期和计划竣工日期,并确定项目分期分批的开工日期、竣工日期。

②编制施工进度计划。具体安排实现计划目标的工艺关系、组织关系、搭接关系、起止时间、劳动力计划、材料计划、机械计划及其他保证性计划,并使其得到各个方面如施工企业、业主、监理工程师的批准。

③实施进度计划。由项目经理部的工程部调配各项施工项目资源,组织和安排各工程队按进度计划的要求实施工程项目。

④检查与调整施工项目进度。在施工项目部计划、质量、安全、材料、合同等各个职能部门

的协调下,定期检查各项活动的完成情况,记录项目实施过程中的各项信息,用进度控制比较方法判断项目进度完成情况,如进度出现偏差,则应调整进度计划,以实现项目进度的动态管理。

⑤阶段性任务或全部完成后,应进行进度控制总结,并编写进度控制报告。

【学习笔记】

_____

_____

_____

_____

_____

_____

【关键词】

进度控制　控制措施　控制程序　组织措施　管理措施　经济措施　技术措施

【任务练习】

选择题

1.施工方进度控制的任务是依据(　　　)对施工进度的要求控制施工进度。

A.监理规划　　　　　　　　　　　B.施工任务委托合同

C.设计任务委托合同　　　　　　　D.设计总进度纲要

2.施工方进度控制的措施主要包括(　　　)。

A.组织措施　　　　　　　　　　　B.技术措施

C.经济措施　　　　　　　　　　　D.法律措施

E.行政措施

3.工程建设进度控制的经济措施包括(　　　)。

A.业主在招标时提出进度优惠条件鼓励承包单位加快进度

B.政府有关部门批准年度基本建设计划和制订工期定额

C.政府招投标管理机构批准标底文件中的工程总工期

D.监理工程师根据统计资料分析影响进度的风险因素

4.在建设工程实施过程中监理工程师控制进度的组织措施包括(　　　)。

A.建立进度计划审核制度和工程进度报告制度

B.审查承包商提交的进度计划,使其能在合理的状态下施工

C.建立进度控制目标体系,明确进度控制人员及其职责分工

D.建立进度信息沟通网络及计划实施中的检查分析制度

E.采用网络计划技术并结合电子计算机的应用对工程进度实施动态控制

5.下列为加快进度而采取的各项措施中,属于技术措施的是(　　　)。

A.重视计算机软件的应用　　　　　B.编制进度控制工作流程

C.实行班组内部承包制　　　　　　D.用大模板代替小钢模

任务 4.2　建筑工程项目进度计划编制与实施

工程建设是一个系统工程,要完成一项建设工程必须协调布置好人、财、物、时、空,才能保

证工程实现预定的目标。在人、财、物一定的条件下,合理制订施工方案,科学制订施工进度计划,并统揽其他各要素的安排,是工程建设的核心。进度计划的作用是指导项目施工活动,而进度计划的实施就是要落实并完成进度计划。进度计划的实施对进度目标的实现起着至关重要的作用。

4.2.1　建筑工程项目进度计划的分类

建筑工程项目进度计划系统是由多个相互关联的进度计划组成的系统,它是项目进度控制的依据。根据项目进度控制不同的需要和不同的用途,业主方和项目各参与方可以构建多个不同的建筑工程项目进度计划系统。

1)按对象分类

按对象不同,建筑工程项目进度计划可分为建设项目进度计划、单项工程进度计划、单位工程进度计划、分部分项工程进度计划等。

2)按深度分类

按深度不同,建筑工程项目进度计划可分为总进度计划、项目子系统进度规划(计划)、项目子系统中的计划构成进度计划等。

3)按功能分类

按功能不同,建筑工程项目进度计划可分为控制性进度规划(计划)、指导性进度规划(计划)、实施性(操作性)进度计划等。

4)按项目参与方分类

按项目参与方不同,建筑工程项目进度计划可分为整个项目实施的进度计划、设计进度计划、施工和设备安装进度计划、采购和供货进度计划等。

5)按周期分类

按周期不同,建筑工程项目进度计划可分为 5 年建设进度计划、年度计划、季度计划、(月旬)计划、周计划。

4.2.2　建筑工程项目进度计划编制的依据

①工程项目设计图纸,包括初步设计或扩大初步设计、技术设计、施工图设计、设计说明书、建筑总平面图等。

②工程项目概(预)算资料、指标、劳动定额、机械台班定额和工期定额。

③施工承包合同规定的进度要求和施工组织设计。

④施工总方案(施工部署和施工方案)。

⑤当地自然条件和技术经济条件,包括气象、地形地貌、水文地质、交通水电等。

⑥工程项目所需的资源,包括劳动力状况、机具设备能力、物资供应来源等。

⑦地方建设行政主管部门对施工的要求。

⑧国家现行的建筑施工技术、质量、安全规范、操作规程,以及技术经济指标。

4.2.3　建筑工程项目进度计划的编制要求

①保证拟建施工项目在合同规定的期限内完成,努力缩短施工工期。

②保证施工的均衡性和连续性,尽量组织流水搭接,连续、均衡施工,减少现场工作面的停歇现象和窝工现象。

③尽可能节约施工费用,在合理范围内,尽量缩小施工现场各种临时设施的规模。

④合理安排机械化施工,充分发挥施工机械的生产效率。

⑤合理组织施工,努力减少因组织安排不当等人为因素造成的时间损失和资源浪费。

⑥保证施工质量和安全。

4.2.4 建筑工程项目进度计划的编制方法

合理制订建筑工程项目施工方案,科学制订施工进度计划,并统揽其他各要素的安排,是工程建设的核心。常见的建筑工程项目进度计划编制方法有横道图法和网络计划法两种。

在实际施工过程中,应注意横道图法和网络计划法的结合使用,即在应用电子计算机编制施工进度计划时,先用网络计划法进行时间分析,确定关键工序,进行调整优化,然后输出相应的横道图用于指导现场施工。

单位工程施工进度计划的编制步骤及方法

1) 横道图法

横道图是按时间坐标绘出的,横向线条表示工程各工序的施工起止时间先后顺序,整个计划由一系列横道线组成。它的优点是易于编制、简单明了、直观易懂、便于检查和计算资源,特别适用于现场施工管理。横道图法是最常见而普遍应用的计划方法,如图4.1所示。

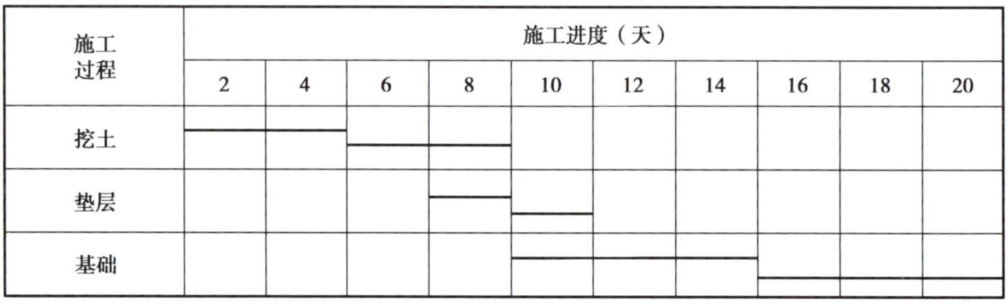

施工过程	施工进度（天）									
	2	4	6	8	10	12	14	16	18	20
挖土										
垫层										
基础										

图4.1 横道图

但是,作为一种计划管理的工具,横道图也有它的不足之处:

①不容易看出工作之间相互依赖、相互制约的关系。

②反映不出哪些工作决定了总工期,更看不出各工作分别有无伸缩余地(机动时间),有多大的伸缩余地。

③由于它不是一个数学模型,不能实现定量分析,故无法分析工作之间相互制约的数量关系。

④横道图不能在执行情况偏离原计划时迅速而简单地进行调整和控制,更无法实行多方案的优选。

横道图的编制程序如下:

①将构成整个工程的全部分项工程纵向排列填入表中。

②横轴表示可能利用的工期。

③分别计算所有分项工程施工所需要的时间。

④如果在工期内能完成整个工程,则将第(3)项所计算出来的各分项工程所需工期安排在图表上,编排出日程表。这个日程的分配是为了要在预定的工期内完成整个工程,对各分项工程的所需时间和施工日期进行试算分配。

2) 网络计划法

网络图是由箭线和节点组成,用来表示工作流程的有向、有序网状图形。一个网络图表示一项计划任务。网络图中的工作是计划任务按需要粗细程度划分而成的、消耗时间或同时也消耗资源的一个子项目或子任务。工作可以是单位工程,也可以是分部工程、分项工程;一个施工过程也可以作为一项工作。在一般情况下,完成一项工作既需要消耗时间,也需要消耗劳动力、原材料、施工机具等资源。但也有一些工作只消耗时间而不消耗资源,如混凝土浇筑后的养护过程和墙面抹灰后的干燥过程等。

与横道图法相反,网络计划法能明确地反映出工程各组成工序之间的相互制约和依赖关系,可以用它进行时间分析,确定出哪些工序是影响工期的关键工序,以便施工管理人员集中精力抓施工中的主要矛盾,减少盲目性。而且它是一个定义明确的数学模型,可以建立各种调整优化方法,并可利用电子计算机进行分析计算。其编制程序如下。

(1) 调查研究

了解和分析工程任务的构成和施工的客观条件,掌握编制进度计划所需的各种资料,特别要对施工图进行透彻研究,并尽可能对施工中可能发生的问题做出预测,考虑解决问题的对策等。

(2) 确定方案

确定方案其主要是指确定项目施工总体部署,划分施工阶段,制定施工方法,明确工艺流程,确定施工顺序等。这些一般都是施工方案说明中的内容,且施工方案说明一般应在施工进度计划之前完成,故可直接从有关文件中获得。

(3) 划分工序

根据工程内容和施工方案,将工程任务划分为若干道工序。一个项目划分为多少道工序,由项目的规模、复杂程度及计划管理的需要来决定,只要满足工作需要就可以了,不必细分。大体上要求每一道工序都有明确的任务内容,有一定的实物工程量和形象进度目标,能够满足指导施工作业的需要,完成与否有明确的判别标志。

(4) 估算时间

估算时间即估算完成每道工序所需要的工作时间,也就是每项工作延续时间,这是对计划进行定量分析的基础。

(5) 编工序表

将项目的所有工序依次列成表格,编排序号,以便于查对是否遗漏或重复,并分析相互之间的逻辑制约关系。

(6) 画网络图

根据工序表画出网络图。工序表中所列出的工序逻辑关系既包括工艺逻辑,也包括由施工组织方法决定的组织逻辑。

(7) 画时标网络图

给画出的网络图加上时间横坐标,这时的网络图就称为时标网络图。在时标网络图中,表示工序的箭线长度受时间坐标的限制,一道工序的箭线长度在时间坐标轴上的水平投影长度就是该工序延续时间的长短。工序的时差用波形线表示,虚工序延续时间为零,因而虚箭线在时间坐标轴上的投影长度也为零,虚工序的时差也用波形线表示。这种时标网络可以按工序的最早开工时间来画,也可以按工序的最迟开工时间来画,在实际应用中多是前者。

(8) 画资源曲线

根据时标网络图可画出施工主要资源的计划用量曲线。

某项目劳动力计划表

(9)可行性判断

可行性判断主要是判别资源的计划用量是否超过实际可能的投入量。如果资源的计划用量超过了实际可能的投入量,这个计划是不可行的,要进行调整,无非是要将施工高峰错开,削减资源用量高峰;或者改变施工方法,减少资源用量。这时就要增加或改变某些组织逻辑关系,重新绘制时间坐标网络图。如果资源的计划用量不超过实际拥有量,那么这个计划是可行的。

(10)优化程度判别

可行的计划不一定是最优的计划。计划的优化是提高经济效益的关键步骤。所以,首先要判别计划是否最优,如果不是,就要进一步优化。如果计划的优化程度已经可以令人满意(往往不一定是最优),就得到了可以用来指导施工、控制进度的施工网络图。

网络计划技术作为现代管理的方法与传统的计划管理方法相比较,具有明显优点,主要表现为:

①利用网络图模型,明确表达各项工作的逻辑关系,即全面而明确地反映出各项工作之间的相互依赖、相互制约的关系。

②通过网络图时间参数计算,确定关键工作和关键线路,便于在施工中集中力量抓住主要矛盾,确保竣工工期,避免盲目施工。

③显示了机动时间,能从网络计划中预见其对后续工作及总工期的影响程度,便于采取措施,进行资源合理分配。

④能够利用计算机绘图、计算和跟踪管理,方便网络计划的调整与控制。

⑤便于优化和调整,加强管理,取得好、快、省的全面效果。

4.2.5 双代号网络图

网络图有双代号网络图和单代号网络图两种。双代号网络图又称箭线式网络图,它是以箭线及其两端节点的编号表示工作,同时,节点表示工作的开始或结束以及工作之间的连接状态。单代号网络图又称节点式网络图,它是以节点及其编号表示工作,箭线表示工作之间的逻辑关系。下面以双代号网络图为例说明网络图表示进度计划的方法。

1)双代号网络图的组成

双代号网络图由箭线、节点和线路组成,用来表示工作流程的有向、有序网状图形,如图4.2所示。一个网络图表示一项计划任务。双代号网络图用两个圆圈和一个箭杆表示一道工序,工序内容写在箭杆上面,作业时间写在箭杆下面,箭尾表示工序的开始,箭头表示结束,圆圈表示先后两道工序之间的连接,在网络图中叫作节点,节点可以填入工序开始和结束时间,也可以表示代号。

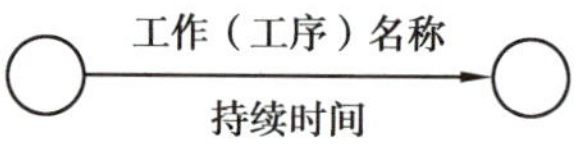

图4.2 双代号网络图工序表示方法

(1)箭线

一条箭线表示一项工作,如砌墙、抹灰等。工作所包括的范围可大可小,既可以是一道工序,也可以是一个分项工程或一个分部工程,甚至是一个单位工程。在无时标的网络图中,箭线的长短并不反映该工作占用时间的长短。箭线的方向表示工作进行的方向和前进的路线,箭线的尾端表示该项工作的开始,箭头端则表示该项工作的结束。箭线可以画成直线、斜线或折线。虚箭线可以起到联系和断路的作用。指向某个节点的箭线称为该节点的内向箭线;从某节点引出的箭线称为该节点的外向箭线。

(2) 节点

节点代表一项工作的开始或结束。

除起点节点和终点节点外,任何中间节点既是前面工作的结束节点,也是后面工作的开始节点。节点是前后两项工作的交接点,它既不消耗时间,也不消耗资源。在双代号网络图中,一项工作可以用其箭线两端节点内的号码来表示。对于一项工作来说,其箭头节点的编号应大于箭尾节点的编号,即顺着箭线方向由小到大。

(3) 线路

在网络图中,从起点节点开始,沿箭头方向顺序通过一系列箭线与节点,最后到达终点节点的通路称为线路。

线路上所有工作的持续时间总和称为该线路的总持续时间。总持续时间最长的线路称为关键线路,关键线路的长度就是网络计划的总工期。关键线路上的工作称为关键工作。关键工作的实际进度是建筑工程进度控制工作中的重点。在网络计划中,关键线路可能不止一条。而且在网络计划执行的过程中,关键线路还会发生转移。

2) 双代号网络图绘制的基本原则

网络图的绘制是网络计划方法应用的关键,要正确绘制网络图,必须正确反映各项工作之间的逻辑关系,遵守绘图的基本规则。各工作间的逻辑关系,既包括客观上的由工艺所决定的工作上的先后顺序关系,也包括施工组织所要求的工作之间相互制约、相互依赖的关系。逻辑关系表达得是否正确,是网络图能否反映工程实际情况的关键,而且逻辑关系搞错,图中各项工作参数的计算以及关键线路和工程工期都将随之发生错误。

(1) 逻辑关系

逻辑关系是指项目中所含工作之间的先后顺序关系,就是要确定各项工作之间的顺序关系,具体包括工艺关系和组织关系。生产性工作之间由工艺过程决定的、非生产性工作之间由工作程序决定的先后顺序关系称为工艺关系。工作之间由于组织安排需要或资源(劳动力、原材料、施工机具等)调配需要而规定的先后顺序关系称为组织关系。

在绘制网络图时,应特别注意虚箭线的使用。在某些情况下,必须借助虚箭线才能正确表达工作之间的逻辑关系。双代号网络图中常见逻辑关系及其表示方法如下。

A、B、C 无紧前工作,即 A、B、C 均为计划的第一项工作,且平行进行时,其表示方法如图 4.3 所示。

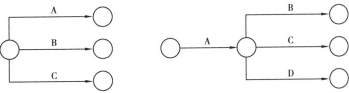

图 4.3　逻辑关系表示方法(a)　　　　图 4.4　逻辑关系表示方法(b)

A 完成后,B、C、D 才能开始,其表示方法如图 4.4 所示。

A、B、C 均完成后,D 才能开始,其表示方法如图 4.5 所示。

A、B 均完成后,C、D 才能开始,其表示方法如图 4.6 所示。

A 完成后, D 才能开始;A、B 均完成后,E 才能开始;A、B、C 均完成后,F 才能开始。其表示方法如图 4.7 所示。

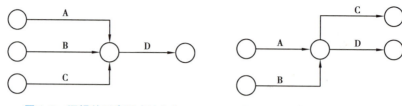

图4.5　逻辑关系表示方法(c)　　　　图4.6　逻辑关系表示方法(d)

(2)绘图规则

①网络图必须按照已定的逻辑关系绘制。由于网络图是有向、有序网状图形，所以必须严格按照工作之间的逻辑关系绘制，这同时也是为保证工程质量和资源优化配置及合理使用所必需的。

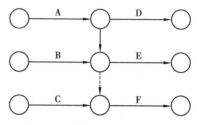

图4.7　逻辑关系表示方法(e)

②网络图中严禁出现从一个节点出发，顺箭头方向又回到原出发点的循环回路。如果出现循环回路，会造成逻辑关系混乱，使工作无法按顺序进行。

③网络图中的箭线(包括虚箭线，以下同)应保持自左向右的方向，不应出现箭头指向左方的水平箭线和箭头偏向左方的斜向箭线。若遵循该规则绘制网络图，就不会出现循环回路。

④网络图中严禁出现双向箭头和无箭头的连线。如果工作进行的方向不明确，就不能达到网络图有向的要求。

⑤网络图中严禁出现没有箭尾节点的箭线和没有箭头节点的箭线。

⑥严禁在箭线上引入或引出箭线。但当网络图的起点节点有多条箭线引出(外向箭线)或终点节点有多条箭线引入(内向箭线)时，为使图形简洁，可用母线法绘图，即将多条箭线经一条共用的垂直线段从起点节点引出，或将多条箭线经一条共用的垂直线段引入终点节点，如图4.8所示。对于特殊线型的箭线，如粗箭线、双箭线、虚箭线、彩色箭线等，可在从母线上引出的支线上标出。

⑦应尽量避免网络图中工作箭线的交叉。当交叉不可避免时，可以采用过桥法处理，如图4.9所示。

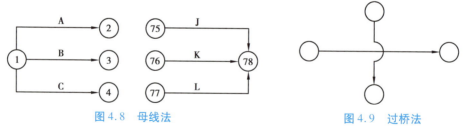

图4.8　母线法　　　　　　　　图4.9　过桥法

⑧网络图中应只有一个起点节点和一个终点节点(任务中部分工作需要分期完成的网络计划除外)。除网络图的起点节点和终点节点外，不允许出现没有外向箭线的节点和没有内向箭线的节点。

(3)绘制方法

当已知每一项工作的紧前工作时，可按下述步骤绘制双代号网络图：

①绘制没有紧前工作的工作箭线，使它们具有相同的开始节点，以保证网络图只有一个起点节点。

②依次绘制其他工作箭线。这些工作箭线的绘制条件是其所有紧前工作箭线都已经绘制

出来。在绘制这些工作箭线时,应按下列原则进行:当所要绘制的工作只有一项紧前工作时,则将该工作箭线直接画在其紧前工作箭线之后即可。当所要绘制的工作有多项紧前工作时,应按以下四种情况分别予以考虑:

a. 对于所要绘制的工作(本工作)而言,如果在其紧前工作之中存在一项只作为本工作紧前工作的工作(即在紧前工作栏目中,该紧前工作只出现一次),则应将本工作箭线直接画在该紧前工作箭线之后,然后用虚箭线将其他紧前工作箭线的箭头节点与本工作箭线的箭尾节点分别相连,以表达它们之间的逻辑关系。

b. 对于所要绘制的工作(本工作)而言,如果在其紧前工作之中存在多项只作为本工作紧前工作的工作,应先将这些紧前工作箭线的箭头节点合并,再从合并后的节点开始,画出本工作箭线,最后用虚箭线将其他紧前工作箭线的箭头节点与本工作箭线的箭尾节点分别相连,以表达它们之间的逻辑关系。

c. 对于所要绘制的工作(本工作)而言,如果不存在情况 a 和情况 b 时,应判断本工作的所有紧前工作是否都同时作为其他工作的紧前工作(即在紧前工作栏目中,这几项紧前工作是否均同时出现若干次)。如果上述条件成立,应先将这些紧前工作箭线的箭头节点合并后,再从合并后的节点开始画出本工作箭线。

d. 对于所要绘制的工作(本工作)而言,如果既不存在情况 a 和情况 b,也不存在情况 c 时,则应将本工作箭线单独画在其紧前工作箭线之后的中部,然后用虚箭线将其各紧前工作箭线的箭头节点与本工作箭线的箭尾节点分别相连,以表达它们之间的逻辑关系。

③当各项工作箭线都绘制出来之后,应合并那些没有紧后工作之工作箭线的箭头节点,以保证网络图只有一个终点节点(多目标网络计划除外)。

④当确认所绘制的网络图正确后,即可进行节点编号。网络图的节点编号在满足前述要求的前提下,既可采用连续的编号方法,也可采用不连续的编号方法,如 1,3,5,… 或 5,10,15,… 等,以避免以后增加工作时而改动整个网络图的节点编号。

以上所述是已知每一项工作的紧前工作时的绘图方法,当已知每一项工作的紧后工作时,也可按类似的方法进行网络图的绘制,只是其绘图顺序由前述的从左向右改为从右向左。

【例4.1】根据表4.1中逻辑关系,绘制双代号网络图。

表 4.1　某工程项目工作逻辑关系

工作	A	B	C	D	E	F	G	H	I
紧前	—	A	A	B	B、C	C	D、E	E、F	H、G
时间	3	3	3	8	5	4	4	2	2

由上表中的逻辑关系可得,A 无紧前工作,I 为收尾工作。根据双代号网络图的绘制方法,可绘制出图 4.10 所示的双代号网络图。

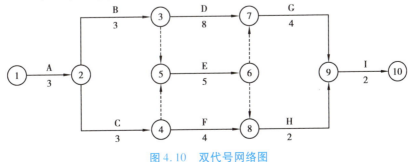

图 4.10　双代号网络图

81

3）双代号网络图时间参数的概念

所谓时间参数,是指网络计划、工作及节点所具有的各种时间值。

（1）工作持续时间和工期

①作持续时间。工作持续时间是指一项工作从开始到完成的时间。在双代号网络计划中,工作 i—j 的持续时间用 D_{i-j} 表示;在单代号网络计划中,工作 i 的持续时间用 D_i 表示。

②工期。工期泛指完成一项任务所需要的时间。在网络计划中,工期一般有以下 3 种:

a.计算工期。计算工期是根据网络计划时间参数计算而得到的工期,用 T_c 表示。

b.要求工期。要求工期是任务委托人所提出的指令性工期,用 T_r 表示。

c.计划工期。计划工期是指根据要求工期和计算工期所确定的作为实施目标的工期,用 T_p 表示。当已规定了要求工期时,计划工期不应超过要求工期,即:$T_p \leqslant T_c$;当未规定要求工期时,可令计划工期等于计算工期,即:$T_p = T_c$。

（2）工作的 6 个时间参数

除工作持续时间外,网络计划中工作的 6 个时间参数是:最早开始时间、最早完成时间、最迟完成时间、最迟开始时间、总时差和自由时差。

①最早开始时间和最早完成时间。工作的最早开始时间是指在其所有紧前工作全部完成后,本工作有可能开始的最早时刻。工作的最早完成时间是指在其所有紧前工作全部完成后,本工作有可能完成的最早时刻。工作的最早完成时间等于本工作的最早开始时间与其持续时间之和。

在双代号网络计划中,工作 i—j 的最早开始时间和最早完成时间分别用 ES_{i-j} 和 EF_{i-j} 表示。

②最迟完成时间和最迟开始时间。工作的最迟完成时间是指在不影响整个任务按期完成的前提下,本工作必须完成的最迟时刻。工作的最迟开始时间是指在不影响整个任务按期完成的前提下,本工作必须开始的最迟时刻。工作的最迟开始时间等于本工作的最迟完成时间与其持续时间之差。

在双代号网络计划中,工作 i—j 的最迟完成时间和最迟开始时间分别用 LF_{i-j} 和 LS_{i-j} 表示。

③总时差和自由时差。工作的总时差是指在不影响总工期的前提下,本工作可以利用的机动时间。在双代号网络计划中,工作 i—j 的总时差用 TF_{i-j}。

工作的自由时差是指在不影响其紧后工作最早开始时间的前提下,本工作可以利用的机动时间。在双代号网络计划中,工作 i—j 的自由时差用 FF_{i-j} 表示。

从总时差和自由时差的定义可知,对于同一项工作而言,自由时差不会超过总时差。当工作的总时差为零时,其自由时差必然为零。

在网络计划执行过程中,工作的自由时差是指该工作可以自由使用的时间。但是,如果利用某项工作的总时差,则有可能使该工作后续工作的总时差减小。

4）双代号网络图时间参数的计算

双代号网络计划的时间参数既可以按工作计算,也可以按节点计算。下面分别说明:

（1）按工作计算法

所谓按工作计算法,就是以网络计划中的工作为对象,直接计算各项工作的时间参数。这些时间参数包括:工作的最早开始时间和最早完成时间、工作的最迟开始时间和最迟完成时间、工作的总时差和自由时差。此外,还应计算网络计划的计算工期。

为了简化计算,网络计划时间参数中的开始时间和完成时间都应以时间单位的终了时刻为标准。如第 3 天开始即是指第 3 天终了(下班)时刻开始,实际上是第 4 天上班时刻才开始;第 5 天完成即是指第 5 天终了(下班)时刻完成。

按工作计算法计算时间参数的过程如下:

①计算工作的最早开始时间和最早完成时间。工作最早开始时间和最早完成时间的计算应从网络计划的起点节点开始,顺着箭线方向依次进行。其计算步骤如下:

a. 以网络计划起点节点为开始节点的工作,当未规定其最早开始时间时,其最早开始时间为零。

b. 工作的最早完成时间可利用以下公式进行计算:

$$EF_{i-j} = ES_{i-j} + D_{i-j}$$

式中　　EF_{i-j}——工作 i—j 的最早完成时间;

　　　　ES_{i-j}——工作 i—j 的最早开始时间;

　　　　D_{i-j}——工作 i—j 的持续时间。

c. 其他工作的最早开始时间应等于其紧前工作最早完成时间的最大值,即:

$$ES_{i-j} = \max\{EF_{h-i}\} = \max\{ES_{h-i} + D_{h-i}\}$$

式中　　ES_{i-j}——工作 i—j 的最早开始时间;

　　　　EF_{h-i}——工作 i—j 的紧前工作 h—i(非虚工作)的最早完成时间;

　　　　ES_{h-i}——工作 i—j 的紧前工作 h—i(非虚工作)的最早开始时间;

　　　　D_{h-i}——工作 i—j 的紧前工作 h—i(非虚工作)的持续时间。

d. 网络计划的计算工期应等于以网络计划终点节点为完成节点的工作的最早完成时间的最大值,即:

$$T_C = \max\{EF_{i-n}\} = \max\{ES_{i-n} + D_{i-n}\}$$

式中　　T_C——网络计划的计算工期;

　　　　EF_{i-n}——以网络计划终点节点 n 为完成节点的工作的最早完成时间;

　　　　ES_{i-n}——以网络计划终点节点 n 为完成节点的工作的最早开始时间;

　　　　D_{i-n}——以网络计划终点节点 n 为完成节点的工作的持续时间。

②确定网络计划的计划工期。网络计划的计划工期是指根据要求工期和计算工期所确定的作为实施目标的工期,用 T_p 表示。当已规定了要求工期时,计划工期不应超过要求工期,即: $T_p \leq T_c$;当未规定要求工期时,可令计划工期等于计算工期,即: $T_p = T_c$。

③计算工作的最迟完成时间和最迟开始时间。工作最迟完成时间和最迟开始时间的计算应从网络计划的终点节点开始,逆着箭线方向依次进行。其计算步骤如下:

a. 以网络计划终点节点为完成节点的工作,其最迟完成时间等于网络计划的计划工期,即:

$$LF_{i-n} = T_p$$

式中　　LF_{i-n}——以网络计划终点节点 n 为完成节点的工作的最迟完成时间;

　　　　T_p——网络计划的计划工期。

b. 工作的最迟开始时间可利用下面公式进行计算:

$$LS_{i-j} = LF_{i-j} - D_{i-j}$$

式中　　LS_{i-j}——工作 i—j 的最迟开始时间;

　　　　LF_{i-j}——工作 i—j 的最迟完成时间;

　　　　D_{i-j}——工作 i—j 的持续时间。

c. 其他工作的最迟完成时间应等于其紧后工作最迟开始时间的最小值,即:

$$LF_{i-j} = \min\{LS_{j-k}\} = \min\{LF_{j-k} - D_{j-k}\}$$

式中　LF_{i-j}——工作 i—j 的最迟完成时间；

　　　LS_{j-k}——工作 i—j 的紧后工作 j—k（非虚工作）的最迟开始时间；

　　　LF_{j-k}——工作 i—j 的紧后工作 j—k（非虚工作）的最迟完成时间；

　　　D_{j-k}——工作 i—j 的紧后工作 j—k（非虚工作）的持续时间。

d. 计算工作的总时差。工作的总时差等于该工作最迟完成时间与最早完成时间之差或该工作最迟开始时间与最早开始时间之差,即:

$$TF_{i-j} = LF_{i-j} - EF_{i-j} = LS_{i-j} - ES_{i-j}$$

式中　TF_{i-j}——工作 i—j 的总时差;其余符号同前。

e. 计算工作的自由时差。工作自由时差的计算应按以下两种情况分别考虑:

对于有紧后工作的工作,其自由时差等于本工作之紧后工作最早开始时间减本工作最早完成时间所得之差的最小值,即:

$$FF_{i-j} = \min\{ES_{j-k} - EF_{i-j}\} = \min\{ES_{j-k} - ES_{i-j} - D_{i-j}\}$$

式中　FF_{i-j}——工作 i—j 的自由时差;

　　　ES_{j-k}——工作 i—j 的紧后工作 j—k（非虚工作）的最早开始时间;

　　　EF_{i-j}——工作 i—j 的最早完成时间;

　　　ES_{i-j}——工作 i—j 的最早开始时间;

　　　D_{i-j}——工作 i—j 的持续时间。

对于无紧后工作的工作,也就是以网络计划终点节点为完成节点的工作,其自由时差等于计划工期与本工作最早完成时间之差,即:

$$FF_{i-n} = T_p - EF_{i-n} = T_p - ES_{i-n} - D_{i-n}$$

式中　FF_{i-n}——以网络计划终点节点 n 为完成节点的工作 i—n 的自由时差;

　　　T_p——网络计划的计划工期;

　　　EF_{i-n}——以网络计划终点节点 n 为完成节点的工作 i—n 的最早完成时间;

　　　ES_{i-n}——以网络计划终点节点 n 为完成节点的工作 i—n 的最早开始时间;

　　　D_{i-n}——以网络计划终点节点 n 为完成节点的工作 i—n 的持续时间。

需要指出的是,对于网络计划中以终点节点为完成节点的工作,其自由时差与总时差相等。此外,由于工作的自由时差是其总时差的构成部分,所以,当工作的总时差为零,其自由时差必然为零,可不必进行专门计算。

f. 确定关键工作和关键线路。在网络计划中,总时差最小的工作为关键工作。特别是当网络计划的计划工期等于计算工期时,总时差为零的工作就是关键工作。

找出关键工作之后,将这些关键工作首尾相连,便构成从起点节点到终点节点的通路,位于该通路上各项工作的持续时间总和最大,这条通路就是关键线路。在关键线路上可能有虚工作存在。

关键线路一般用粗箭线或双线箭线标出,也可以用彩色箭线标出。在关键线路法中,关键线路上各项工作的持续时间总和应等于网络计划的计算工期,这一特点也是判别关键线路是否正确的准则。

在上述计算过程中,是将每项工作的 6 个时间参数均标注在图中,故称为六时标注法(图4-11)。为使网络计划的图面更加简洁,在双代号网络计划中,除各项工作的持续时间以外,通常只需标注两个最基本的时间参数—各项工作的最早开始时间和最迟开始时间即可,而工作的其他 4 个时间参数(最早完成时间、最迟完成时间、总时差和自由时差)均可根据工作的最早开始时间、最迟开始时间及持续时间导出,这种方法称为二时标注法(图4.12)。

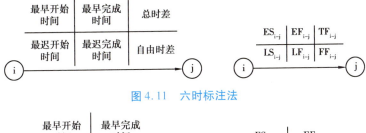

图4.11　六时标注法

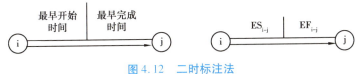

图4.12　二时标注法

(2)按节点计算法

所谓按节点计算法,就是先计算网络计划中各个节点的最早时间和最迟时间,然后再据此计算各项工作的时间参数和网络计划的计算工期。

按节点计算法计算时间参数的过程如下:

①计算节点的最早时间和最迟时间。

a.计算节点的最早时间。节点最早时间的计算应从网络计划的起点节点开始,顺着箭线方向依次进行。其计算步骤如下:

首先,网络计划起点节点,如未规定最早时间时,其值等于零。

然后,其他节点的最早时间应按以下公式进行计算:

$$ET_j = \max\{ET_i + D_{i-j}\}$$

式中　ET_j——工作i—j的完成节点j的最早时间;

　　　ET_i——工作i—j的开始节点i的最早时间;

　　　D_{i-j}——工作i—j的持续时间。

之后,网络计划的计算工期等于网络计划终点节点的最早时间,即:

$$T_c = ET_n$$

式中　T_c——网络计划的计算工期;

　　　ET_n——网络计划终点节点n的最早时间。

b.确定网络计划的计划工期。网络计划的计划工期是指根据要求工期和计算工期所确定的作为实施目标的工期,用T_p表示。当已规定了要求工期时,计划工期不应超过要求工期,即:$T_p \leq T_c$;当未规定要求工期时,可令计划工期等于计算工期,即:$T_p = T_c$。

c.计算节点的最迟时间。节点最迟时间的计算应从网络计划的终点节点开始,逆着箭线方向依次进行。其计算步骤如下:

首先,网络计划终点节点的最迟时间等于网络计划的计划工期,即:

$$LT_n = T_p$$

式中　LT_n——网络计划终点节点n的最迟时间;

　　　T_p——网络计划的计划工期。

然后,对其他节点的最迟时间应按以下公式进行计算:

$$LT_i = \min\{LT_j - D_{i-j}\}$$

式中　LT_i——工作i—j的开始节点i的最迟时间;

　　　LT_j——工作i—j的完成节点j的最迟时间;

　　　D_{i-j}——工作i—j的持续时间。

②根据节点的最早时间和最迟时间判定工作的六个时间参数。

a.工作的最早开始时间等于该工作开始节点的最早时间,即:$ES_{i-j} = ET_i$

b.工作的最早完成时间等于该工作开始节点的最早时间与其持续时间之和,即:

$$EF_{i-j} = ET_i + D_{i-j}$$

c.工作的最迟完成时间等于该工作完成节点的最迟时间,即:$LF_{i-j} = LT_j$

d.工作的最迟开始时间等于该工作完成节点的最迟时间与其持续时间之差,即:

$$LS_{i-j} = LT_j - D_{i-j}$$

e.工作的总时差可根据以下公式得到:

$$
\begin{aligned}
TF_{i-j} &= LF_{i-j} - EF_{i-j} \\
&= LT_j - (ET_i + D_{i-j}) \\
&= LT_j - ET_i - D_{i-j}
\end{aligned}
$$

由以上公式可知,工作的总时差等于该工作完成节点的最迟时间减去该工作开始节点的最早时间所得差值再减其持续时间。

f.工作的自由时差可根据以下公式得到:

$$
\begin{aligned}
FF_{i-j} &= \min\{ES_{j-k} - ES_{i-j} - D_{i-j}\} \\
&= \min\{ES_{j-k}\} - ES_{i-j} - D_{i-j} \\
&= \min\{ET_j\} - ET_i - D_{i-j}
\end{aligned}
$$

由以上公式可知,工作的自由时差等于该工作完成节点的最早时间减去该工作开始节点的最早时间所得差值再减其持续时间。

特别需要注意的是,如果本工作与其各紧后工作之间存在虚工作时,其中的 ET_j 应为本工作紧后工作开始节点的最早时间,而不是本工作完成节点的最早时间。

③确定关键线路和关键工作。在双代号网络计划中,关键线路上的节点称为关键节点。关键工作两端的节点必为关键节点,但两端为关键节点的工作不一定是关键工作。关键节点的最迟时间与最早时间的差值最小。特别是当网络计划的计划工期等于计算工期时,关键节点的最早时间与最迟时间必然相等。关键节点必然处在关键线路上,但由关键节点组成的线路不一定是关键线路。

当利用关键节点判别关键线路和关键工作时,还要满足下列判别式:

$$ET_i + D_{i-j} = ET_j \text{ 或 } LT_i + D_{i-j} = LT_j$$

式中　ET_i——工作 i—j 的开始节点(关键节点)i 的最早时间;

D_{i-j}——工作 i—j 的持续时间;

ET_j——工作 i—j 的完成节点(关键节点)j 的最早时间;

LT_i——工作 i—j 的开始节点(关键节点)i 的最迟时间;

LT_j——工作 i—j 的完成节点(关键节点)j 的最迟时间。

如果两个关键节点之间的工作符合上述判别式,则该工作必然为关键工作,它应该在关键线路上。否则,该工作就不是关键工作,关键线路也就不会从此处通过。

(3)标号法

标号法是一种快速寻求网络计算工期和关键线路的方法。它利用按节点计算法的基本原理,对网络计划中的每一个节点进行标号,然后利用标号值确定网络计划的计算工期和关键线路。下面是标号法的计算过程:

①网络计划起点节点的标号值为零。

②其他节点的标号值应根据下式按节点编号从小到大的顺序逐个进行计算:

$$b_j = \max\{b_j + D_{i-j}\}$$

当计算出节点的标号值后,应该用其标号值及其源节点对该节点进行双标号。所谓源节点,就是用来确定本节点标号值的节点。如果源节点有多个,应将所有源节点标出。

③网络计划的计算工期就是网络计划终点节点的标号值。

④关键线路应从网络计划的终点节点开始,逆着箭线方向按源节点确定。

【例4.2】计算如图4.13所示的双代号网络图的工期,并找出关键线路。

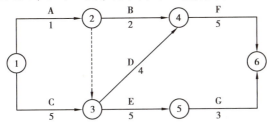

图4.13　某项目网络计划图

采用六时标注法,找出关键线路,如图4.14所示。

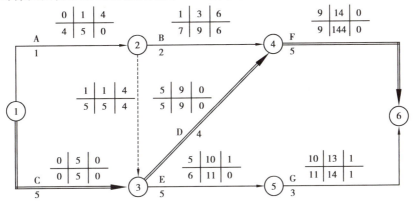

图4.14　采用六时标注法的关键线路图

由图4.14可知,工期=14天,关键线路为1346。

4.2.6　进度控制的工具软件

常用的施工进度计划横道图、网络图编制软件有以下几种:

①Excel施工进度计划自动生成表格:编写较方便,适用于比较简单的工程项目。

②Microsoft Project是一种功能强大而灵活的项目管理工具,可以用于控制简单或复杂的项目。特别是对于建筑工程项目管理的进度计划管理,它在创建项目并开始工作后,以跟踪实际的开始和完成日期、实际完成的任务百分比和实际工时,跟踪实际进度可显示所做的更改影响其他任务的方式,从而最终影响项目的完成日期;跟踪项目中每个资源完成的工时,然后可以比较计划工时量和实际工时量;查找过度分配的资源及其任务分配,减少资源工时,将工作重新分配给其他资源。

③PKPM项目管理软件:可完成网络进度计划、资源需求计划的编制及进度、成本的动态跟踪、对比分析;自动生成带有工程量和资源分配的施工工序,自动计算关键线路;提供多种优化、流水作业方案及里程碑和前锋线功能;自动实现横道图、单代号图、双代号图转换等功能。

4.2.7　建筑工程项目进度计划的审核

项目经理应对建筑工程项目进度计划进行审核,以确保建筑工程项目进度计划的规范、准确、合理。其主要审核内容有以下几项：

①进度安排是否符合施工合同确定的项目总目标和分目标的要求，是否符合其开工及竣工日期的规定。

②施工进度计划的内容是否有遗漏，工期是否满足分批次交工的需要和配套交工的要求，考虑是否全面。

③施工程序和作业顺序是否正确合理。

④资源供应计划是否能保证施工进度计划的实施，供应是否平衡，包括分包人供应资源和施工图设计进度等是否满足进度要求。

⑤总、分包之间和各个专业之间在施工时间和位置的安排上是否协调，专业分工与计划的衔接是否明确、合理。

⑥总、分包之间的进度计划风险是否分析透彻并完备了相应对策，包括对应的应急预案。

⑦各项保证进度计划的措施是否周到、可行、有效。

4.2.8 建筑工程项目进度计划的实施

进度计划在实施时，要保证其协调一致性。为保证各项施工活动按进度计划所确定的顺序和时间进行，保证各阶段目标和最终的总目标实现，项目经理在推行进度计划时要做到以下几点。

1）编制月（旬）作业计划

施工项目的施工总进度计划、单位工程施工进度计划、分部分项工程施工进度计划，都是为了实现项目总目标而编制的，其中高层次计划是低层次计划编制和控制的依据，低层次计划是高层次计划的深入和具体化。在贯彻执行时，要检查各层次计划间是否紧密配合、协调一致，计划目标是否层层分解、互相衔接，在施工顺序、空间及时间安排、资源供应等方面有无矛盾，以组成一个可靠的计划体系。

为实施施工进度计划，项目经理部将规定的任务结合现场实际施工条件和施工的实际进度，在施工开始前和实施中不断编制本月（旬）的作业计划，从而使施工进度计划更具体、更切合实际、更适应不断变化的现场情况和更具有可行性。在月（旬）计划中要明确本月（旬）应完成的施工任务、完成计划所需的各种资源量、提高劳动生产率和节约成本、保证质量和安全的措施。

2）优化配置主要资源

施工项目必须由人、财、物（材料、机具、设备等）等资源的有机结合才能完成。同时，项目对资源的需求又是错落起伏的，因此施工企业应在各项目进度计划的基础上进行综合平衡，编制企业的年度、季度、月（旬）计划，将各项资源在项目间动态组合、优化配置，以保证满足项目在不同时间对诸资源的需求，从而保证施工项目进度计划的顺利实施。

3）签订承包合同与签发施工任务书

按前面已检查过的各层次计划，以承包合同和施工任务书的形式，分别向分包单位、承包队和施工班组下达施工进度任务。其中，总承包单位与分包单位、施工企业与项目经理部、项目经理部与各承包队和职能部门、承包队与各作业班组间应分别签订承包合同，按计划目标明确规定合同工期、相互承担的经济责任、权限和利益。

另外，要将月（旬）作业计划中的每项具体任务通过签发施工任务书的方式向班组下达。施工任务书是一份计划文件，也是一份核算文件，又是原始记录。它将作业计划下达到班组，并将计划执行与技术管理、质量管理、成本核算、原始记录、资源管理等融为一体。施工任务书一般由工长以计划要求、工程数量、定额标准、工艺标准、技术要求、质量标准、节约措施、安全措施等为依据进行编制。任务书下达给班组时,由工长进行交底。交底内容包括交任务、交操作规程、交施工方法、交质量、交安全、交定额、交节约措施、交材料使用、交施工计划、交奖惩要求等,做到任务明确、报酬预知、责任到人。施工班组接到任务书后,应做好分工安排,执行中要保质量、保进度、保安全、保节约、保工效提高。任务完成后,班组自检,在确认已经完成任务后,向工长报请验收。工长验收时查数据、查质量、查安全、查用工、查节约,然后回收任务书,交施工队登记结算。

4)计划交底

在施工进度计划实施前,必须根据任务进度文件的要求进行层层交底落实,使有关人员都明确各项计划的目标、任务、实施方案、预控措施、开始日期、结束日期、有关保证条件、协作配合要求等,使项目管理层和作业层能协调一致工作,从而保证施工生产按计划、有步骤、连续均衡地进行。

5)做好施工进度记录

在进度计划实施过程中,各级进度计划的执行者都要跟踪做好施工记录,实事求是地记录计划执行中每项工作的开始日期、工作进度和完成日期,以及现场发生的各种情况、干扰因素及排除情况等。这里要求记录真实、准确、原始。在施工中,如实记录每项工作的开始日期、工作进度和完成日期,记录每月完成数量、施工现场发生的情况和干扰因素的排除情况,可为施工项目进度计划实施的检查、分析、调整、总结提供真实、准确的原始资料。

6)做好施工中的调度工作

施工中的调度是在掌握进度计划实施的前提下,组织施工中各阶段、环节、专业和工种相互配合,协调各方面关系,采取措施,排除各种干扰、矛盾,加强薄弱环节,发挥生产指挥作用,实现动态平衡来保证完成作业计划和实现进度目标。调度工作内容主要有:

①执行合同中对进度、开工及延期开工、暂停施工、工期延误、工程竣工的管理办法及措施,包括相关承诺。

②将控制进度具体措施落实到具体执行人,并明确目标、任务、检查方法和考核办法。

③监督作业计划的实施,调整、协调各方面的进度关系。

④监督检查施工准备工作,如督促资源供应单位按计划供应劳动力、施工机具、运输车辆、材料构配件等,并对临时出现的问题采取调配措施。

⑤跟踪调控工程变更引起的资源需求变化,及时调整资源供应计划。

⑥按施工平面图管理施工现场,结合实际情况进行必要调整,保证文明施工。

⑦第一时间了解气候、水电供应情况,采取相应的防范和保障措施。

⑧及时发现和处理施工中各种事故。

⑨定期召开现场调度会议,贯彻施工项目主管人员的决策,发布调度令。

⑩及时与发包人协调,保证发包人配合工作和资源供应在计划可控范围内进行。当不能满足时,应立即协商解决。如有损失,应及时索赔。

7)预测干扰因素,采取预控措施

在项目实施前和实施过程中,应经常根据所掌握的各种数据资料,对可能致使项目实施结果偏离进度计划的各种干扰因素进行预测,并分析这些干扰因素所带来的风险程度的大小,预先采取一些有效的控制措施,将可能出现的偏离消灭于萌芽状态。

【学习笔记】

_____

_____

_____

_____

_____

_____

【关键词】

进度计划　横道图　网络计划　双代号网络图　关键线路

【任务练习】

选择题

1.(　　)是项目进度控制的依据。

A.进度计划　　　　B.施工任务书　　　　C.承包合同　　　　　　　D.施工组织设计

2.项目进度计划按对象分类,包括(　　)。

A.建设项目进度计划　　　　　　　　B.单项工程进度计划

C.单位工程进度计划　　　　　　　　D.分部分项工程进度计划

3.常见的进度计划编制方法主要有(　　)。

A.横道图法　　　　B.Excel　　　　　　C.网络计划法　　　　　D.Project

4.为实施施工进度计划,项目经理部在施工开始前和施工中不断编制(　　),从而使施工进度计划更具体,更切合实际,更适应不断变化的现场情况,更可行。

A.施工总进度计划　　　　　　　　B.单位工程施工进度计划

C.分部分项工程施工进度计划　　　　D.月(句)作业计划

5.项目经理编制在各层次进度计划以后,以(　　)的形式,分别向分包单位、承包队和施工班组下达施工进度任务。

A.承包合同　　　　　　　　　　B.施工任务书

C.施工组织设计　　　　　　　　D.施工进度目标

6.在建设工程进度计划控制体系中,具体安排单位工程的开工日期和竣工日期的计划是(　　)。

A.工程项目进度平衡表　　　　　　B.单位工程施工进度计划

C.工程项目前期工作计划　　　　　D.工程项目总进度计划

7.建设工程进度网络计划法与横道图法相比,其主要优点是(　　)。

A.明确表达各项工作之间的逻辑关系　B.直观表达工程进度计划的计算工期

C.明确表达各项工作之间的搭接时间　D.直观表示各项工作的持续时间

任务4.3　建筑工程项目施工进度检查与调整

在施工项目的实施进程中,为了进行进度控制,进度控制人员应经常地、定期地跟踪检查施工实际进度情况,并根据实际情况对进度计划进行调整。进度的检查与计划的调整贯穿项目施工的全过程。

4.3.1　建筑工程项目进度的检查

进度检查主要是收集施工项目计划实施的信息和有关数据,为进度计划控制提供必要的信息资料和依据。进度计划的检查主要从以下几个方面着手。

1) 跟踪检查施工实际进度

跟踪检查施工实际进度是项目施工进度控制的关键措施。其目的是收集实际施工进度的有关数据。跟踪检查的时间和收集数据的质量,直接影响控制工作的质量和效果。

一般检查的时间间隔与施工项目的类型、规模、施工条件和对进度执行要求程度有关。通常可以确定每月、半月、旬或周进行一次。若在施工中遇到天气恶劣、资源供应紧张等不利因素的严重影响,检查的时间间隔可临时缩短,次数应频繁,甚至可以每日进行检查,或派人员驻现场督阵。检查和收集资料的方式一般采用进度报表方式或定期召开进度工作汇报会。为了保证汇报资料的准确性,进度控制的工作人员要经常到现场查看施工项目的实际进度情况,从而保证经常地、定期地准确掌握施工项目的实际进度。

2) 整理、统计检查数据

收集到的施工项目实际进度数据,要按计划控制的工作项目进行必要的整理、统计,以相同的量纲和形象进度形成与计划进度具有可比性的数据。一般可以按实物工程量、工作量和劳动消耗量以及累计百分比整理和统计实际检查的数据,以便与相应的计划完成量相对比。

3) 对比实际进度与计划进度

将收集的资料整理和统计成与计划进度具有可比性的数据后,用施工项目实际进度与计划进度相比较的方法进行比较。常用的比较方法有横道图比较法、S形曲线比较法、香蕉形曲线比较法、前锋线比较法和列表比较法等。通过比较得出实际进度与计划进度相一致、超前、滞后三种情况。

(1) 横道图比较法

横道图比较法是指将在项目实施中检查实际进度收集的信息,经整理后直接用横道线并列标于原计划的横道线处,进行直观比较的方法。

用横道图编制施工进度计划指导施工的实施是常用的、为人们所熟知的方法。它形象直观、编制方法简单、使用方便,如图4.15所示。

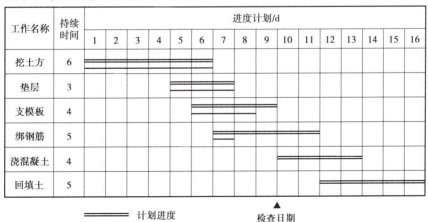

图4.15　横道图比较法

(2)S形曲线比较法

S形曲线比较法是以横坐标表示时间,纵坐标表示累计完成任务量,绘制一条按计划时间累计完成任务量的S形曲线;然后将工程项目实施过程中各检查时间实际累计完成任务量的S形曲线也绘制在同一坐标系中,进行实际进度与计划进度比较的一种方法。比较两条S形曲线可以得到如下信息:

①项目实际进度与计划进度比较,若实际工程进展点落在计划S形曲线左侧,则表示此时实际进度比计划进度超前;若实际工程进展点落在计划S形曲线右侧,则表示此时实际进度比计划进度滞后;若实际工程进展点刚好落在计划S形曲线上,则表示此时实际进度与计划进度一致。

②项目实际进度比计划进度超前或滞后的时间。

③任务量完成情况,即工程项目实际进度比计划进度超额或滞后的任务量。

④后期工程进度预测。

对于大多数工程项目而言,从整个施工全过程来看,资源的投入在开始阶段较少,随着时间的增加而逐渐增多,在施工中的某一时期达到高峰后又逐渐减少直至项目完成。而随着时间进展,累计完成的任务量便形成一条中间陡而两头平缓的S形变化曲线,故称S形曲线,如图4.16所示。

(3)香蕉形曲线比较法

香蕉形曲线是由两条以同一开始时间、同一结束时间的S形曲线组合而成。其中,一条S形曲线是工作按最早开始时间安排进度所绘制的S形曲线,简称ES曲线;而另一条S形曲线是工作按最迟开始时间安排进度所绘制的S形曲线,简称LS曲线。除项目的开始点和结束点外,ES曲线在LS曲线的上方,同一时刻两条曲线所对应完成的工作量是不同的。在项目实施过程中,理想的状况是任一时刻的实际进度在这两条曲线所包区域内,如图4.17所示。

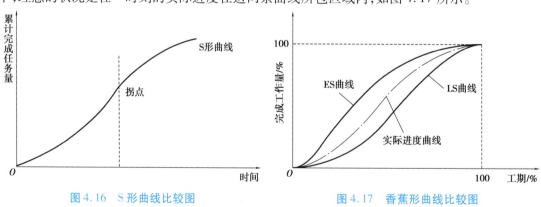

图4.16　S形曲线比较图　　　　　　　图4.17　香蕉形曲线比较图

(4)前锋线比较法

前锋线比较法就是通过实际进度前锋线与原进度计划中各工作箭线交点的位置来判断工作实际进度与计划进度的偏差,进而判定该偏差对后续工作及总工期影响程度的一种方法。

采用前锋线比较法进行实际进度与计划进度的比较,其步骤如下:

①绘制时标网络计划图。工程项目实际进度前锋线是在时标网络计划图上标示,为清楚起见,可在时标网络计划图的上方和下方各设一时间坐标。

②绘制实际进度前锋线。一般从时标网络计划图上方时间坐标的检查日期开始绘制,依次连接相邻工作的实际进展位置点,最后与时标网络计划图下方坐标的检查日期相连接。

③比较实际进度与计划进度。前锋线可以直观地反映出检查日期有关工作实际进度与计划进度之间的关系。对某项工作来说,其实际进度与计划进度之间的关系可能存在以下三种情况:

a.工作实际进展位置点落在检查日期的左侧,表明该工作实际进度滞后,滞后的时间为二者之差;

b.工作实际进展位置点与检查日期重合,表明该工作实际进度与计划进度一致;

c.工作实际进展位置点落在检查日期的右侧,表明该工作实际进度超前,超前的时间为二者之差。

【例4.3】某施工项目进度计划,检查时间为第6周,工作 D 实际进度滞后2周,工作 E 实际进度滞后1周,工作 C 实际进度滞后2周,前锋线如图4.18所示。

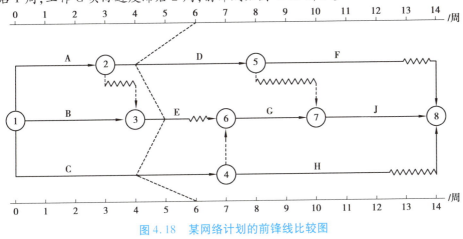

图 4.18　某网络计划的前锋线比较图

(5)列表比较法

列表比较法是指记录检查时正在进行的工作名称和已进行的天数,然后列表计算有关参数,根据原有总时差和尚有总时差判断实际进度与计划进度的比较方法。列表比较法步骤如下:

①计算检查时正在进行的工作;

②计算工作最迟完成时间;

③计算工作时差;

④填表分析工作实际进度与计划进度的偏差。其可能有以下几种情况:若工作尚有总时差与原有总时差相等,则说明该工作的实际进度与计划进度一致;若工作尚有总时差小于原有总时差,但仍为正值,则说明该工作的实际进度比计划进度滞后,产生偏差值为二者之差,但不影响总工期;若工作尚有总时差为负值,则说明对总工期有影响,应及时调整。

4)施工项目进度检查结果的处理

施工项目进度检查的结果,按照检查报告制度的规定,形成进度控制报告并向有关主管人员和部门汇报。

进度控制报告由计划负责人或进度管理人员与其他项目管理人员协作编写。报告时间一般与进度检查时间相协调,也可按月、旬、周等间隔时间进行编写上报。

进度控制报告的内容主要包括:项目实施概况、管理概况、进度概要;项目施工进度、形象进度及简要说明;施工图纸提供进度;材料、物资、构配件供应进度;劳务记录及预测;日历计划;对建设单位、业主和施工者的变更指令等。

4.3.2　建筑工程项目进度计划的调整

1)分析进度偏差对后续工作及总工期的影响

(1)分析出现进度偏差的工作是否为关键工作

如果出现进度偏差的工作位于关键线路上,即该工作为关键工作,则无论其偏差有多大,都将对后续工作和总工期产生影响,必须采取相应的调整措施;如果出现偏差的工作为非关键工作,则需要根据进度偏差与总时差和自由时差的关系作进一步分析。

(2)分析进度偏差是否超过总时差

总时差(TF)是指在不影响总工期的前提下,本工作可以利用的机动时间。如果工作的进度偏差大于该工作的总时差,则此进度偏差必将影响其后续工作和总工期,必须采取相应的调整措施;如果工作的进度偏差未超过该工作的总时差,则此进度偏差不影响总工期,至于对后续工作的影响程度,还需要根据偏差与其自由时差的关系作进一步分析。

(3)分析进度偏差是否超过自由时差

自由时差(FF)是指在不影响其紧后工作最早开始时间的前提下,本工作可以利用的机动时间。如果工作的进度偏差大于该工作的自由时差,则此进度偏差将对其后续工作产生影响,此时应根据后续工作的限制条件确定调整方法;如果工作的进度偏差未超过该工作的自由时差,则此进度偏差不影响后续工作,因此,原进度计划可以不作调整。

2)进度计划的调整方法

为实现进度目标,当进度控制出现问题时,必须对后续工作的进度计划进行调整。一般来讲,进度计划调整的方法有以下几种:

(1)改变工作之间的逻辑关系

这种方法是通过改变关键线路和超过工期的非关键线路上的有关工作之间的逻辑关系来达到缩短工期的目的,只有在工作之间的逻辑关系允许改变的情况下,才能采取这种方法。

这种方法的特点是不改变工作的持续时间,而只改变工作的开始时间和完成时间。对于大型建筑工程,由于其单位工程较多且相互间的制约比较小,可调整的幅度比较大,容易采用平行作业的方法来调整进度计划;而对于单位工程项目,由于受工作之间工艺关系的限制,可调整幅度比较小,所以,通常采用搭接作业的方法来调整施工进度计划。

(2)改变关键工作的持续时间

此种方式与前述方式不同,它主要着眼于关键线路上各工作本身的调整,工作之间的逻辑关系并不发生变化。其调整方法视限制条件及其对后续工作影响程度的不同而有所区别,一般考虑以下三种情况:

①网络图中某项工作进度拖延,但拖延的时间在该项工作的总时差范围内、自由时差以外,即 $FF < \Delta \leq TF$。根据前述内容可知,这一拖延并不会对工期产生影响,而只会对后续工作产生影响。因此,在进行调整前,需确定后续工作允许拖延的时间限制,并以此作为进度调整的限制条件。

②网络图中某项工作进度拖延,但拖延的时间超过了该项工作的总时差,即 $\Delta > TF$。这种情况下,无论该工作是否为关键工作,其实际进度都将对后续工作和总工期产生影响。此时,进度计划的调整方法又可分为以下3种情况:

a.项目总工期不允许拖延。如果工程项目必须按照原计划工期完成,则只能采取缩短关键线路上后续工作持续时间的方法来达到调整计划的目的,通常要考虑工期与费用的优化问题。

b.项目总工期允许拖延。这种情况只需要用实际数据取代原始数据,重新计算网络计划时间参数,确定最后完成的总工期。

c.项目总工期允许拖延时间有限。此时可以把总工期的限制时间作为规定工期,用实际数据对网络计划还未实施的部分进行工期与费用优化,压缩计划中某些工作的持续时间,以满足工期要求。

上面的 3 种进度调整方法均是以工期为限制条件来进行的。值得注意的是,当出现某工作拖延的时间超过其总时差($\Delta > TF$)而对进度计划进行调整时,除需考虑设备工程总工期的限制条件外,还应考虑网络图中该工作的一些后续工作在时间上是否也有限制条件。在这类网络图中,一些后续工作也许就是一些独立的合同,时间上的任何拖延,都会带来协调上的麻烦或者引起索赔。因此,当遇到网络图中某些后续工作对时间的拖延有限制时,可以以此作为条件,并按前述方法进行调整。

③网络计划中某项工作进度超前。在建设工程计划阶段所确定的工期目标,往往是综合考虑了各种因素而确定的合理工期。时间上的任何变化,无论是进度拖延还是超前,都可能造成其他目标的失控。所以,如果建设工程实施过程中出现进度超前的情况,进度控制人员必须综合分析进度超前对后续工作产生的影响,并同承包单位协商,提出合理的进度调整方案,以确保工期总目标的顺利实现。

【学习笔记】

_____

_____

_____

_____

_____

_____

【关键词】

进度检查　实际进度　计划进度　进度偏差　香蕉曲线　前锋线　关键工作

【任务练习】

选择题

1.跟踪检查(　　)是项目施工进度控制的关键措施,其目的是收集实际施工进度的有关数据。跟踪检查的时间和收集数据的质量,直接影响控制工作的质量和效果。

A.实际进度　　　　B.计划进度　　　　C.进度偏差　　　　D.横道图

2.项目实际进度与计划进度比较常用的方法包括(　　)。

A.横道图比较法　　　　　　B.S 形曲线比较法

C.香蕉曲线比较法　　　　　D.前锋线比较法

E.列表比较法

3.在施工项目实际进度与计划进度相比较的方法中,(　　)形象直观,编制方法简单,使用方便。

A.S 形曲线比较法　　　　　B.横道图比较法

C.香蕉形曲线比较法　　　　D.前锋线比较法

4.(　　)就是通过实际进度前锋线与原进度计划中各工作箭线交点的位置来判断工作实际进度与计划进度的偏差,进而判定该偏差对后续工作及总工期影响程度的一种方法。

A.S 形曲线比较法　　　　　　　　　B.横道图比较法

C.香蕉形曲线比较法　　　　　　　　D.前锋线比较法

5.进度计划的调整必须在对具体的实施进度进行明确分析后才能确定调整方法,一般来讲,进度调整的方法有(　　)。

A.改变关键工作的持续时间　　　　　B.横道图比较法

C.列表比较法　　　　　　　　　　　D.改变工作间的逻辑关系

6.利用香蕉形曲线比较法不能实现的是(　　)。

A.分析进度产生偏差的原因　　　　　B.合理安排进度计划

C.比较实际进度与计划进度　　　　　D.预测后续工程进度

7.为了判定工作实际进度偏差并能预测后期工程项目进度,可利用的实际进度与计划进度比较的方法是(　　)。

A.匀速进展横道图比较法　　　　　　B.非匀速进展横道图比较法

C.S 形曲线比较法　　　　　　　　　D.前锋线比较法

8.关于香蕉形曲线比较法的说法,下列正确的是(　　)。

A.实际进度 S 形曲线落在香蕉形曲线内时,其施工速度满足工期要求

B.实际进度 S 形曲线落在香蕉形曲线上方时,进度滞后

C.实际进度 S 形曲线落在香蕉形曲线下方时,进度超前

D.以上说法都不对

9.当检查工程进度时,如某项工作出现进度偏差且拖延时间超过其总时差,在(　　)情况下原计划不需要调整。

A.工程项目总工期不允许拖延

B.工程项目总工期允许拖延

C.工作进度超前

D.工程项目总工期允许拖延的时间小于产生的进度偏差

10.在网络计划的执行过程中,若发现某工作进度拖延 Δ,而 Δ 已超过该工作的自由时差,但并未超过其总时差,则(　　)。

A.不影响总工期,影响后续工作　　　B.不影响后续工作,影响总工期

C.对总工期及后续工作均不影响　　　D.对总工期及后续工作均有影响

【项目小结】

本项目阐述了项目进度控制的定义、任务和主要措施,进度计划的编制方法、实施与检查调整的方式和程序等知识。要有效地进行进度控制,应详细编制进度计划,合理进行进度控制并事后进行项目进度管理总结。主要掌握横道图比较法、前锋线比较法、S 形曲线比较法、香蕉形曲线比较法、列表分析法等方法进行进度计划检查;熟悉进度计划在实施中的调整方法。

【项目练习】

选择题

1.影响建设工程进度的不利因素中,(　　)是最大的干扰因素。

A.人为因素　　　　B.设计因素　　　　C.资金因素　　　　　　D.组织管理因素

2. 施工企业进度控制的任务是依据(　　　)对施工进度的要求控制施工进度。

A. 建设项目总进度目标
B. 施工总进度计划

C. 建筑安装工程工期定额
D. 施工承包合同

3. 工程项目年度计划中不**应**包括的内容是(　　　)。

A. 投资计划年度分配表
B. 年度计划项目表

C. 年度建设资金平衡表
D. 年度竣工投产交付使用计划表

4. 利用横道图表示建设工程进度计划的优点是(　　　)。

A. 有利于动态控制
B. 明确反映关键工作

C. 明确反映工作机动时间
D. 明确反映计算工期

5. 业主方项目进度控制的任务是控制(　　　)的进度。

A. 项目设计阶段
B. 整个项目实施阶段

C. 项目施工阶段
D. 整个项目决策阶段

6. 设计方项目进度控制的任务是控制(　　　)的进度。

A. 项目设计阶段
B. 整个项目实施阶段

C. 项目施工阶段
D. 整个项目决策阶段

7. 施工方编制施工进度计划的依据之一是(　　　)。

A. 施工劳动力需求计划
B. 施工物资需要计划

C. 施工任务委托合同
D. 项目监理规划

8. 对建筑工程项目总进度目标进行论证时,应分析和论证各项工作的进度,以及各项工作(　　　)。

A. 逐项工作的进度
B. 分别进行的关系

C. 交叉进行的关系
D. 各自完成的情况

9. 下列进度控制措施中,属于管理措施的有(　　　)。

A. 分析影响项目工程进度的风险
B. 制订项目进度控制的工作流程

C. 选用有利的设计和施工技术
D. 建立进度控制的会议制度

10. 建筑工程项目进度计划系统是由多个相互关联的进度计划组成的系统,它在(　　　)。

A. 项目立项时建立
B. 项目设计前准备阶段建立

C. 项目施工前准备阶段建立
D. 项目进展过程中逐步完善

11. 建筑工程项目进度控制的主要工作环节包括(　　　)。

A. 分析和论证进度目标
B. 跟踪检查进度计划执行情况

C. 确定进度目标
D. 编制进度计划

E. 采取纠偏措施

12. 关于建筑工程项目进度控制的说法,下列正确的有(　　　)。

A. 进度控制的过程,就是随着项目的进展,进度计划不断调整的过程

B. 施工方进度控制的目的就是尽量缩短工期

C. 项目各参与方进度控制的目标和时间范畴是相同的

D. 施工进度控制直接关系到工程的质量和成本

E. 进度控制的目的是通过控制以实现过程的进度目标

【项目实训】

实训题 1

【背景资料】

某工程项目分两段施工,各施工过程的施工顺序及流水节拍分别为:A 3 d→B 4 d→C 5 d→D 4 d→E 3 d→F 2 d。D 与 E 之间有一天的技术间歇时间。

【问题】

试绘制施工进度计划横道图。

实训题 2

【背景资料】

某工程进度计划的网络图如图 4.19 所示。

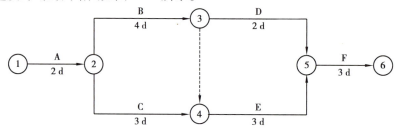

图 4.19 某工程进度计划网络图

【问题】

若在第 5 天末检查进度,实际进度为:工作①—②已完成,工作②—③已完成 1/2,工作②-④完成 2/3。请画出前锋线。

实训题 3

【背景资料】

施工单位承担了某项泵站工程的基坑开挖施工任务,合同工期 40 天。施工单位拟订的施工顺序如下:6 月 9 日开工并开始进行场地平整;完成场地平整后开始进行测量放样工作;放样工作完成后开始基坑降水,基坑降水工作持续进行到地基验收完成;基坑降水进行 10 天后,开始进行开挖与边坡支护工作,开挖与边坡支护完成后,开始进行地基验收。施工单位通过租赁取得开挖机械。

该工程的工作代号、名称及工作持续时间如表 4.2 所示。

表4.2 某工程的基坑开挖工序

工作代号	A	B	C	D	E	F
工作名称	场地平整	测量放样	开挖机械进场、调试	基坑降水	开挖与边坡支护	地基验收
持续时间（天）	5	5	2	27	15	2

事件1：租赁公司未按时提供机械，致使机械进场时间比原定合理时间推迟2天。

事件2：由于施工组织设计中基坑降水方案考虑不周，导致E工作在D工作进行15天后才开始。

事件3：基坑开挖中，由于支护不及时造成边坡塌方，致使1名工人重伤，工程停工整顿2天，清理工作又耗用1天时间。

【问题】

1.考虑开挖机械进场时间要尽可能减少设备闲置，请用Excel或者Project软件绘制该工程施工进度计划横道图（表4.2中工作持续时间已包括工作间的间歇时间，示意图格式参考表4-3），并计算该工程计划工期。

表4.3 横道图示意图格式

	6月				7月					
	9～13	14～18	19～23	24～28	1～5	6～10	1～15	16～20	21～25	26～31
A										
B										
C										
D										
E										
F										

2.绘制实际进度横道图，计算该工程项目的实际工期，分析该合同项目能否在合同工期内完工。

项目 5　建筑工程项目成本控制

【项目引入】

某钢筋混凝土框架结构房屋建筑施工,其建筑面积为 13 536 m²。在其承包成本中,人工费为 113.63 万元,材料费为 1 005.72 万元,机械使用费为 87.86 万元,措施费为 56.27 万元,间接成本为直接成本的 7.5%。

问题:

1. 什么是直接成本? 什么是间接成本?
2. 直接成本的主要构成和间接成本的主要构成分别是什么?
3. 在施工的过程中如何控制成本?

【学习目标】

知识目标:了解成本控制和成本核算的基础知识;熟悉项目成本分析和考核,熟悉成本核算的方法;掌握成本控制的步骤和方法,掌握工程成本核算的基本内容。

技能目标:通过对成本控制的学习,掌握项目成本的构成,能够编制成本计划,能够独立进行项目成本核算等。

素质目标:建筑工程项目成本控制活动贯穿于建筑工程项目的始终。要想降低成本,提高企业的经济效益,就必须对成本进行管理。通过编制成本计划,严格实施成本控制,可以减少资源的浪费。作为学生应该以正心、修身、治国为目标,培养社会责任意识和可持续发展理念,学会节约资源、保护环境。

【学习重、难点】

重点:建筑工程项目成本计划的编制,成本分析的方法及成本核算。
难点:建筑工程项目的成本核算。

【学习建议】

1. 对本项目的学习要做到理解成本控制的基本概念,要能够编制成本计划,掌握建筑工程项目成本控制的依据、原则、内容和步骤。

2. 以生活中的成本控制的案例来分析建筑工程项目成本预测、成本计划、成本控制、成本核算、成本分析和成本考核等。

3. 利用 Excel 软件完成赢得值法和成本偏差分析例题的操作,强化实践应用。

4. 项目后的习题应在学习中对应进度逐步练习,通过做练习加以巩固基本知识。

任务 5.1　建筑工程项目成本计划

建筑工程项目成本管理的具体内容包括成本预测、成本计划、成本控制、成本核算、成本分析和成本考核等。施工项目经理部在项目施工过程中,通过对所发生的各种成本信息进行有组织、有系统的预测、计划、控制、核算和分析等工作,促使施工项目各种要素按照一定的目标运行,使施工项目的实际成本能够控制在预定的计划成本范围内。

成本控制是项目管理的主要内容之一,而成本计划是实现成本控制的前提。通过对成本的计划与控制,分析实际成本与计划成本之间的差异,指出有待加强控制和改进的领域,达到评价有关部门的业绩、增产节约,从而促进企业发展的目的。做好成本计划对企业的经营管理具有重要的意义。

5.1.1　建筑工程项目成本的构成

建筑工程项目成本是指建筑工程项目在施工中所发生的全部生产费用的总和。其包括所消耗的主、辅材料,构配件、周转材料的摊销费或租赁费,施工机械台班费或租赁费,支付给生产工人的工资、奖金以及项目经理部为组织、管理工程施工所发生的全部费用支出。施工项目成本与建筑产品价格不同,其不包括工程造价组成中的利润和税金,也不包括非施工项目价值的一切非生产性支出。

施工项目成本由直接成本和间接成本两部分构成。

1)直接成本

直接成本是指施工过程中耗费的构成工程实体或有助于工程形成的各项费用。其具体内容包括以下几项:

(1)直接工程费包括人工费、材料费和施工机械使用费

①人工费:指直接从事建筑安装工程施工的生产工人开支的基本工资、工资性补贴、辅助工资、职工福利费、劳动保护费等各项费用。

②材料费:指施工过程中耗费的构成工程实体的原材料、辅助材料、构配件、零件、半成品的费用。

材料费由材料原价(或供应价格)、材料运杂费、运输损耗费、采购及保管费、检验试验费构成。

③施工机械使用费:建筑安装工程费中的施工机械使用费是指施工机械作业所发生的机械使用费、机械安拆费和场外运费。

(2)措施费

措施费是指为完成工程项目施工,发生于该工程施工前和施工过程中非工程实体项目的费用。其主要有以下几项:

①环境保护费:施工现场为达到环保部门要求所需的各项费用。

②文明施工费:施工现场文明施工所需的各项费用。

③安全施工费:施工现场安全施工所需的各项费用。

④临时设施费:施工企业为进行建筑工程施工所必须搭设的生活和生产用的临时建筑物、构筑物和其他临时设施费用等。

⑤夜间施工费:因夜间施工所发生的夜班补助费、夜间施工降效、夜间施工照明设备摊销及

照明用电等费用。

⑥二次搬运费：因施工场地狭小等特殊情况而发生的二次搬运费用。

⑦大型机械设备进出场及安拆费：机械整体或分体自停放地运至施工现场或由一个施工地点运至另一个施工地点，所发生的机械进出场运输和转移费用及机械在施工现场进行安装、拆卸所需的人工费、材料费、机械费、试运转费和安装所需的辅助设施的费用。

⑧混凝土、钢筋混凝土模板及支架费：混凝土施工过程中需要的各种钢模板、木模板、支架等的支、拆、运输费用及模板、支架的摊销（或租赁）费用。

⑨脚手架费：施工需要的各种脚手架搭、拆、运输费用及脚手架的摊销（或租赁）费用。

⑩已完工程及设备保护费：竣工验收前，对已完工程及设备进行保护所需的费用。

⑪施工排水、降水费：为确保工程在正常条件下施工，采取各种排水、降水措施所发生的各种费用。

2）间接成本

间接成本是指项目经理部为工程项目施工准备、组织施工生产和管理所需的各种费用，其计算是以相应的计费基础乘以相应的费率。间接成本的具体内容包括以下各项。

（1）规费

规费是指政府和有关权力部门规定必须缴纳的费用（简称"规费"）。具体内容包括以下几项：

①工程排污费：施工现场按规定缴纳的工程排污费。

②工程定额测定费：按规定支付工程造价（定额）管理部门的定额测定费。

③社会保障费包括：养老保险费，指企业按规定标准为职工缴纳的基本养老保险费；失业保险费，指企业按照国家规定标准为职工缴纳的失业保险费；医疗保险费，指企业按照规定标准为职工缴纳的基本医疗保险费。

④住房公积金：企业按规定标准为职工缴纳的住房公积金。

⑤危险作业意外伤害保险：按照《中华人民共和国建筑法》规定，企业为从事危险作业的建筑安装施工人员支付的意外伤害保险费。

（2）现场施工组织管理费

现场施工组织管理费包括管理人员工资、办公费、差旅交通费、固定资产使用费；工具用具使用费；劳动保险费；工会经费；职工教育经费；财产保险费用；财务费；税金等。

5.1.2　建筑工程项目成本计划的作用

成本计划通常包括从开工到竣工所必需的施工成本，它是以货币形式预先规定项目进行中的施工生产耗费的计划总水平，是实现降低成本费用的指导性文件。成本计划是成本控制各项工作的龙头。成本计划的过程包括确定项目成本目标、优化实施方案，以及计划文件的编制等。由于这些环节是互动的过程，工程项目成本计划具有以下作用：

①工程项目成本计划是对生产耗费进行控制、分析和考核的重要依据。

②工程项目成本计划是编制核算单位其他有关生产经营计划的基础。

③工程项目成本计划是国家编制国民经济计划的一项重要依据。

④工程项目成本计划可以动员全体职工深入开展增产节约、降低产品成本的活动。

5.1.3　施工项目成本计划的编制原则

为了使成本计划能够发挥它的积极作用，在编制成本计划时应掌握以下原则：

①从实际情况出发的原则。

②与其他计划结合的原则。

③采用先进的技术经济定额的原则。

④统一领导、分级管理的原则。

⑤弹性原则。

5.1.4　施工项目成本计划的类型

(1) 竞争性成本计划

竞争性成本计划,即工程项目投标及签订合同阶段的估算成本计划,是以招标文件或工程量清单为依据。

(2) 指导性成本计划

指导性成本计划,即选派项目经理阶段的预算成本计划,是项目经理的责任成本目标,是以合同标书为依据。

(3) 实施性成本计划

实施性成本计划,即项目施工准备阶段的施工预算成本计划,是以项目实施方案为依据。

在以上三种类型中,竞争性成本计划带有成本战略的性质,指导性成本计划和实施性成本计划都是战略成本计划的进一步展开和深化,是对战略性成本计划的战术安排。

5.1.5　建筑工程项目成本计划的编制程序

1) 收集、整理资料

需要收集、整理的资料包括以下几项:

①上年度成本计划完成情况及历史最好水平资料(产量、成本、利润)。

②企业的经营计划、生产计划、劳动工资计划、材料供应计划及技术组织措施计划等。

③上级主管部门下达的降低成本指标和要求的资料。

④施工定额及其他有关的各项技术经济定额。

⑤施工图纸、施工图预算和施工组织设计。

⑥其他资料。

另外,还应深入分析当前情况和未来的发展趋势,了解影响成本升降的各种有利和不利因素,研究如何克服不利因素和降低成本的具体措施,为编制成本计划提供丰富、具体和可靠的成本资料。

2) 估算计划成本

估算计划成本即确定目标成本。目标成本是指在分析、预测,以及对项目可用资源进行优化的基础上,经过努力可以实现的成本。

工作分解法又称工程分解结构,在国外被简称为 WBS（Work Breakdown Structure）,它的特点是以施工图设计为基础,以本企业做出的项目施工组织设计及技术方案为依据,以实际价格和计划的物资、材料、人工、机械等消耗量为基准,估算工程项目的实际成本费用,据此确定成本目标。其具体步骤是:首先把整个工程项目逐级分解为内容单一、便于进行单位工料成本估算的小项或工序,然后按小项自下而上估算、汇总,从而得到整个工程项目的估算。估算汇总后还要考

工作结构分解（WBS）方法介绍

虑风险系数与物价指数,对估算结果加以修正。

利用 WBS 系统进行成本估算时,工作划分得越细、越具体,价格的确定和工程量估计就越容易,工作分解自上而下逐级展开,成本估算自下而上,将各级成本估算逐级累加,便得到整个工程项目的成本估算。在此基础上分级分类计算的工程项目的成本,既是投标报价的基础,又是成本控制的依据,也是和甲方工程项目预算作比较和进行盈利水平估计的基础。估算成本的计算公式如下:

估算成本 = 可确认单位的数量 × 历史基础成本 × 现在市场因素系数 × 将来物价上涨系数

式中　可确认单位的数量——钢材吨数、木材的立方米数、人工的工时数等;

历史基础成本——基准年的单位成本;

现在市场因素系数——从基准年到现在的物价上涨指数。

3) 编制成本计划草案

对大、中型项目,经项目经理部批准下达成本计划指标后,各职能部门应充分发动群众进行认真的讨论,在总结上期成本计划完成情况的基础上,结合本期计划指标,找出完成本期计划的有利因素和不利因素,提出挖掘潜力、克服不利因素的具体措施,以保证计划任务的完成。为了使指标真正落实,各部门应尽可能将指标分解落实下达到各班组及个人,使目标成本的降低额和降低率得到充分讨论、反馈、再修订,使成本计划既能切合实际,又成为群众共同奋斗的目标。

各职能部门也应认真讨论项目经理部下达的费用控制指标,拟定具体实施的技术经济措施方案,编制各部门的费用预算。

4) 综合平衡,编制正式的成本计划

各职能部门上报了部门成本计划和费用预算后,项目经理部首先应结合各项技术经济措施,检查各部门计划和费用预算是否合理可行,并进行综合平衡,使各部门计划和费用预算之间相互协调、衔接;其次,要从全局出发,在保证企业下达的成本降低任务或本项目目标成本实现的情况下,以生产计划为中心,分析研究成本计划与生产计划、劳动工时计划、材料成本与物资供应计划、工资成本与工资基金计划、资金计划等的相互协调平衡。经反复讨论,多次综合平衡,最后确定的成本计划指标,即可作为编制成本计划的依据。项目经理部正式编制的成本计划,上报企业有关部门后即可正式下达至各职能部门执行。

5.1.6　建筑工程项目成本计划的编制方法

施工成本计划工作主要是在项目经理负责下,在成本预、决算基础上进行的。施工成本计划的编制以成本预测为基础,关键是确定目标成本。计划的制订,还需结合施工组织设计的编制过程,通过不断地优化施工技术方案和合理配置生产要素,进行工、料、机消耗的分析,制定一系列的节约成本和挖潜措施,以确定施工成本计划。一般情况下,施工成本计划总额应控制在目标成本的范围内,并使成本计划建立在切实可行的基础上。施工总成本目标确定之后,还需要通过编制详细的实施性施工成本计划将目标成本层层分解,落实到施工过程中各个环节,有效地进行成本控制。施工成本的编制方法有:

1) 按施工成本组成编制施工成本计划的方法

①以成本预测为依据,关键是确定目标成本。

②按照成本构成要素划分,建筑安装工程费由人工费、材料(包含工程设备)费、施工机具使用费、企业管理费、利润、规费和税金组成。其中,人工费、材料费、施工机具使用费、企业管理费和利润包含在分部分项工程费、措施项目费、其他项目费中。

③施工成本可以按成本构成分解为人工费、材料费、施工机具使用费和企业管理费等,如图5.1 所示。

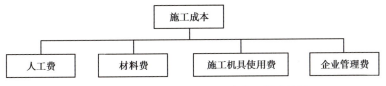

图 5.1　按施工成本组成编制的施工成本计划

2)按项目组成编制施工成本计划的方法

大中型工程项目通常是由若干单项工程构成的,而每个单项工程包括了多个单位工程。每个单位工程又是由若干个分部分项工程所构成。因此,首先要把项目总施工成本分解到单项工程和单位工程中,再进一步分解到分部工程和分项工程中,如图5.2 所示。

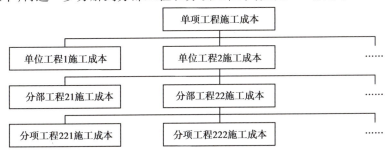

图 5.2　按项目组成编制的施工成本计划

在完成施工项目成本目标分解之后,接下来就要具体地分配成本,编制分项工程的成本支出计划,从而得到详细的施工成本计划,见表5.1。

表 5.1　分项工程成本支出计划表

分项工程编码	工程内容	计量单位	工程数量	计划成本	本分项总结

在编制成本支出计划时,要在项目总的方面考虑总的预备费,也要在主要的分项工程中安排适当的不可预见费,避免在具体编制成本计划时,可能发现个别单位工程或工程量表中某项内容的工程量计算有较大出入,使原来的成本计划预算失实,并在项目实施过程中对其尽可能地采取一些措施。

3)按施工进度编制施工成本计划的方法

编制按工程进度的施工成本计划,通常可利用控制项目进度的网络图进一步扩充而得。即在建立网络图时,一方面确定完成各项工作所需要花费的时间,另一方面确定完成这一工作的合适的施工成本支出计划。在实践中,将工程项目分解为既能方便地表示时间,又能方便地表示施工成本支出计划的工作是不容易的。通常如果项目分解程度对时间控制合适的话,则对施工成本支出计划可能分解过细,以至于不可能对每项工作确定其施工成本支出计划,反之亦然。因此在编制网络计划时,应在充分考虑进度控制对项目划分要求的同时,还要考虑确定施工成本支出计划对项目划分的要求,做到两者兼顾。

通过对施工成本目标按时间进行分解,在网络计划的基础上,可获得项目进度计划横道图,并在此基础上编制成本计划,其表示方法主要有两种:一种是在时标网络图上按月编制的成本计划(成本计划直方图);另一种是利用时间—成本累积曲线(S形曲线)表示。

时间—成本累积曲线的绘制步骤如下:

①确定工程项目进度计划,编制进度计划的横道图。

②根据每单位时间内完成的实物工程量或投入的人力、物力和财力,计算单位时间(月或旬)的成本,在时标网络图上按时间编制成本支出计划。

③计算规定时间计划累计支出的成本额,其计算方法为:各单位时间计划完成的成本额累加求和。

④按规定时间的累计支出值,绘制S形曲线。

【例5.1】根据某工程项目工期为12个月,根据进度计划横道图,汇总每月的成本支出,见表5.2;汇总每个月的成本支出,见表5.3;利用Excel绘制S形曲线,如图5.3所示。

表5.2　单位时间成本支出

时间/月	1	2	3	4	5	6	7	8	9	10	11	12
支出/万元	200	300	500	600	800	1 000	900	800	600	400	300	200

表5.3　累计完成的成本支出

时间/月	1	2	3	4	5	6	7	8	9	10	11	12
累计支出/万元	200	500	1 000	1 600	2 400	3 400	4 300	5 100	5 700	6 100	6 400	6 600

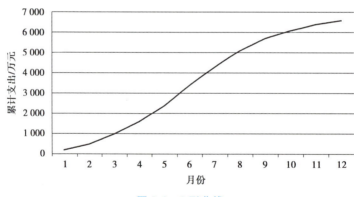

图5.3　S形曲线

每一条S形曲线都对应某一特定的工程进度计划,因为在进度计划的关键路线中存在许多有时差的工序或工作,因而S形曲线(成本计划值曲线)必然包括在由全部工作都按最早开始时间和全部工作都按最迟必须开始时间开始的曲线所组成的"香蕉图"内。项目经理可根据编制的成本支出计划来合理安排资金,同时项目经理也可根据筹措的资金来调整S形曲线,即通过调整非关键线路上的工序项目的最早或最迟开工时间,力争将实际成本支出控制在计划的范围内。

一般而言,所有工作都是按最迟开始时间开始,对节约资金贷款利息是有利的;但同时,也降低了项目按期竣工的保证率,因此项目经理必须合理地确定成本支出计划,达到既节约成本支出,又能控制项目工期的目的。

以上三种编制施工成本计划的方式并不是相互独立的。在实践中,往往是将几种方式结合起来使用,从而可以取得扬长避短的效果。例如,将按项目分解项目总施工成本

某企业施工
成本计划
编制制度

与按施工成本构成分解项目总施工成本两种方式相结合,横向按施工成本构成分解,纵向按项目分解,或相反。这种分解方式有助于检查各分部分项工程施工成本构成是否完整,有无重复计算或漏算,同时还有助于检查各项具体施工成本支出对象是否明确或落实,并且可以从数字上校对分解的结果有无错误。或者还可将按项目分解项目总施工成本计划与按时间分解项目总施工成本计划结合起来,一般纵向按项目分解,横向按时间分解。

【学习笔记】

_____

_____

_____

_____

_____

_____

【关键词】

成本计划   直接成本   间接成本   编制程序   定额估算   WBS

【任务练习】

选择题

1.编制施工成本计划时,建筑安装工程费按成本构成要素分解为(   )。

A.人工费,材料费(包含工程设备费),施工机具使用费,企业管理费、利润、规费和税金

B.人工费,材料费(包含工程设备费),施工机具使用费,规费、企业管理费、税金

C.人工费,材料费(包含工程设备费),施工机具使用费,规费、间接费、利润和税金

D.人工费,材料费(包含工程设备费),施工机具使用费,间接费、利润和税金

2.按建设工程项目成本构成编制施工成本计划时,将施工成本分解为(   )等。

A.直接费、间接费、税金、利润　　　　　B.单位工程施工成本及分部、分项施工成本

C.分部分项工程费、其他项目费、规费　D.人工费、材料费、施工机具使用费、企业管理费

3.为了使成本计划能够发挥它的积极作用,在编制成本计划时应掌握的原则有(   )。

A.从实际情况出发的原则　　　　　　　B.统一领导、分级管理的原则

C.弹性原则　　　　　　　　　　　　　D.采用企业定额的原则

4.成本习性法,主要按照成本习性,将成本分成(   )两类。

A.固定成本　　　B.变动成本　　　　C.直接成本　　　　　　D.间接成本

5.一般情况下,施工成本计划总额应控制在(   )的范围内。

A.历史成本　　　B.目标成本　　　　C.计划成本　　　　　　D.实际成本

6.施工图预算是(   )的主要依据。

A.编制施工计划　B.考核工效　　　　C.投标报价　　　　　　D.进行经济核算

7.编制施工成本计划时,施工成本可按成本构成分解为人工费、材料费、施工机械使用费、(   )。

A.措施费和间接费　　　　　　　　　　B.直接费和间接费

C.规费和企业管理费　　　　　　　　　D.间接费、利润和税金

8.为施工准备、组织和管理施工生产的全部费用的支出,称为(   )。

A. 直接成本　　　　　　　　　　B. 间接成本
C. 施工成本　　　　　　　　　　D. 可以直接计入工程对象的费用

任务 5.2　建筑工程项目成本控制

工程项目成本控制就是要在保证工期和质量满足要求的情况下,采取相关管理措施,包括组织措施、经济措施、技术措施、合同措施,把成本控制在计划范围内,并进一步最大限度地节约成本。工程项目成本控制包括设计阶段成本控制和施工阶段成本控制。项目成本能否降低,有无经济效益,得失在此一举,有很大的风险性。为了确保项目必盈不亏,成本控制不仅必要,而且必须做好。

5.2.1　工程项目成本控制的概念

工程项目的成本控制通常是指在项目成本的形成过程中,对生产经营所消耗的人力资源、物质资源和费用开支进行指导、监督、调节和限制,及时纠正将要发生和已经发生的偏差,将各项生产费用控制在计划成本的范围之内,以保证成本目标的实现。施工项目成本控制的目的是降低项目成本、提高经济效益。

5.2.2　工程项目成本控制的依据

(1)工程承包合同

工程项目成本控制要以工程承包合同为依据,围绕降低工程成本这个目标,从预算收入和实际成本两方面,努力挖掘增收节支潜力,以获得最大的经济效益。

(2)施工成本计划

施工成本计划是根据施工项目的具体情况制订的施工控制方案,既包括预定的具体成本控制目标,又包括实现控制目标的措施和规划,以获得最大的经济效益。

(3)进度报告

进度报告提供了每一时刻工程实际完成量、工程施工成本实际支付情况等重要信息,施工成本控制工作正是通过将实际情况与施工成本计划相比较,找出两者之间的差距,分析产生偏差的原因,从而采取措施改进以后的工作。

(4)工程变更

工程变更一般包括设计变更、进度计划变更、施工条件变更、技术规范与标准变更、施工次序变更、工程数量变更等,一旦出现变更,工程量、工期成本都必将发生变化,从而使施工成本控制工作变得更加复杂和困难。

另外,各种资源的市场信息、相关法律法规及合同文本等也都是成本控制的依据。

5.2.3　工程项目成本控制的步骤

在确定了施工成本计划之后,必须定期进行施工成本计划值与实际值的比较,当实际值偏离计划值时,分析产生偏差的原因,采取适当的纠偏措施,以保证施工成本控制目标的实现。其具体步骤如下。

1)比较

将施工成本计划值与实际值逐项进行比较,以发现施工成本是否已超支。

2）分析

在比较的基础上,对比较的结果进行分析,以确定偏差的严重性及偏差产生的原因,这一步是施工成本控制工作的核心。其主要目的是找出偏差的原因,从而采取有针对性的措施减少或避免相同原因事件的再次发生或减少由此造成的损失。

3）预测

根据项目实施情况估算整个项目完成时的施工成本,预测的目的是为决策提供支持。

4）纠偏

当工程项目的实际施工成本出现了偏差时,应根据工程的具体情况,针对偏差分析和预测的结果采取适当的纠偏措施,以期达到使施工成本偏差尽可能小的目的。

5）检查

检查是指对工程的进展进行跟踪和检查,及时了解工程进展情况及纠偏措施的执行情况和效果,为今后的工程积累经验。

上述 5 个步骤构成了一个周期性的循环过程。

5.2.4　工程项目成本控制的方法

施工阶段是控制建筑工程项目成本发生的主要阶段,它通过确定成本目标并按计划成本进行施工资源配置,对施工现场发生的各种成本费用进行有效控制,其具体的控制方法如下。

1）过程控制方法

施工项目成本的发生涉及项目整个周期。因此,要从投标开始至中标后的实施及竣工验收实行全过程成本控制。项目施工阶段的成本控制的内容和方法见表5.4。

表 5.4　工程项目成本控制方法

项目施工阶段	成本控制内容和方法
投标签约阶段	①根据工程概况和招标文件,了解把握建筑市场和竞争对手的情况,进行成本预测,提出投标决策意见。 ②充分掌握投标竞争信息,研究工程特点和施工条件,结合企业技术和管理的优势,寻求降低成本的途径,编报有竞争力的投标书,为事后的成本控制创造有利的条件。 ③在签约的过程中,对相关不利的条款尽量与业主协商,尽可能地做到公平、合理,力争将风险降至最低程度后再与业主签约。签约后,进行合同交底,为成本控制工作打下基础。 ④中标以后,应根据项目的建设规模,组建与之相适应的项目经理部,同时以"标书"为依据确定项目的成本目标,并下达给项目经理部
施工准备阶段	①根据设计图纸和有关技术资料,对施工方法、施工顺序、作业组织形式、机械设备选型、技术组织措施等进行认真的研究分析,并运用价值工程原理,制订出科学先进、经济合理的施工方案。 ②根据企业下达的成本目标,以分部分项工程实物工程量为基础,联系劳动定额、材料消耗定额和技术组织措施的节约计划,在优化的施工方案指导下,编制明确而具体的成本计划,并按照部门、施工队和班组的分工进行分解,作为部门、施工队和班组的责任成本落实下去,为今后的成本控制做好准备。 ③根据项目建设时间的长短和参加建设人数的多少,编制间接费用预算,并对上述预算进行明细分解,以项目经理部有关部门(或业务人员)责任成本的形式落实下去,为今后的成本控制和绩效考评提供依据

续表

项目施工阶段	成本控制内容和方法
施工阶段	①人工费的控制。人工费的控制实行"量价分离"的方法,将作业用工及零星用工按定额工日的一定比例综合确定用工数量与单价,通过劳务合同进行控制。 ②材料费的控制。材料费的控制同样按照"量价分离"的原则,控制材料用量和材料价格。 a.材料用量的控制。在保证符合设计要求和质量标准的前提下,合理使用材料,通过定额管理、计量管理等手段有效控制材料物资的消耗,具体方法有定额控制、指标控制、计量控制、包干控制。 b.材料价格的控制。材料价格主要由材料采购部门控制。由于材料价格是由买价、运杂费、运输中的合理损耗等组成,因此主要是通过掌握市场信息,应用招标和询价等方式控制材料、设备的采购价格。 ③施工机械使用费的控制。合理选择施工机械设备、合理使用施工机械设备对成本控制具有十分重要的意义,尤其是高层建筑施工。施工机械使用费主要由台班数量和台班单价决定,为有效控制施工机械使用费支出,主要从以下几个方面进行控制: a.合理安排施工生产,加强设备租赁计划管理,减少因安排不当引起的设备闲置; b.加强机械设备的调度工作,尽量避免窝工,提高现场设备利用率; c.加强现场设备的维修保养,避免因不正当使用造成机械设备的停置; d.做好机上人员与辅助生产人员的协调与配合,提高施工机械台班产量。 ④施工分包费的控制。分包工程价格的高低,必然对项目经理部的施工项目成本产生一定的影响。因此,施工项目成本控制的重要工作之一是对分包价格的控制。项目经理部应在确定施工方案的初期就确定需要分包的工程范围。决定分包范围的因素主要是施工项目的专业性和项目规模。对分包费用的控制,主要是做好分包工程的询价、订立平等互利的分包合同、建立稳定的分包关系网络、加强施工验收和分包结算等工作
竣工阶段保修期间	①精心安排、干净利落地完成工程竣工扫尾工作。从现实情况看,很多工程一到扫尾阶段,就把主要施工力量抽调到其他在建工程,以致扫尾工作拖拖拉拉,战线拉很长,机械、设备无法转移,成本费用照常发生,使在建阶段取得的经济效益逐步流失。因此,一定要精心安排(因为扫尾阶段工作面较小,人多了反而会造成浪费),采取"快刀斩乱麻"的方法,把竣工扫尾时间缩短到最低限度。 ②重视竣工验收工作,顺利交付使用。在验收以前,要准备好验收所需要的各种资料(包括竣工图)送甲方备查;对验收中甲方提出的意见,应根据设计要求和合同内容认真处理,如果涉及费用,应请甲方签证,列入工程结算。 ③及时办理工程结算。一般来说,工程结算造价=原施工图预算±增减账。但在施工过程中,有些按实结算的经济业务是由财务部门直接支付的,项目预算员不掌握资料,往往在工程结算时遗漏。因此,在办理工程结算以前,要求项目预算员和成本员进行一次认真全面的核对。 ④在工程保修期间,应由项目经理指定保修工作的责任者,并责成保修责任者根据实际情况提出保修计划(包括费用计划),以此作为控制保修费用的依据

2)赢得值(挣值)法

赢得值法(Earned Value Management,EVM)作为一项先进的项目管理技术,最初是由美国国防部于1967年首次确立的。赢得值法被普遍应用于工程项目的费用、进度综合分析控制。

(1)赢得值法的3个基本参数

赢得值法的基本参数有3项,即已完工作预算费用、计划工作预算费用和已完工作实际费用。

①已完工作预算费用。已完工作预算费用(Budgeted Cost for Work Performed, BCWP)是指在某一时间已经完成的工作(或部分工作),以批准认可的预算为标准所需要的资金总额,由于业主正是根据这个值为承包人完成的工作量支付相应的费用,也就是承包人获得(挣得)的金额,故称赢得值或挣值。其计算公式为

$$已完工作预算费用(BCWP) = 已完成工作量 \times 预算单价$$

②计划工作预算费用。计划工作预算费用(Budgeted Cost for Work Scheduled, BCWS)即根据进度计划,在某一时刻应完成的工作(或部分工作),以预算为标准所需要的资金总额。一般来说,除非合同有变更,BCWS 在工程实施过程中应保持不变。其计算公式为

$$计划工作预算费用(BCWS) = 计划工作量 \times 预算单价$$

③已完工作实际费用。已完工作实际费用(Actual Cost for Work Performed, ACWP),即到某一时刻为止,已完成的工作(或部分工作)实际所花费的总金额。其计算公式为

$$已完工作实际费用(ACWP) = 已完成工作量 \times 实际单价$$

(2)赢得值法的 4 个评价指标

在赢得值法的 3 个基本参数的基础上,可以确定 4 个评价指标,它们也都是时间的函数。

①费用偏差 CV(Cost Variance)。

$$费用偏差(CV) = 已完工作预算费用(BCWP) - 已完工作实际费用(ACWP)$$

当费用偏差(CV)为负值时,即表示项目运行的费用超出预算费用;当费用偏差(CV)为正值时,表示项目运行节支,实际费用没有超出预算费用。

②进度偏差 SV(Schedule Variance)。

$$进度偏差(SV) = 已完工作预算费用(BCWP) - 计划工作预算费用(BCWS)$$

当进度偏差(SV)为负值时,表示进度延误,即实际进度落后于计划进度;当进度偏差(SV)为正值时,表示进度提前,即实际进度快于计划进度。

③费用绩效指数 CPI(Cost Performance Index)。

$$费用绩效指数(CPI) = 已完工作预算费用(BCWP)/已完工作实际费用(ACWP)$$

当费用绩效指数 CPI<1 时,表示超支,即实际费用高于预算费用;

当费用绩效指数 CPI>1 时,表示节支,即实际费用低于预算费用。

④进度绩效指数 SPI(Schedule Performance Index)。

$$进度绩效指数 SPI = 已完工作预算费用(BCWP)/计划工作预算费用(BCWS)$$

当进度绩效指数 SPI<1 时,表示进度延误,即实际进度比计划进度滞后;

当进度绩效指数 SPI>1 时,表示进度提前,即实际进度比计划进度快。

因费用(进度)偏差反映的是绝对偏差,结果很直观,故其有助于费用管理人员了解项目费用出现偏差的绝对数额,并以此采取一定措施,制订或调整费用支出计划和资金筹措计划。但是绝对偏差也有其不容忽视的局限性。

【例 5.2】某土方工程总挖方量为 4 000 m^3,计划 10 天完成,每天 400 m^3,预算单价为 45 元/m^3,该挖方工程预算总费用为 180 000 元。开工后第 7 天早晨刚上班时业主项目管理人员前去测量,取得了两个数据:已完成挖方 2 000 m^3,支付给承包单位的工程进度款累计已达 120 000 元。

(1)计算已完工作预算费用(BCWP)

$$BCWP = 45 \times 2\ 000 = 90\ 000(元)$$

从这里可以看出,BCWP 与项目进度没有直接关系,只与实际完成的工作量有关。

（2）计算计划工作预算费用（BCWS）

开工后第6天结束时，承包单位应得到的工程进度款累计额 BCWS=108 000 元。

（3）计算已完工作的实际费用（ACWP）

本案例的 ACWP 很明显，直接给出了 ACWP=120 000 元。

（4）计算费用偏差，也称成本偏差

CV=BCWP−ACWP=90 000−120 000=−30 000（元），表明承包单位已经超支。

（5）计算进度偏差

SV=BCWP−BCWS=90 000−108 000=−18 000（元），表明承包单位进度已经滞后。表示项目进度滞后，较预算还有相当于 18 000 元的工作量没有做。18 000/（400×45）=1（天）的工作量，故承包单位的进度已经滞后1（天）。

另外，还可以使用费用绩效指数 CPI 和进度绩效指数 SPI 测量工作是否按照计划进行。

$$CPI=BCWP/ACWP=90\ 000/120\ 000=0.75$$

$$SPI=BCWP/BCWS=90\ 000/108\ 000=0.83$$

CPI 和 SPI 都小于1，给该项目亮了黄牌。

从上面可以看出，CV 和 CPI 是一组指标，SV 和 SPI 是一组指标。

3）偏差分析方法

偏差分析可采用不同的方法，常用的有横道图法、时标网络图法、表格法和曲线法。

（1）横道图法

用横道图法进行费用偏差分析，是用不同的横道标志已完工作预算费用（BCWP）、计划工作预算费用（BCWS）和已完工作实际费用（ACWP），横道的长度与其金额成正比，见表5.5。横道图法具有形象、直观、一目了然等优点，它能够准确表达出费用的绝对偏差，而且能一眼感受到偏差的严重性。但这种方法反映的信息量少，一般在项目的较高管理层应用。

常用的偏差分析方法对比

【例5.3】假设某工程项目共含有3个子项工程，即A子项、B子项和C子项，各自的拟完工程计划费用、已完工程实际费用和已完工程计划费用见表5.5。

表5.5　某工程计划与实际进度横道图　　　　　　　　单位:万元

分项工程	进度计划（周）							
	1	2	3	4	5	6	7	8
A	8	8	8					
		6	6	6	6			
	5	5	6	7				

续表

分项工程	进度计划(周)							
	1	2	3	4	5	6	7	8
B		8	8	8	8			
			8	8	8	8		
		8	9	7	7			
C					5	5	5	3
						5	5	5
					5	6	6	4

注：══表示拟完工程计划费用；──表示已完工程计划费用；┄┄┄表示已完工程实际费用。

根据表 5.5 中数据,按照每周各子项工程拟完工程计划费用、已完工程计划费用、已完工程实际费用的累计值进行统计,可以得到表 5.6 的数据。

表 5.6　费用数据表　　　　　　　　　　　　　　　　　　　单位：万元

项　　目	费用数据							
	1	2	3	4	5	6	7	8
每周拟完工程计划费用	8	16	16	13	13	5	3	
拟完工程计划费用累计	8	24	40	53	66	71	74	
每周已完工程计划费用		6	14	14	19	13	5	3
已完工程计划费用累计		6	20	34	53	66	71	74
每周已完工程实际费用		5	13	15	19	13	6	4
已完工程实际费用累计		5	18	33	52	65	71	75

根据表 5.6 中数据,可以求得相应的费用偏差和进度偏差,例如：

第 5 周末费用偏差＝已完工程计划费用－已完工程实际费用＝53－52＝1(万元),即费用节约 1 万元。

第 5 周末进度偏差＝已完工程计划费用－拟完工程计划费用＝53－66＝－13(万元),即进度拖后 13 万元。

(2)时标网络图法

时标网络图是在确定施工计划网络图的基础上,将施工的实施进度与日历工期相结合而形成的网络图,它可以分为早时标网络图与迟时标网络图。

【例5.4】某工程时标网络计划图如图5.4所示,图中每根箭头线上方数值为该工作每月计划投资额,第11月末用▼标示的虚节线即为实际进度前锋线,其与各工序的交点即为各工序的实际完成进度。已完工程实际费用累计值相应见表5.7。

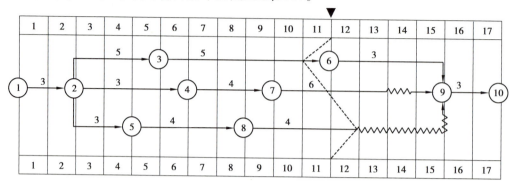

图5.4　某工程时标网络计划(费用单位:万元)

表5.7　工程费用表

月份	1	2	3	4	5	6	7	8	9	10	11	12	13	14	15	16	17
拟完工程计划费用(BCWS)累计值	3	6	17	28	40	52	65	78	91	106	121	134	143	146	149	152	155
已完工程实际费用(ACWP)累计值	3	6	18	32	45	56	68	80	95	112	129						

根据图5.4中的前锋线和表5.7中的数据,可知:

11月末的已完工程计划费用累计值＝124－5＋4＝123万元

则可以计算出费用偏差和进度偏差。

11月末的费用偏差＝已完工程计划费用－已完工程实际费用＝123－129＝－6(万元)

即费用增加6万元。

11月末的进度偏差＝已完工程计划费用－拟完工程计划费用＝123－121＝2(万元)

即进度超前2万元。

(3)表格法

表格法是进行偏差分析最常用的一种方法。它将项目编号、名称、各费用参数及费用偏差数综合归纳入一张表格中,并且直接在表格中进行比较。由于各偏差参数都在表中列出,因此,费用管理者能够综合地了解并处理这些数据,见表5.8。

表5.8　费用偏差分析表(表格法)

项目编码	(1)	011	012	013
项目名称	(2)	土方工程	打桩工程	基础工程
单位	(3)	m³	m³	m³
计划单价(元)	(4)	200	240	300
拟完工程量	(5)	100	110	100
拟完工程预算费用(BCWS)	(6)＝(4)×(5)	20 000	26 400	30 000
已完工程量	(7)	105	115	85

续表

已完工程预算费用(BCWP)	(8)=(4)×(7)	21 000	27 600	25 500
实际单价(元)	(9)	215	260	270
其他款项	(10)			
已完工程实际费用(ACWP)	(11)=(7)×(9)+(10)	22 575	29 900	22 950
费用局部偏差	(12)=(8)-(11)	-1 575	-2 300	2 550
费用局部偏差程度	(13)=(8)÷(11)	0.93	0.92	1.11
费用累计偏差	(14)=∑(12)	-1 325		
费用累计偏差程度	(15)=∑(8)÷∑(11)	0.98		
进度局部偏差	(16)=(8)-(6)	1 000	1 200	-4 500
进度局部偏差程度	(17)=(8)÷(6)	1.05	1.05	0.85
进度累计偏差	(18)=∑(16)	-2 300		
进度累计偏差	(19)=∑(8)÷∑(6)	0.97		

用表格法进行偏差分析具有如下优点:灵活、适用性强,可根据实际需要设计表格,进行增减项;信息量大,可以反映偏差分析所需的资料,从而有利于费用控制人员及时采取针对性措施,加强控制;表格处理可借助于计算机,从而节约大量数据处理所需的人力,并大大提高速度。

(4)曲线法

在项目实施过程中,上述三个参数可以形成三条曲线,即计划工作预算费用(BCWS)曲线、已完工作预算费用(BCWP)曲线、已完工作实际费用(ACWP)曲线,如图5.5所示。在 Excel 软件表格中,编辑输入表5.6中的拟完工程计划费用累计、已完工程计划费用累计和已完工程实际费用累计等三行数据,然后选择插入"二维折线图",即可生成三条曲线。

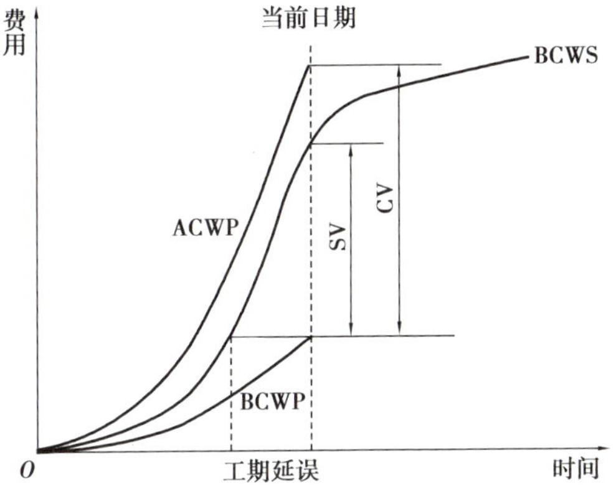

图5.5 三条费用(赢得值)曲线图

4)偏差原因分析与纠偏措施

(1)偏差原因分析

偏差原因分析的一个重要目的就是要找出引起偏差的原因,从而采取有针对性的措施,减少或避免同一原因相同事件的再次发生。

(2)纠偏措施

纠偏措施包括:寻找新的、更好更省的、效率更高的设计方案;购买部分产品,而不是采用完全由自己生产的产品;重新选择供应商,但会产生供应风险,选择需要时间;改变实施过程;变更工程范围;索赔,如向业主、承(分)包商、供应商索赔以弥补费用超支。

赢得值法是对项目费用和进度的综合控制,其可以克服过去费用与进度分开控制的缺陷;当发现费用超支时,很难立即知道是由于费用超出预算还是由于进度提前;当发现费用低于预算时,也很难立即知道是由于费用节省还是由于进度拖延。而采用赢得值法,就可以定性、定量地判断进度和费用的执行效果。

5.2.5 降低工程项目成本的措施和途径

降低工程项目成本的途径,应该是既开源又节流,或者说既增收又节支。只开源不节流,或者只节流不开源,都不可能达到降低成本的目的,至少是不会有理想的降低成本效果。

1)开源增收途径

(1)认真会审图纸,积极提出修改意见

在项目建设过程中,施工单位必须按图施工。但是,由于图纸是由设计单位按照用户要求和项目所在地的自然地理条件(如水文地质情况等)设计的,其中起决定作用的是设计人员的主观意图,很少考虑施工单位,有时还可能给施工单位出些难题。因此,施工单位应该在满足用户要求和保证工程质量的前提下,联系项目施工的主、客观条件,对设计图纸进行认真的会审,并提出积极的修改意见,在取得用户和设计单位的同意后,修改设计图纸,同时办理增减账。

在会审图纸的时候,对于结构复杂、施工难度高的项目,更要加倍认真,并且要从方便施工、有利于加快工程进度和保证工程质量、降低资源消耗、增加工程收入等方面综合考虑,提出有科学根据的合理化建议,争取得到业主和设计单位的认同。

(2)加强合同预算管理,增加工程预算收入

①深入研究招标文件、合同内容,正确编制施工图预算。在编制施工图预算的时候,要充分考虑可能发生的成本费用,包括合同规定的属于包干(闭口)性质的各项定额外补贴,并将其全部列入施工图预算,然后通过工程款结算向甲方取得补偿。凡是政策允许的,要做到该收的点滴不漏,以保证项目的预算收入。但有一个政策界限,不能将项目管理不善造成的损失也列入施工图预算,更不允许违反政策向甲方高估冒算或乱收费。

②把合同规定的"开口"项目作为增加预算收入的重要方面。一般来说,按照设计图纸和预算定额编制的施工图预算,必须受预算定额的制约,很少有灵活伸缩的余地;而"开口"项目的取费则有比较大的潜力,是项目创收的关键。例如,合同规定,预算定额缺项的项目,可由乙方参照相近定额,经监理师复核后报甲方认可。这种情况,在编制施工图预算时是常见的,需要项目预算员参照相近定额进行换算。在定额换算的过程中,预算员就可根据设计要求,充分发挥自己的业务技能,提出合理的换算依据,以此来摆脱原有的定额偏低的约束。

③根据工程变更资料,及时办理增减账。由于设计、施工和甲方使用要求等种种原因,工程变更是项目施工过程中经常发生的事情,是不以人的意志为转移的。工程的变更必然会带来工程内容的增减和施工工序的改变,从而也必然会影响成本费用的支出。因此,项目承包方应就工程变更对既定施工方法、机械设备使用、材料供应、劳动力调配和工期目标等的影响程度,以及为实施变更内容所需要的各种资源进行合理估价,及时办理增减账手续,并通过工程款结算向甲方取得补偿。

(3)制订先进的、经济合理的施工方案

施工方案主要包括施工方法的确定、施工机具的选择、施工顺序的安排和流水施工的组织。施工方案不同,工期就会不同,所需机具也不同,因而发生的费用也会不同。因此,正确选择施工方案是降低成本的关键所在。必须强调,施工项目的施工方案,应该同时具有先进性和可行性。如果只先进而不可行,不能在施工中发挥有效的指导作用,那就不是最佳施工方案。

制订施工方案要以合同工期和上级要求为依据,联系项目的规模、性质、复杂程度、现场条件、装备情况、人员素质等因素综合考虑。可以同时制订几个施工方案,倾听现场施工人员的意见,以便从中选择最合理、最经济的一个。

（4）落实技术组织措施

落实技术组织措施，走技术与经济相结合的道路，以技术优势来取得经济效益，是降低项目成本的又一个关键措施。一般情况下，项目应在开工以前根据工程情况制订技术组织措施计划，作为降低成本计划的内容之一列入施工组织设计。在编制月度施工作业计划的同时，也可按照作业计划的内容编制月度技术组织措施计划。

为了保证技术组织措施计划的落实，并取得预期的效果，应在项目经理的领导下明确分工。由工程技术人员制定措施，材料人员提供材料，现场管理人员和生产班组负责执行，财务成本员结算节约效果，最后由项目经理根据措施执行情况和节约效果对有关人员进行奖励，形成落实技术组织措施的一条龙。

必须强调，在结算技术组织措施执行效果时，除要按照定额数据等进行理论计算外，还要做好节约实物的验收，防止"理论上节约、实际上超用"的情况发生。

（5）组织均衡施工，加快施工进度

凡是按时间计算的成本费用，如项目管理人员的工资和办公费，现场临时设施费和水电费，及施工机械和周转设备的租赁费等，在加快施工进度、缩短施工周期的情况下，都会有明显的节约。除此之外，还可从用户那里得到一笔相当可观的提前竣工奖。因此，加快施工进度也是降低项目成本的有效途径之一。

为了加快施工进度，施工单位将会增加一定的成本支出。例如，在组织两班制施工的时候，需要增加夜间施工的照明费、夜点费和工效损失费；同时，还将增加模板的使用量和租赁费。

因此，在签订合同时，应根据用户和赶工要求，将赶工费列入施工图预算。如果事先并未明确，而是由用户在施工中临时提出的赶工要求，则应请用户签证，费用按实结算。

2）节流降低成本措施

（1）采取组织措施控制成本

①建立健全项目成本责任控制体系，明确项目部机构。项目部经理为第一责任人，下设职能科室，各部门各司其职、精心组织，为降低成本尽责尽职。

②制定管理制度和办法，包括工作制度、责任制度、工程技术标准和规程以及奖惩制度等。

（2）采取技术措施控制成本

①制订合理先进的施工方案，包括施工工艺和方法、机具的选择、施工顺序的安排、施工现场的合理布置。

②采用新机具、新工艺、新技术、新材料等以提高工效。

③严把质量关。加强施工过程中的质量检查，杜绝质量事故，防止返工，节约开支，降低质量成本。

④注重工期成本，在保证项目质量的情况下，尽量缩短工期。

（3）采取管理措施控制成本

①人工费控制。改善劳动组织，减少窝工浪费；实行奖惩制度，加大技术教育和培训工作；加强劳动纪律，压缩非生产用工和辅助用工。

②材料费控制。改进材料的采购、运输、收支和保管工作，减少各个环节的损耗；结合施工进度和料场能力，合理安排材料进场时间；推行三级收料和限额领料制度。

③机械费控制。正确选配和合理利用机械设备，搞好机械设备的保养和维修，提高机械的完好率和使用率；尽量减少施工中所消耗的机械台班量，降低机械台班价格。

④间接费和其他直接费的控制管理。精简机构,减少非生产人员,合理确定管理幅度与管理层次,节约施工管理费等。

⑤积极采用降低成本的新管理技术和方法,如系统工程、价值工程等。

5.2.6 成本与工期优化

1)工期与成本的关系

工程成本由直接成本(直接费)和间接成本(间接费)构成,工程成本与工期的关系为直接成本随工期缩短而增加,间接成本随工期缩短而减少,这样就必然存在一个总成本最少的最佳工期,如图5.6所示。

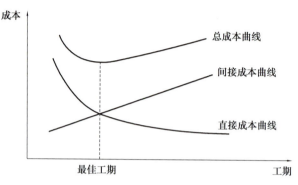

图5.6　成本与工期关系曲线

2)工期—成本优化法的步骤

①计算各活动时间参数,确定关键线路及正常工期;求正常工期下直接成本、间接成本及总成本。

②计算各项活动的直接成本变化率 α。

③找出费用率(费用率组合)最小的活动进行压缩;并分析压缩工期时的约束条件,确定压缩对象可能压缩时间,计算新工期下的总成本。

④计算压缩工期能否满足要求,成本是否最低,否则按(1)—(4)再次压缩。

【例5.5】某工程项目网络计划如图5.7所示,其间接成本变化率为10千元/周。求满足工期要求的最低成本。箭线上为直接成本,箭线下为作业时间;括弧内为极限作业时间和对应直接成本,括弧外为正常作业时间和对应直接成本;直接成本单位:千元,工作时间单位:周。

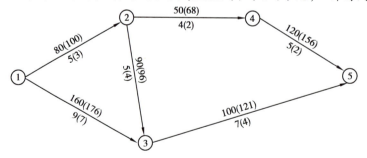

图5.7　某工程项目网络计划图

解:①确定关键线路,计算成本,如图5.8所示。

正常工期 $T_n = 17$ 周,此时:直接成本 $= 80+50+120+160+100+90 = 600$(千元);间接成本 $= 17×10 = 170$(千元);总成本 $= 600+170 = 770$(千元)。

②计算各项工作的直接成本变化率。

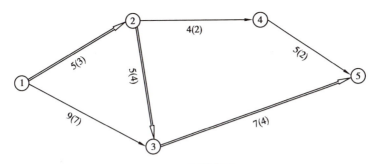

图 5.8　关键线路

$$直接成本变化率\ \alpha = (C_c - C_n)/(D_n - D_c)$$

C_c:在最短持续时间下作业所需的直接费用

C_n:在正常持续时间下作业所需的直接费用

D_n:作业的正常持续时间

D_c:作业的最短时间

$\alpha_{1-2} = 10$ 千元/周;$\alpha_{1-3} = 8$ 千元/周;$\alpha_{2-3} = 6$ 千元/周;$\alpha_{2-4} = 9$ 千元/周;$\alpha_{3-5} = 7$ 千元/周;$\alpha_{4-5} = 12$ 千元/周。

关键线路 1—2—3—5,工期为 17 周;第二条线路 1—3—5,工期为 16 周;第三条线路 1—2—4—5,工期为 14 周。

第一次压缩:压缩关键线路 1—2—3—5,可压缩的时间仅为 1 周。

压缩工作的选择:1—2 $\alpha_{1-2} = 10$ 千元/周;2—3 $\alpha_{2-3} = 6$ 千元/周;3—5 $\alpha_{3-5} = 7$ 千元/周;2—3 费用率最低,故选 2—3 压缩。

第一次压缩工作 2—3 工期 1 周,则总工期 $T = 16$ 周

直接成本:600+1×6=606(千元)

间接成本:16×10=160(千元)

总成本:766 千元

此时,关键线路有两条,如图 5.9 所示。

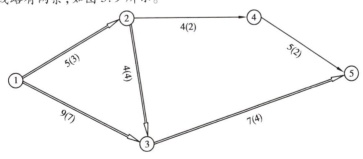

图 5.9　第一次压缩后的网络图

可压缩:

1—2　18 千元/周,2 周;

1—3　18 千元/周,2 周;

3—5　7 千元/周,3 周。

第二次压缩工作 3—5 工期 2 周,总工期 $T = 14$ 周

直接成本:606+7×2=620(千元)

间接成本:14×10=140(千元)

总成本:760 千元

此时,三条线路均为关键线路,如图 5.10 所示。

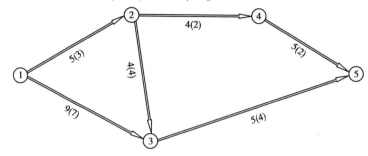

图 5.10　第二次压缩后的网络图

此时,如果再优化的话,直接成本率的增加值将高于间接成本率的降低值,方案已达到最优。

③结论:最优工期 $T^* = 14$ 周,最低成本 $= 760$ 千元。

3)压缩关键活动工期所受限制

①活动本身最短工期的限制。

②总时差的限制。关键线路上各活动压缩时间之和不能大于非关键线路上的总时差。

③平行关键线路的限制。必须在两条(或多条)关键线路上压缩相同的天数。

④紧缩关键线路的限制。工期不能再缩短,压缩任何活动时间都不会缩短工期而只会增加工程成本。

【学习笔记】

_____
_____
_____
_____
_____
_____
_____

【关键词】

成本控制　赢得值法　偏差分析　成本与工期优化

【任务练习】

选择题

1.施工成本控制要以(　　)为依据,围绕降低工程成本这个目标,从预算收入和实际成本两方面,努力挖掘增收节支潜力,以获得最大的经济效益。

A.工程承包合同　　B.进度报告　　　　C.施工成本计划　　　　D.工程变更

2.(　　)既是施工成本控制的依据,又作为施工成本控制的指导文件。

A.工程承包合同　　B.施工成本计划　　C.进度报告　　　　　　D.工程变更

3.在施工成本控制中,首先应进行的工作是(　　)。

A.分析　　　　　B.预测　　　　　C.比较　　　　　　　D.纠偏

4.施工成本控制工作的核心工作是(　　)。

A.纠偏　　　　　B.检查　　　　　C.比较　　　　　　　D.分析

5. 施工成本控制的实施步骤为( )。

A. 预测、分析、比较、纠偏、检查　　　　B. 分析、检查、预测、比较、纠偏

C. 比较、分析、预测、纠偏、检查　　　　D. 比较、预测、分析、检查、纠偏

6. 施工成本的过程控制主要包括( )。

A. 材料费的控制　　　　　　　　　　　　B. 设备费的控制

C. 施工分包费用的控制　　　　　　　　　D. 人工费的控制

E. 施工机械使用费的控制

7. 进行施工成本控制,工程实际完成量、成本实际支付等信息主要是通过( )获得。

A. 进度报告　　　　B. 施工成本计划　　　　C. 工程承包合同　　　　D. 施工组织设计

8. 建筑工程项目成本控制是指通过控制手段,在达到预定工程功能和工期要求的同时优化( )开支。

A. 资源　　　　　　　B. 人员　　　　　　　C. 成本　　　　　　　D. 管理

9. 工程项目成本控制的依据有( )。

①工程承包合同　②施工成本计划　③进度报告　④工程变更　⑤相关法律法规

A. ①③④⑤　　　　B. ②③④　　　　　　C. ①②③④　　　　　D. ①②③④⑤

10. "根据工程概况和招标文件,联系建筑市场和竞争对手的情况,进行成本预测,提出投标决策意见",是( )项目施工阶段的成本控制工作。

A. 投标承包阶段　B. 施工准备阶段　　C. 施工阶段　　　　　　　D. 竣工保修阶段

11. 对于施工分包费用的控制,应做好的工作包括( )。

A. 订立平等互利的分包合同　　　　　　　B. 加强施工验收和分包结算

C. 分包工程的询价　　　　　　　　　　　D. 建立稳定的分包关系网络

E. 降低施工费用

12. 如果某分项工程的费用偏差小于 0,进度偏差大于 0。那么已完工作实际费用(ACWP)、计划工作预算费用(BCWS)和已完工作预算费用(BCWP)的关系可表示为( )。

A. BCWP>ACWP>BCWS　　　　　　　　B. BCWS>BCWP>ACWP

C. ACWP>BCWP>BCWS　　　　　　　　D. BCWS>ACWP>BCWP

13. 某土方工程,某月计划开挖 160 000 m^3,合同单价为 85 元/m^3,到月底实际完成土方量为 180 000 m^3,实际单价为 72 元/m^3,则该工程的以工作量表示的进度偏差(SV)为( )万元。

A. 214　　　　　　　B. −214　　　　　　C. 170　　　　　　　D. −170

14. 某混凝土工程,合同约定的某月计划完成工程量 3 503 m^3,单价为 650 元/m^3。至月底,经确认的承包商实际完成工程量为 3 003 m^3,实际单价为 750 元/m^3,则该工程的进度绩效指数(SPI)为( )。

A. 0.887　　　　　　B. 0.857　　　　　　C. 1.127　　　　　　D. 1.167

任务 5.3　建筑工程项目成本核算

成本核算是成本管理工作的重要组成部分,它是将企业在生产经营过程中发生的各种耗费按照一定的对象进行分配和归集,以计算总成本和单位成本。成本核算的正确与否,直接影响企业的成本预测、计划、分析、考核和改进等控制工作,同时,也对企业的成本决策和经营决策的正确与否产生重大影响。

5.3.1 建筑工程成本核算的对象

成本核算对象,是指在计算工程成本中,确定归集和分配生产费用的具体对象,即生产费用承担的客体。项目成本核算一般以每一独立编制施工图预算的单位工程为对象,但也可以按照承包工程项目的规模、工期、结构类型、施工组织和施工现场等情况,结合成本控制的要求,灵活划分成本核算对象。一般说来有以下几种划分核算对象的方法:

①一个单位工程由几个施工单位共同施工时,各施工单位都应以同一单位工程为成本核算对象,各自核算自行完成的部分。

②规模大、工期长的单位工程,可以将工程划分为若干部位,以分部位的工程作为成本核算对象。

③同一建设项目,由同一施工单位施工,并在同一施工地点,属于同一建设项目的各个单位工程合并作为一个成本核算对象。

④改建、扩建的零星工程,可以将开竣工时间相接近,属于同一建设项目的各个单位工程合并为一个成本核算对象。

⑤土石方工程,打桩工程,可根据实际情况和管理需要,以一个单项工程为成本核算对象,或将同一施工地点的若干个工程量较少的单项工程合并作为一个成本核算对象。

5.3.2 建筑工程成本核算的原则

①确认原则。各项经济业务中发生的成本,都必须按一定的标准和范围加以认定和记录。

②实际成本计价原则。成本核算要采用实际成本计价。

③分期核算原则。将生产经营活动划分为若干时期,并分期计算各期项目成本。

④一致性原则。企业成本核算所采用的方法应前后一致。

⑤重要性原则。对于一些主要费用或对成本有重大影响的工程内容,要作为核算的重点,详细计算。

⑥权责发生制原则。依据权责发生制原则,凡是应计入当期的收入或支出的项目,无论款项是否收付,都应作为当期的收入或支出处理;凡是不属于当期的收入和支出的项目,即使款项已经在当期收付,也不应作为当期的收入和支出。

⑦合法性原则。合法性原则是指计入成本的费用都必须符合法律、法令、制度等的规定。不符合规定的费用不能计入成本。

⑧及时性原则。及时性原则是指企业成本的核算、成本信息的提供应在要求时期内完成。

5.3.3 项目成本核算的基本要求

①项目经理部应根据财务制度和会计制度的有关规定,建立项目成本核算制,明确项目成本核算的原则、范围、程序、方法、内容、责任及要求,并设置核算台账,记录原始数据。

②项目经理部应按照规定的时间间隔进行项目成本核算。

③项目成本核算应坚持形象进度、产值统计和成本归集"三同步"的原则。

④项目经理部应编制定期成本报告。

5.3.4 建筑工程成本核算的内容

项目成本一般以单位工程为成本核算对象,但也可以按照承包工程项目的规模、工期、结构类型、施工组织和施工现场等情况,结合成本管理要求,灵活划分成本核算对象。项目成本核算的基本内容包括以下几个方面。

1) 人工费核算

①内包人工费:内、外包两层分开后企业所属的劳务分公司(内部劳务市场自有劳务)与项目经理部签订的劳务合同结算的全部工程价款,其适用于类似外包工式的合同定额结算支付办法,按月结算计入项目单位工程成本。

②外包人工费:按企业或项目经理部与劳务分包公司或直接与劳务分包公司签订的包清工合同,以当月验收完成的工程实物量,计算出定额工日数乘以合同人工单价确定人工费,并按月凭项目经济员提供的"包清工工程款月度成本汇总表"(分外包单位和单位工程)预提计入项目单位工程成本。

上述内包、外包合同履行完毕,根据分部分项的工期、质量、安全、场容等验收考核情况进行合同结算,以结账单按实据以调整项目实际成本。对估点工任务单必须当月签发、当月结算,严格管理,按实计入成本;隔月不予结算,一律作废。

2) 材料费核算

工程耗用的材料,根据限额领料单、退料单、报损报耗单、大堆材料耗用计算单等,由项目料具员按单位工程编制《材料耗用汇总表》,据以计入项目成本。

各类材料按实际价格核算,计入项目成本。

3) 周转材料费核算

①周转材料实行内部租赁制,以租费的形式反映其消耗情况,按"谁租用谁负担"的原则核算其项目成本。

②按周转材料租赁办法和租赁合同,由出租方与项目经理部按月结算租赁费。租赁费按租用的数量、时间和内部租赁单价计算,计入项目成本。

③周转材料在调入移出时,项目经理部都必须加强计量验收制度,如有短缺、损坏,一律按原价赔偿,计入项目成本(缺损数=进场数-退场数)。

④租用周转材料的进退场运费,按其实际发生数,由调入项目负担。

⑤对U形卡、脚手扣件等零件,除执行项目租赁制外,考虑到其比较容易散失,按规定实行定额预提摊耗,摊耗数计入项目成本,相应减少次月租赁基数及租赁费。单位工程竣工,必须进行盘点,盘点后的实物数与前期逐月按控制定额摊耗后的数量差,据实调整清算,计入成本。

⑥实行租赁制的周转材料,一般不再分配负担周转材料差价。退场后发生的修复整理费用,应由出租单位做出租成本核算,不再向项目另行收费。

4) 结构件费核算

①项目结构件的使用必须有领发手续,并根据这些手续,按照单位工程使用对象编制《结构件耗用月报表》。

②项目结构件的单价,以项目经理部与外加工单位签订的合同为准计算耗用金额,计入成本。

③根据实际施工形象进度、已完施工产值的统计、各类实际成本报耗三者在月度时点上的"三同步"原则(配比原则的引申与应用),结构件耗用的品种和数量应与施工产值相对应。结构件数量金额账的结存数,应与项目成本员的账面余额相符。

④结构件的高进高出价差核算同材料费的高进高出价差核算应一致。结构件内三材数量、单价、金额均按报价书核定,或按竣工结算单的数量按实结算。报价内的节约或超支由项目自负盈亏。

⑤如发生结构件的一般价差,可计入当月项目成本。

⑥部位分项分包,如铝合金门窗、卷帘门、轻钢龙骨、石膏板、平顶、屋面防水等,按照企业通常采用的类似结构件管理和核算方法,项目经济员必须做好月度已完工程部分验收记录,正确计报部位分项分包产值,并书面通知项目成本员及时、正确、足额计入成本。预算成本的折算、归类可与实际成本的出账保持同口径。分包合同价可包括制作费和安装费等有关费用,工程竣工按部位分包合同结算书,据以按实调整成本。

⑦在结构件外加工和部位分包施工过程中,项目经理部通过自身努力获取的经营利益或转嫁压价让利风险所产生的利益,均受益于施工项目。

5)机械使用费核算

①机械设备实行内部租赁制,以租赁费形式反映其消耗情况,按"谁租用谁负担"的原则核算其项目成本。

②按机械设备租赁办法和租赁合同,由机械设备租赁单位与项目经理部按月结算租赁费。租赁费根据机械使用台班、停置台班和内部租赁单价计算,计入项目成本。

③机械进出场费,按规定由承租项目负担。

④项目经理部租赁的各类大、中、小型机械,其租赁费全额计入项目机械费成本。

⑤根据内部机械设备租赁市场运行规则要求,结算原始凭证由项目指定专人签证开班数和停班数,据以结算费用。现场机工、电工、维修工等人的奖金由项目考核支付,计入项目机械费成本并分配到有关单位工程。

上述机械租赁费结算,尤其是大型机械租赁费及进出场费应与产值对应,防止只有收入无成本的不正常现象;反之,则形成收入与支出不配比状况。

6)措施费核算

措施费的核算内容包括:环境保护费,文明施工费,安全施工费,临时设施费,夜间施工费,材料二次搬运费,大型机械设备进、出场费及安拆费,混凝土、钢筋混凝土、模板及支架费,脚手架费,已完工程保护费,施工排水及降水费。

①发生费用时能够分清受益对象的,在发生时直接计入受益对象的成本。

②发生费用时不能分清受益对象的,由公司财务部门按照一定的分配标准计入受益对象的成本。

③场地清理、材料二次倒运等发生的人工费、机械使用费、材料费难以和成本中的其他项目区分的,可以将这些费用与"人工费""材料费""机械使用费"等项目合并核算。

7)施工间接费核算

为了明确项目经理部的经济责任,分清成本费用的可控区域,正确合理地反映项目管理的经济效益,对施工间接费实行项目与项目之间分灶吃饭,"谁受益谁负担,多受益多负担,少受益少负担,不受益不负担"。项目经理部对全部项目成本负责,不但应该掌握并控制直接成本,而且应该掌握并控制间接成本。

企业的管理费用、财务费用作为期间费用,不再构成项目成本,企业与项目在费用上分开核算。项目发生的施工间接费必须是自己可控的,即有办法知道将发生什么耗费;有办法计量它的耗费;有办法控制并调节它的耗费。凡项目发生的可控费用,均下沉到项目去核算,企业不再硬性将公司本部发生费用向下分摊。

①要求以项目经理部为单位编制工资单和奖金单列支工作人员薪金。项目经理部工资总额每月必须正确核算,以此计提职工福利费、工会经费、教育经费、劳保统筹费等。

②劳务分公司所提供的炊事人员代办食堂承包,服务、警卫人员提供区域岗点承包服务及其他代办服务费用计入施工间接费。

③内部银行的存贷利息,计入"内部利息"(新增明细子目)。

④施工间接费先在项目"施工间接费"总账归集,再按一定的分配标准计入受益成本核算对象(单位工程)"工程施工——间接成本"。分配方法可参照费用计算基数,以实际成本中直接成本为分配依据。

8) 分包工程成本核算

项目经理部将所管辖的个别单位工程以分包形式发给外单位承包,其核算要求包括:

①包清工工程,纳入"人工费——外包人工费"内核算。

②部位分项分包工程,纳入"结构件费"内核算。

③双包工程是指将整幢建筑物以包工包料的形式分包给外单位施工的工程。对双包工程,可根据施工合同取费情况和分包合同支付情况(上下合同差)测定目标盈利率。月度结算时,以双包工程已完工价款做收入,应付双包单位工程款做支出,适当负担施工间接费,预结降低额。

④机械作业分包工程是指利用分包单位专业化施工优势,将打桩、吊装、大型土方、深基础等施工项目分包给专业单位施工的形式。对机械作业分包产值统计的范围是,只统计分包费用,不包括物耗价值,即打桩只计打桩费而不计桩材费,吊装只计吊装费而不包括构件费。机械作业分包实际成本与此对应,包括分包结账单内除工期奖之外的全部工程费用。总体反映其成本全貌。

同双包工程一样,总分包企业合同差包括总包单位管理费、分包单位让利收益等。在月度结算成本时,可先预结一部分,或在月度结算时做收支平处理,到竣工结算时,再作为项目效益反映。

双包工程和机械作业分包工程由于收入和支出较易辨认(计算),因此项目经理部也可以对这两类分包工程采用竣工点交办法,即月度不结盈亏处理。

项目经理部应增设"分建成本"成本项目,核算反映双包工程、机械作业分包工程成本状况。

⑤各类分包形式(特别是双包),对分包单位领用、租用、借用本企业物资、工具、设备、人工等费用,必须根据项目经理部管理人员开具的,且经分包单位指定专人签字认可的专用结算单据(如《分包单位领用物资结算单》及《分包单位租用工器具设备结算单》等)作为结算依据入账,抵作已付分包工程款。同时要注意对分包资金的控制,对分包付款、供料控制,应依据合同及要料计划实施制约,单据应及时流转结算,账上支付额(包括抵作额)不得突破合同价款。应注意阶段控制,防止资金失控,引起成本亏损。

5.3.5　建筑工程成本核算的方法

1) 表格核算法

表格核算法是指建立在内部各项成本核算基础之上,各要素部门和核算单位定期采集信息,填制相应的表格,并通过一系列的表格,形成项目成本核算体系,作为支撑项目成本核算平台的方法。

2) 会计核算法

会计核算法是指建立在会计核算基础上,利用会计核算所独有的借贷记账法和收支全面核算的综合特点,按项目成本内容和收支范围,组织项目成本核算的方法。

3)表格核算法、会计核算法并行运用

由于表格核算法具有便于操作和表格格式自由的特点,可以根据不同的管理方式和要求设置各种表格。使用表格法核算项目岗位成本责任,能较好地解决核算主体和载体的统一、和谐问题,便于项目成本核算工作的开展,并且随着项目成本核算工作的深入发展,表格的种类、数量、格式、内容、流程都在不断发展和改进,以适应各个岗位的成本控制和考核。

【学习笔记】

_____

_____

_____

_____

_____

_____

【关键词】

成本核算　　表格核算法　　会计核算法

【任务练习】

选择题

1.成本核算是成本管理工作的重要组成部分,它是将企业在生产经营过程中发生的(　　)按照一定的对象进行分配和归集,以计算总成本和单位成本。

　A.各种耗费　　　　B.各种消耗　　　　　C.费用耗费　　　　　D.材料消耗

2.(　　)、(　　)的零星工程,可以将开、竣工时间接近,属于同一建设项目的各个单位工程合并作为一个成本核算对象。

　A.改建　　　　　　B.扩建　　　　　　　C.迁建　　　　　　　D.重建

3.一个单位工程由几个施工单位共同施工时,各施工单位都应以(　　)为成本核算对象,各自核算自行完成的部分。

　A.同一单位工程　　　　　　　　　　B.同一分项工程

　C.分部位的工程　　　　　　　　　　D.属于同一建设项目的各个单位工程合并

4.同一建设项目,由同一施工单位施工,并在同一施工地点,应以(　　)为成本核算对象。

　A.同一单位工程　　　　　　　　　　B.同一分项工程

　C.分部位的工程　　　　　　　　　　D.属于同一建设项目的各个单位工程合并

5.下列描述中,不属于项目成本核算的意义的是(　　)。

　A.可以检查预算成本的执行情况

　B.可以及时反映施工过程中人力、物力、财力的耗费

　C.可以为各种不同类型的工程积累经济技术资料

　D.可以直接形成预算定额

6.建筑工程成本核算的方法有(　　)。

　A.表格核算法　　　　　　　　　　　B.会计核算法

　C.表格核算法与会计核算法并用　　　D.措施费核算

7.项目成本核算应坚持(　　)"三同步"的原则。

A.形象进度 　　　　B.产值统计 　　　　C.成本发生 　　　　D.成本归集

任务 5.4　建筑工程项目成本分析和考核

建筑工程项目成本分析贯穿于施工成本控制的全过程,它是在成本的形成过程中,主要利用施工项目的成本核算资料,与目标成本、预算成本及类似的施工项目的实际成本等进行比较,了解成本的变动情况,寻找降低施工项目成本的途径,以便有效地进行成本控制。成本考核是指在施工项目完成后,对施工项目成本形成中的各责任者,按施工项目成本目标责任制的有关规定,将成本的实际指标与计划、定额、预算进行对比和考核,评定施工项目成本计划的完成情况和各责任者的业绩,并以此给予相应的奖励和处罚。

5.4.1　项目成本分析的内容

施工项目的成本分析,一方面,根据统计核算、业务核算和会计核算提供的资料,对项目成本的形成过程和影响成本升降的因素进行分析,以寻求进一步降低成本的途径(包括项目成本中的有利偏差的挖潜和不利偏差的纠正);另一方面,通过成本分析,可从账簿、报表反映的成本现象看清成本的实质,从而增强项目成本的透明度和可控性,为加强成本控制、实现项目成本目标创造条件。总体上,施工项目成本分析的内容包括以下 3 个方面。

1)随着项目施工的进展而进行的成本分析

①分部分项工程成本分析。

②月(季)度成本分析。

③年度成本分析。

④竣工成本分析。

2)按成本项目进行的成本分析

①人工费分析。

②材料费分析。

③机械使用费分析。

④其他直接费分析。

⑤间接成本分析。

3)针对特定问题和与成本有关事项的分析

①成本盈亏异常分析。

②工期成本分析。

③资金成本分析。

④技术组织措施节约效果分析。

⑤其他有利因素和不利因素对成本影响的分析。

5.4.2　项目成本分析的方法

由于施工项目成本涉及的范围很广,需要分析的内容也很多,应该在不同的情况下采取不同的分析方法。

1）成本分析的基本方法

（1）比较法

比较法又称"指标对比分析法"。比较法就是通过技术经济指标的对比，检查计划的完成情况，分析产生差异的原因，进而挖掘内部潜力的方法。这种方法通俗易懂、简单易行、便于掌握，因而得到了广泛的应用，但在应用时必须注意各技术经济指标的可比性。比较法的应用，通常有下列几种形式：

①将实际指标与计划指标对比，以检查计划的完成情况，分析完成计划的积极因素和影响计划完成的消极因素，以便及时采取措施，保证成本目标的实现。在进行实际指标与计划指标对比时，还应注意计划本身的质量。如果计划本身出现质量问题，则应调整计划，重新正确评价实际工作的成绩，以免挫伤人的积极性。

②本期实际指标与上期实际指标对比。通过这种对比，可以看出各项技术经济指标的动态情况，反映施工项目管理水平的提高程度。在一般情况下，一个技术经济指标只能代表施工项目管理的一个侧面，只有成本指标才是施工项目管理水平的综合反映。因此，成本指标的对比分析尤为重要，一定要真实可靠，而且要有深度。

③与本行业平均水平、先进水平对比。通过这种对比，可以反映本项目的技术管理和经济管理与其他项目的平均水平和先进水平的差距，进而采取措施赶超先进水平。

【例5.6】某项目本年计划节约"三材"100 000元，实际节约110 000元，上年节约95 000元，比本行业先进水平节约125 000元。根据上述资料编制分析表，见表5.9。

表5.9 实际指标与目标指标、上年指标、先进水平对比表

指 标	本年目标数	上年实际数	行业先进水平	本年实际数	差异数		
					与目标比	与上年比	与先进比
"三材"节约额	100 000	95 000	125 000	110 000	+10 000	+15 000	-15 000

（2）因素分析法

因素分析法又称连锁置换法或连环替代法。这种方法可用来分析各种因素对成本形成的影响程度。在进行分析时，首先要假定众多因素中的一个因素发生了变化，而其他因素则不变，然后逐个替换，并分别比较其计算结果，以确定各个因素的变化对成本的影响程度。

因素分析法的计算步骤如下：

①确定分析对象，即所分析的技术经济指标，并计算出实际数与计划数的差异。

②确定该指标是由哪几个因素组成的，并按其相互关系进行排序。替代顺序原则：一般是先替代数量指标，后替代质量指标；先替代实物量指标，后替代货币量指标；先替代主要指标，后替代次要指标。

③以计划预算数为基础，将各因素的计划预算数相乘，作为分析替代的基数。

④将各个因素的实际数按照上面的排列顺序进行替换计算，并将替换后的实际数保留下来。

⑤将每次替换计算所得的结果，与前一次的计算结果相比较，两者的差异即为该因素对成本的影响程度。

⑥各个因素的影响程度之和，应与分析对象的总差异相等。

【例5.7】某工程浇筑一层结构商品混凝土，目标成本为364 000元，实际成本为383 760元，比目标成本增加19 760元，资料见表5.10。用"因素分析法"分析产量、单价、损耗率等因素

的变动对实际成本的影响程度。

表 5.10　商品混凝土目标成本与实际成本对比表

项　目	单　位	目　标	实　际	差　额
产量	m³	500	520	+20
单价	元	700	720	+20
损耗率	%	4	2.5	-1.5
成本	元	364 000	383 760	+19 760

解:分析成本增加的原因:

分析对象是浇筑一层结构商品混凝土的成本,实际成本与目标成本的差额为 19 760 元,该指标是由产量、单价、损耗率 3 个因素组成的,其排序见表 5.10。

以目标数 364 000(500×700×1.04)元为分析替代的基础。

第一次替代产量因素:以 520 替代 500,520×700×1.04＝378 560(元);

第二次替代单价因素:以 720 替代 700,并保留上次替代后的值,520×720×1.04＝389 376(元);

第三次替代损耗率因素:以 1.025 替代 1.04,并保留上两次替代后的值,520×720×1.025＝383 760(元)。

计算差额:

第一次替代与目标数的差额＝378 560-364 000＝14 560(元)

第二次替代与第一次替代的差额＝389 376-378 560＝10 816(元)

第三次替代与第二次替代的差额＝383 760-389 376＝-5 616(元)

产量增加使成本增加了 14 560 元,单价提高使成本增加了 10 816 元,而损耗率下降使成本减少了 5 616 元。

各因素的影响程度之和＝14 560+10 816-5 616＝19 760(元)。与实际成本和目标成本的总差额相等。

为了使用方便,企业也可以运用因素分析表来求出某个因素变动对实际成本的影响程度,其具体形式见表 5.11。

表 5.11　商品混凝土成本变动因素分析表

顺序	连环替代计算	差额/元	因素分析
目标数	500×700×1.04		
第一次替代	520×700×1.04	14 560	由于产量增加 20 m³,成本增加 14 560 元
第二次替代	520×720×1.04	10 816	由于产量增加 20 m³,单价提高 20 元,成本增加 10 816 元
第三次替代	520×720×1.025	-5 616	由于产量增加 20 m³、单价提高 20 元、损耗下降 1.5%,成本减少 5 616 元
合计		19 760	

必须说明,在应用"因素分析法"时,各个因素的排列顺序应该固定不变。否则,就会得出不同的计算结果,也会产生不同的结论。

(3)差额计算法

差额计算法是因素分析法的一种简化形式,它利用各个因素的计划与实际的差额来计算其对成本的影响程度。

【例5.8】某施工项目某月的实际成本降低额比目标数提高了2.40万元,见表5.12。用差额计算法进行分析,找出成本降低的主要原因。

表5.12　目标成本与实际成本对比表

项　目	目　标	实　际	差　额
预算成本/万元	300	320	+20
成本降低率/%	4	4.5	+0.5
成本降低额/万元	12	14.40	+2.40

解:预算成本增加对成本降低额的影响程度:$(320-300) \times 4\% = 0.80$(万元)

成本降低率提高对成本降低额的影响程度:$(4.5\% - 4\%) \times 320 = 1.60$(万元)

以上两项合计:$0.80 + 1.60 = 2.40$(万元)。

其中成本降低率提高是主要原因,应进一步寻找成本降低率提高的原因。

(4)比率法

比率法是指用两个以上的指标的比例进行分析的方法。它的基本特点是:先把对比分析的数值变成相对数,再观察其相互之间的关系。常用的比率法有以下几种:

①相关比率法。由于项目经济活动的各个方面是互相联系、互相依存又互相影响的,因而将两个性质不同而又相关的指标加以对比,求出比率,并以此来考察经营成果的好坏。

例如,产值和工资是两个不同的概念,但它们的关系又是投入与产出的关系。一般情况下,都希望以最少的人工费支出完成最大的产值。因此,用产值工资率指标来考核人工费的支出水平,就能说明问题。

②构成比率法。构成比率法又称比重分析法或结构对比分析法。通过构成比率法,可以考察成本总量的构成情况以及各成本项目占成本总量的比重,同时也可看出量、本、利的比例关系,即预算成本、实际成本和降低成本的比例关系,从而为寻求降低成本的途径指明方向。

③动态比率法。动态比率法就是将同类指标在不同时期的数值进行对比,求出比率,以分析该项指标的发展方向和发展速度。动态比率的计算,通常采用基期指数(或稳定比指数)和环比指数两种方法。

2)综合成本分析法

综合成本是指涉及多种生产要素,并受多种因素影响的成本费用,如分部分项工程成本、月(季)度成本、年度成本等。

(1)分部分项工程成本分析

分部分项工程成本分析是施工项目成本分析的基础。分析对象是已完分部分项工程;分析方法是进行预算成本、目标成本和实际成本的"三算"对比,分别计算实际偏差和目标偏差,分析产生偏差原因,为今后寻求节约途径。

分部分项工程成本分析的资料来源是:预算成本来自施工图预算,计划成本来自施工预算,实际成本来自施工任务单的实际工程量、实耗人工和限额领料单的实耗材料。

由于施工项目包括很多分部分项工程,不可能也没有必要对每一个分部分项工程都进行成本分析。特别是一些工程量小、成本费用微不足道的零星工程。但是,对于那些主要分部分项工程,则必须进行成本分析,而且要做到从开工到竣工进行系统的成本分析。这是一项很有意义的工作,因为通过主要分部分项工程成本的系统分析,可以基本上了解项目成本形成的全过程,为竣工成本分析和今后的项目成本管理提供一份宝贵的参考资料。分部分项工程成本分析见表 5.13。

表 5.13　分部分项工程成本分析表

单位工程:

分部分项工程名称:　　　　　　工程量:　　　　施工班组:　　　　施工日期:

工料名称	规格	单位	单价	预算成本		计划成本		实际成本		实际与预算比较		计划与实际比较	
				数量	金额	数量	金额	数量	金额	数量	金额	数量	金额
合计													
实际与预算比较(预算=100)%													
实际与计划比较(计划=100)%													
节超原因说明													

(2)月(季)度成本分析

月(季)度成本分析是施工项目定期的、经常性的中间成本分析。对于有一次性特点的施工项目来说,有着特别重要的意义。因为通过月(季)度成本分析,可以及时发现问题,以便按照成本目标指示的方向进行监督和控制,保证项目成本目标的实现。月(季)度成本分析的依据是当月(季)的成本报表。分析的方法通常有以下几种:

①通过实际成本与预算成本的对比,分析当月(季)度的成本降低水平;通过累计实际成本与累计预算成本的对比,分析累计的成本降低水平,预测实现项目成本目标的前景。

②通过实际成本与计划成本的对比,分析计划成本的落实情况,以及目标管理中的问题和不足,进而采取措施,加强成本管理,保证成本计划的落实。

③通过对各成本项目的成本分析,可以了解成本总量的构成比例和成本管理的薄弱环节。例如,在成本分析中,发现人工费、机械费和间接费等项目大幅度超支,就应该对这些费用的收支配比关系认真研究,并采取对应的增收节支措施,以防止今后再超支。如果是属于预算定额规定的"政策性"亏损,则应从控制支出着手,把超支额压缩到最低限度。

④通过主要技术经济指标的实际与计划的对比,分析产量、工期、质量、"三材"节约率、机械利用率等对成本的影响。

⑤通过对技术组织措施执行效果的分析,寻求更加有效的节约途径。

⑥分析其他有利条件和不利条件对成本的影响。

(3)年度成本分析

企业成本要求一年结算一次,不得将本年成本转入下一年度。企业成本要求一年一结算,而项目是以寿命周期为结算期,然后算出成本总量及其盈亏。由于项目周期一般较长,除月(季)度成本核算和分析外,还要进行年度成本核算和分析,这不仅是为了满足企业汇编年度成本报表的需要,同时,也是项目成本管理的需要。因为通过年度成本的综合分析,可以总结一年来成本管理的成绩和不足,为今后的成本管理提供经验和教训,从而可对项目成本进行更有效的管理。

年度成本分析的依据是年度成本报表。年度成本分析的内容,除了月(季)度成本分析的六个方面以外,重点是针对下一年度的施工进展情况规划切实可行的成本管理措施,以保证施工项目成本目标的实现。

(4)竣工成本的综合分析

凡是有几个单位工程而且是单独进行成本核算(成本核算对象)的施工项目,其竣工成本分析应以各单位工程竣工成本分析资料为基础,再加上项目经理部的经营效益(如资金调度、对外分包等所产生的效益)进行综合分析。如果施工项目只有一个成本核算对象(单位工程),就以该成本核算对象的竣工成本分析资料作为成本分析的依据。

单位工程竣工成本分析,应包括以下 3 个方面内容:竣工成本分析;主要资源节超对比分析;主要技术节约措施及经济效果分析。

通过以上分析,可以全面了解单位工程的成本构成和降低成本的来源,对今后同类工程的成本管理很有参考价值。

3)成本项目的分析方法

(1)人工费分析

在实行管理层和作业层两层分离的情况下,项目施工需要的人工和人工费,由项目经理部与施工队签订劳务承包合同,明确承包范围、承包金额和双方的权利、义务。对项目经理部来说,除了按合同规定支付劳务费以外,还可能发生一些其他人工费支出,主要有以下几项:

①因实物工程量增减而调整的人工和人工费。

②定额人工以外的估点工工资(已按定额人工的一定比例由施工队包干,并已列入承包合同的,不再另行支付)。

③对在进度、质量、节约、文明施工等方面做出贡献的班组和个人进行奖励的费用。

项目经理部应根据上述人工费的增减,结合劳务合同的管理进行分析。

(2)材料费分析

材料费分析包括主要材料、结构件和周转材料使用费的分析及材料保管费、材料储备资金的分析。

①主要材料和结构件费用的分析。主要材料和结构件费用的高低,主要受材料价格和消耗数量的影响。而材料价格的变动,又要受采购价格、运输费用、途中损耗、来料不足等因素的影响;材料消耗数量的变动,也要受操作损耗、管理损耗和返工损失等因素的影响,可在价格变动较大和数量超用异常的时候再进行深入分析。为了分析材料价格和消耗数量的变化对材料和结构件费用的影响程度,可按下列公式计算:

因材料价格变动对材料费的影响 =(预算单价 - 实际单价)× 消耗数量

因消耗数量变动对材料费的影响 =(预算用量 - 实际用量)× 预算价格

②周转材料使用费分析。在实行周转材料内部租赁制的情况下,项目周转材料费的节约或

超支,取决于周转材料的周转利用率和损耗率。因为周转一慢,周转材料的使用时间就长,同时,也会增加租赁费支出;而超过规定的损耗,更要按照原价赔偿。周转利用率和损耗率的计算公式如下:

$$周转利用率 = 实际使用数 \times 租用期内的周转次数 / (进场数 \times 租用期) \times 100\%$$
$$损耗率 = 退场数 / 进场数 \times 100\%$$

【例5.9】某施工项目需要定型钢模,考虑周转利用率85%,租用钢模4 500 m,月租金为5 元/m;由于加快施工进度,实际周转利用率达到90%。可用"差额计算法"计算周转利用率的提高对节约周转材料使用费的影响程度。具体计算如下:

$$(90\% - 85\%) \times 4 500 \times 5 = 1 125(元)$$

③采购保管费分析。材料采购保管费属于材料的采购成本,其主要包括:材料采购保管人员的工资、工资附加费、劳动保护费、办公费、差旅费,以及材料采购保管过程中发生的固定资产使用费、工具用具使用费、检验试验费、材料整理费、零星运费和材料物资的盘亏与毁损等。

材料采购保管费一般应与材料采购数量同步,即材料采购多,采购保管费也会相应增加。因此,应该根据每月实际采购的材料数量(金额)和实际发生的材料采购保管费,计算"材料采购保管费支用率",作为前后期材料采购保管费的对比分析之用。

④材料储备资金分析。材料的储备资金,是根据日平均用量、材料单价和储备天数(从采购到进场所需要的时间)计算的。上述任何两个因素的变动,都会影响储备资金的占用量。材料储备资金的分析,可以应用"因素分析法"。从以上分析内容来看,储备天数的长短是影响储备资金的关键因素。因此,材料采购人员应该选择运距短的供应单位,尽可能减少材料采购的中转环节,缩短储备天数。

(3)机械使用费分析

由于项目施工具有一次性,项目经理部不可能拥有自己的机械设备,而是随着施工的需要,向企业动力部门或外单位租用。在机械设备的租用过程中,存在着两种情况:一种是按产量进行承包,并按完成产量计算费用,如土方工程,项目经理部只要按实际挖掘的土方工程量结算挖土费用,而不必考虑挖土机械的完好程度和利用程度;另一种是按使用时间(台班)计算机械费用,如塔式起重机、搅拌机、砂浆机等,如果机械完好率差或在使用中调度不当,必然会影响机械的利用率,从而延长使用时间,增加使用费用。因此,项目经理部应该给予一定的重视。

由于建筑施工的特点,在流水作业和工序搭接上往往会出现某些必然或偶然的施工间隙,影响机械的连续作业;有时又因为加快施工进度和工种配合,需要机械日夜不停地运转。这样,难免会有一些机械利用率很高,也会有一些机械利用不足,甚至租而不用的现象出现。若利用不足,则台班费需要照付;若租而不用,则要支付停班费。总之,它们都将增加机械使用费的支出。

因此,在机械设备的使用过程中,必须以满足施工需要为前提,加强机械设备的平衡调度,充分发挥机械的效用;同时,还要加强平时机械设备的维修保养工作,提高机械的完好率,保证机械的正常运转。

完好台班数是指机械处于完好状态下的台班数,它包括修理不满一天的机械,但不包括待修、在修、送修在途的机械。在计算完好台班数时,只考虑是否完好,不考虑是否在工作。

制度台班数是指本期内全部机械台班数与制度工作天的乘积,不考虑机械的技术状态和是否在工作。

(4)措施费分析

措施费分析主要应通过预算数与实际数的比较来进行。如果没有预算数,可以用计划数代替预算数。

（5）间接成本分析

间接成本是指为施工准备、组织施工生产和管理所需要的费用，主要包括现场管理人员的工资和进行现场管理所需要的费用。

间接成本的分析，也应通过预算（或计划）数与实际数的比较来进行。

4）特定问题和与成本有关事项的分析

（1）成本盈亏异常分析

成本出现盈亏异常情况，对施工项目来说，必须引起高度重视，必须彻底查明原因，必须立即加以纠正。

检查成本盈亏异常的原因，应从经济核算的"三同步"入手。因为，项目经济核算的基本规律是：在完成多少产值、消耗多少资源、发生多少成本盈亏之间，有着必然的同步关系。如果违背这个规律，就会发生成本的盈亏异常。

"三同步"检查是提高项目经济核算水平的有效手段，不仅适用于成本盈亏异常的检查，也可用于月度成本的检查。"三同步"检查可以通过以下5个方面的对比分析来实现：

①产值与施工任务单的实际工程量和形象进度是否同步；

②资源消耗与施工任务单的实耗人工、限额领料单的实耗材料、当期租用的周转材料和施工机械是否同步；

③其他费用（如材料价差、超高费、井点抽水的打拔费和台班费等）的产值统计与实际支付是否同步；

④预算成本与产值统计是否同步；

⑤实际成本与资源消耗是否同步。

实践证明，把以上5个方面的同步情况查明后，成本盈亏的原因自然会一目了然。

（2）工期成本分析

工期的长短与成本的高低有着密切的关系。一般情况下，工期越长费用支出越多，工期越短费用支出越少。特别是固定成本的支出，基本上是与工期长短成正比增减的，是进行工期成本分析的重点。

工期成本分析就是计划工期成本与实际工期成本的比较分析。所谓计划工期成本，是指在假定完成预期利润的前提下计划工期内所耗用的计划成本；而实际工期成本，则是指在实际工期中耗用的实际成本。

工期成本分析的方法一般采用比较法，即将计划工期成本与实际工期成本进行比较，然后应用"因素分析法"分析各种因素的变动对工期成本差异的影响程度。

进行工期成本分析的前提条件是，根据施工图预算和施工组织设计进行量本利分析，计算施工项目的产量、成本和利润的比例关系，然后用固定成本除以合同工期，求出每月支用的固定成本。

5.4.3　项目成本考核

1）项目成本考核的内容

项目成本考核应该包括两方面的考核，即项目成本目标（降低成本目标）完成情况的考核和成本管理工作业绩的考核。这两方面的考核都属于企业对施工项目经理部成本监督的范畴。

（1）企业对项目经理考核的内容

①项目成本目标和阶段成本目标的完成情况。

②建立以项目经理为核心的成本管理责任制的落实情况。

③成本计划的编制和落实情况。

④对各部门、各施工队和班组责任成本的检查和考核情况。

⑤在成本管理中对贯彻责、权、利相结合原则的执行情况。

（2）项目经理对所属各部门、各施工队和生产班组考核的内容

①对各部门的考核内容：本部门、本岗位责任成本的完成情况；本部门、本岗位成本管理责任的执行情况。

②对各施工队的考核内容：对劳务合同规定的承包范围和承包内容的执行情况；劳务合同以外的补充收费情况；对班组施工任务单的管理情况及班组完成施工任务后的考核情况。

③对生产班组的考核内容（平时由施工队考核）：以分部分项工程成本作为班组的责任成本，以施工任务单和限额领料单的结算资料为依据，与施工预算进行对比，考核班组责任成本的完成情况。

2）项目成本考核的实施

（1）项目成本的考核采取评分制

具体方法先按考核内容评分，然后可按 7：3 的比例加权平均，即责任成本完成情况的评分占七成，成本管理工作业绩的评分占三成，这是一个经验比例，施工项目可以根据自身情况进行调整。

（2）施工项目成本的考核要与相关指标的完成情况相结合

成本考核的评分是奖惩的依据，相关指标的完成情况是奖惩的条件，也就是在根据评分计奖的同时，还要参考相关指标的完成情况加奖或扣罚。与成本考核相结合的相关指标，一般有工期、质量、安全和现场标准化管理。

（3）强调项目成本的中间考核

①月度成本考核。在进行月度成本考核的时候，将报表数据、成本分析资料和施工生产、成本管理的实际情况相结合做出正确的评价。

②阶段成本考核。一般可分为基础、结构、装饰、总体四个阶段进行成本考核。

（4）正确考核施工项目的竣工成本

施工项目的竣工成本是在工程竣工和工程款结算的基础上编制的，是竣工成本考核的依据。

（5）施工项目成本奖罚

施工项目成本奖罚的标准应通过经济合同的形式明确规定，这样不仅使奖罚标准具有法律效力，而且为职工群众创建了争取的目标。企业领导和项目经理还可对完成项目成本目标有突出贡献的部门、施工队、班组和个人进行随机奖励。这种奖励形式往往能够在短期内大大提高员工的积极性。

工程项目施工
成本管理案例

【学习笔记】

_____

_____

_____

_____

【关键词】

成本分析　成本考核　比较法　因素分析　差额法

【任务练习】

一、填空题

1. _____,是指:一方面,根据会计核算、业务核算和统计核算提供的资料,对施工成本的形成过程和影响成本升降的_____进行分析,以寻求进一步降低成本的途径;另一方面,通过成本分析,可从账簿、报表反映的成本现象看清成本的实质,从而增强项目成本的透明度和可控性,为加强成本控制,实现项目成本目标创造条件。

2. 因素分析法又称_____,其是利用统计指数体系分析现象总变动中各个因素影响程度的一种统计分析方法。

3. _____是因素分析法的一种简化形式,它利用各个因素的计划与实际的差额来计算其对成本的影响程度。

4. 比率法是指用两个以上的指标的比例进行分析的方法,常用的方法有:_____、_____和_____。

二、选择题

1. 在成本分析法中,(　　)可用来分析各种因素对成本形成的影响程度。

A.挣值法　　　　　B.对比法　　　　　　C.差额分析法　　　　　　D.因素分析法

2. 用因素分析法进行成本分析时,确定影响某指标的因素后,按其相互关系进行排序的规则是(　　)。

A.先绝对值,后相对值;先实物量,后价值量

B.先相对值,后绝对值;先实物量,后价值量

C.先实物量,后价值量;先绝对值,后相对值

D.先价值量,后实物量;先绝对值,后相对值

3. (　　)是施工项目定期的、经常性的中间成本分析。对于有一次性特点的施工项目来说,有着特别重要的意义。

A.月(季)度成本分析　　　　　　　　B.分部分项工程成本分析

C.年度成本分析　　　　　　　　　　D.竣工成本的综合分析

4. 下列属于施工成本分析的基本方法的是(　　)。

A.比较法　　　　B.因素分析法　　　　C.比率法　　　　　　　D.差额计算法

E.年度成本分析法

5. 关于分部分项工程成本分析的说法,下列正确的是(　　)。

A.分部分项工程成本分析的对象为已完分部分项工程

B.分部分项工程成本分析方法是进行实际与目标成本比较

C.必须对施工项目中的所有分部分项工程进行成本分析

D.分部分项工程成本分析是施工项目成本分析的基础

E. 需要做到从开工到竣工进行系统的成本分析

6. 单位工程竣工成本分析的内容包括(　　)。

A. 竣工成本分析
B. 主要资源节超对比分析

C. 差额计算分析
D. 主要技术节约措施及经济效果分析

E. 年度成本分析

【项目小结】

本项目主要阐述了建筑工程项目成本的构成、作用、编制原则、编制程序和编制方法;工程项目成本控制的概念、依据、内容、步骤、方法、措施和途径、成本与工期优化;建筑工程成本核算的对象、原则、基本要求、内容、方法;施工项目成本分析的内容、方法、施工项目成本考核。施工项目成本管理包括成本计划、成本控制、成本核算、成本分析和成本考核五个相互联系的环节。制订项目成本计划的方法有定额估算法和计划成本法,计划成本法又包括施工预算法、技术节约措施法、成本习性法和按实计算法。成本控制方法中,赢得值法有三个基本参数和四个评价指标。成本分析的基本方法有比较法、因素分析法、差额计算法和比率法。

【项目练习】

选择题

1. 在施工成本控制的步骤中,(　　)是施工成本控制工作的核心。

A. 预测
B. 检查
C. 分析
D. 纠偏

2. 将同类指标不同时期的数值进行对比,求出比率,以分析该项指标的发展方向和发展速度的成本分析方法是(　　)。

A. 相关比率法
B. 构成比率法
C. 静态比率法
D. 动态比率法

3. 年度成本分析的依据是(　　)。

A. 年度成本报表
B. 进度报告
C. 预算成本
D. 实际成本

4. 管理是对资源进行有效整合以达到既定(　　)的动态创造性活动。

A. 目标
B. 目的
C. 目标与责任
D. 目标与计划

5. 施工成本分析是施工成本管理的主要任务之一,下列关于施工成本分析的表述中正确的是(　　)。

A. 施工成本分析的实质是在施工之前对成本进行估算

B. 施工成本分析是指科学地预测成本水平及其发展趋势

C. 施工成本分析是指预测成本控制的薄弱环节

D. 施工成本分析应贯穿于施工成本管理的全过程

6. 施工成本预测的实质是在施工项目的施工之前(　　)。

A. 对成本因素进行分析

B. 分析可能的影响程度

C. 估算计划与实际成本之间的可能差异

D. 对成本进行估算

7. 对施工项目而言,编制施工成本计划的主要作用是(　　)。

A. 确定成本定额水平
B. 对实际成本估算

C. 设立目标成本
D. 明确资金使用安排

8. 施工成本控制的工作内容之一是计算和分析(　　)之间的差异。

A. 预测成本与实际成本　　　　　　　　B. 预算成本与计划成本

C. 计划成本与实际成本　　　　　　　　D. 预算成本与实际成本

9. 在对施工项目进行施工成本核算时,需要按照规定的开支范围,对施工项目的支出费用进行(　　)。

A. 控制　　　　　　B. 分析　　　　　　C. 考核　　　　　　D. 归集

10. 某施工项目,拟对施工成本进行预测,预测得到的成本估算可以用作该施工项目(　　)的依据。

A. 成本决策　　　　B. 成本计划　　　　C. 控制成本　　　　D. 核算成本

E. 成本考核

11. 施工成本计划是确定和编制施工项目在计划期内的(　　)等的书面方案。

A. 生产费用　　　　B. 预算成本　　　　C. 固定成本　　　　D. 成本水平

E. 可变成本

12. 施工成本控制可分为(　　)等控制内容和工作。

A. 程序控制　　　　B. 事先控制　　　　C. 过程控制　　　　D. 事后控制

E. 全员控制

13. 施工成本分析的基本方法包括(　　)等。

A. 比较法　　　　　B. 因素分析法　　　C. 判断法　　　　　D. 偏差分析法

E. 比率法

14. 编制计划需要依据,属于施工成本计划编制依据的有(　　)。

A. 招标文件　　　　B. 投标报价文件　　C. 企业定额　　　　D. 行业定额

E. 拟采取的降低施工成本的措施

15. 施工成本考核以(　　)作为主要指标。

A. 总成本　　　　　B. 单位工程成本　　C. 成本降低额　　　D. 成本降低率

E. 投资降低额

16. 建筑安装工程费由(　　)等组成。

A. 手续费　　　　　B. 人员工资　　　　C. 直接费　　　　　D. 间接费

E. 利润

17. 在施工成本控制的步骤中,分析是在比较的基础上,对比较结果进行的分析,其目的有(　　)。

A. 发现成本是否超支　　　　　　　　　B. 确定纠偏的主要对象

C. 确定偏差的严重性　　　　　　　　　D. 找出产生偏差的原因

E. 检查纠偏措施的执行情况

18. 某土方开挖工程于某年1月开工,根据进度安排,同年2月份计划完成土方量4 000 m³,计划单价80元/m³。时至同年2月底,实际完成工程量为4 500 m³,实际单价为78元/m³,通过赢得值法分析可得到(　　)。

A. 进度提前完成40 000元工作量　　　B. 进度延误完成40 000元工作量

C. 费用节支9 000元　　　　　　　　　D. 费用超支9 000元

E. 费用超支31 000元

19. 对大中型工程项目,按项目组成编制施工成本计划时,其总成本分解的顺序是(　　)。

A. 单项工程成本→单位工程成本→分部工程成本→分项工程成本

B. 单位工程成本→单项工程成本→分部工程成本→分项工程成本

C. 分项工程成本→分部工程成本→单位工程成本→单项工程成本

D. 分部工程成本→分项工程成本→单项工程成本→单位工程成本

20. 如按工程进度编制施工成本计划,在编制网络计划时应充分考虑进度控制对项目划分的要求,同时还要考虑确定施工成本支出计划对(　　　)的要求。

A. 成本目标　　　　B. 项目目标　　　　C. 成本分解　　　　　　D. 项目划分

21. 按施工项目组成编制施工成本计划时,首先将施工总成本分解到(　　　)。

A. 单位工程和分部工程　　　　　　B. 单项工程和分项工程

C. 分部工程和分项工程　　　　　　D. 单项工程和单位工程

【项目实训】

实训题 1

【背景资料】

某项目经理部本年计划节约"三材"的目标为 120 000 元,实际节约 130 000 元,上年节约 115 000 元,本行业的先进水平节约 138 000 元。

【要求】

1. 用对比法进行对比,并列表计算。

2. 简述对比法的应用形式。

实训题 2

【背景资料】

某施工项目经理部在某工程施工过程中,将标准层的商品混凝土的目标成本、实际成本情况进行比较,数据见表 5.14。

表 5.14　商品混凝土目标成本与实际成本对比表

项　目	目　标	实　际	差　额
产量/m³	300	310	+10
单价/元	800	820	+20
损耗率/%	4	3	−1
成本/元	249 600	261 826	12 226

【要求】

1. 试述因素分析法的基本理论。

2. 用因素分析法分析成本增加的原因。

实训题 3

【背景资料】

某土方工程总挖方量为 12 000 m³,计划 30 天完成,每天完成 400 m³,预算单价为 50 元/ m³,该挖方工程预算总费用为 600 000 元。开工后第 30 天早晨刚上班时,业主项目管理人员前去测量,取得了两个数据:已完成挖方 5 000 m³,支付给承包单位的工程进度款累计已达 360 000 元。

【要求】

1. 计算 BCWP。
2. 计算 BCWS。
3. 计算 ACWP。
4. 计算 CV。
5. 计算 SV。

实训题 4

【背景资料】

某施工项目经理部在某工程施工时,发现某月的实际成本降低额比目标成本增加了 3.6 万元,具体见表 5.15。

表 5.15　降低目标成本与实际成本对比表

项　目	目　标	实　际	差　额
预算成本/万元	280	300	+20
成本降低率/%	3	4	+1
成本降低额/万元	8.4	12	+3.6

【要求】

1. 说明"差额计算法"的基本原理。
2. 根据表中资料,用"差额计算法"分析预算成本和成本降低率对成本降低额的影响程度。
3. 说明成本分析的对象、成本分析的具体内容及资料来源。

实训题 5

【背景资料】

某工程项目工期为 10 个月,每月的费用支出见表 5.16。

表 5.16　费用支出表

时间/月	1	2	3	4	5	6	7	8	9	10
费用/万元	100	150	200	400	500	500	400	300	200	100

【问题】

根据表中数据,绘制项目费用累计 S 曲线。

实训题 6

【背景资料】

某工程计划进度与实际进度见表 5.17。表中粗实线表示计划进度(进度线上方的数据为每周计划投资),粗虚线表示实际进度(进度线上方的数据为每周实际投资),假定各分项工程每周计划进度与实际进度均为匀速进度,而且各分项工程实际完成总工程量与计划完成总工程量相等。

表 5.17　某工程计划进度与实际进度表　　　　　　单位:万元

分项工程	计划进度/月											
	1	2	3	4	5	6	7	8	9	10	11	12
A	5	5	5									
	5	5	5									
B		4	4	4	4	4						
		4	4	4	3	3						
C				9	9	9	9					
						9	8	7	7			
D						5	5	5	5			
							4	4	4	5	5	
E								3	3	3		
										3	3	3

【问题】

1.计算每周投资数据,并将结果填入表 5.18。

表 5.18　投资数据表　　　　　　单位:万元

项　　目	费用数据											
	1	2	3	4	5	6	7	8	9	10	11	12
每周拟完工程计划投资												

续表

项 目	费用数据											
	1	2	3	4	5	6	7	8	9	10	11	12
拟完工程计划投资累计												
每周已完工程实际投资												
已完工程实际投资累计												
每周已完工程计划投资												
已完工程计划投资累计												

2.利用 Excel 软件绘制该工程三种投资曲线,即:①拟完工程计划投资曲线;②已完工程实际投资曲线;③已完工程计划投资曲线。

3.分析第6周末和第10周末的投资偏差和进度偏差。

项目6 建筑工程项目质量控制

【项目引入】

某企业修建职工住宅楼,共 6 栋,设计均为 7 层砖混结构,建筑面积为 10 001m²,主体完工后进行墙面抹灰,采用某水泥厂生产的 42.5 级水泥。抹灰后在两个月内相继发现该工程墙面抹灰出现开裂,并迅速发展。开始只是墙面一点产生膨胀变形,形成不规则的放射状裂缝,进而多点裂缝相继贯通,成为典型的龟状裂缝且空鼓,实际上此时抹灰与墙体已产生剥离。后经查证,该工程所用水泥中氧化镁含量严重超标,致使水泥安定性不合格,施工单位未对水泥进行进场检验就直接使用,因此产生大面积的空鼓开裂。最后该工程墙面抹灰全面返工,造成了严重的经济损失。

问题:

1. 影响建筑工程质量的因素主要有哪些? 如何对这些因素进行控制?
2. 建筑质量事故的处理方法有哪些?
3. 建筑工程项目质量控制的重要性体现在哪些方面?

【学习目标】

知识目标:了解建筑工程质量控制的特点、原则、计划等基本概述;熟悉建筑工程项目质量控制基本方法和改进方法;熟悉工程质量问题、质量事故分类及事故的预防等;掌握工程项目质量影响因素、控制过程、质量改进与质量事故处理等。

技能目标:通过对质量控制的学习,能够处理质量控制和质量事故,能够总结事故影响因素,并提出质量控制改进步骤、方法、范围及内容等。

素质目标:建筑工程项目质量控制关系到国家的发展,关系到企业的生存,更关系到人们的健康和生命财产安全。施工中必须做到以人为本,注重环保,采用科学的管理方法,做好项目质量管控,实现可持续发展。作为学生应该以正心、修身、治国为目标,培养辩证思维、环保意识、大局意识、工匠精神、家国情怀。

【学习重、难点】

重点:建筑工程项目各过程的质量控制、项目质量的影响因素及质量事故处理方法。
难点:建筑工程项目质量控制的影响因素及改进方法。

【学习建议】

1. 对本项目的学习要做到了解建筑工程项目质量的基本概念,掌握建筑工程项目质量控制的内容和方法,掌握项目质量改进和质量事故处理的步骤及方法。

2.工程质量关系到国家的发展,关系到企业的生存,关系到人们的健康和安全,学习中要学会分析案例,总结质量控制影响因素并找出质量控制的改进方法。

3.项目后的习题应在学习中对应进度逐步练习,通过做练习巩固基本知识。

任务6.1 建筑工程项目质量控制概述

要提高建筑工程项目的质量,就必须狠抓施工阶段的质量控制。工程项目施工涉及面广,是一个极其复杂的过程,影响质量的因素很多,使用材料的微小差异就会造成质量事故。因此,施工过程中的工程质量控制就显得极其重要。

6.1.1 建筑工程项目质量的相关概念

1)建筑工程项目质量

建筑工程项目质量是指建筑工程作为一种特殊的产品,适合一定用途,满足业主需要,符合国家法律、法规、技术规范与标准、设计文件及合同规定的特性的总和。建筑工程项目的质量不仅包括活动或过程的结果,还包括活动或过程本身。因此,建筑工程项目质量应包括工程建设各阶段的质量及相应的工作质量。

从功能和使用价值来看,工程项目的质量特性通常体现为适用性、可靠性等,如图 6.1 所示。

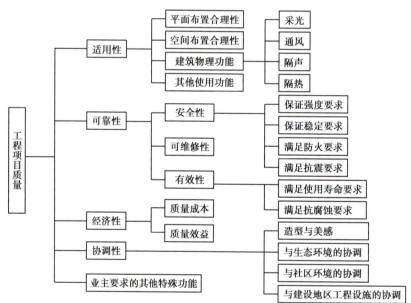

图 6.1 工程项目的质量属性

2)施工过程(工序)质量

工程项目建设全过程是由一道道工序组成的。每一道工序的质量必须具有满足下道工序相应要求的质量标准,工序质量决定工程质量。影响建筑工程质量的因素主要有五个方面,即人(Man)、材料(Material)、机械(Machine)、方法(Method)、环境(Environment),简称 4M1E 因素。

(1)人的质量意识和质量能力

人是质量活动的主体。人是整个建筑工程项目中的活动主体,主要指工程项目中的决策者、设计者、管理者和操作者,通过发挥主观能动性使建筑工程的各个阶段得以实现。人的素质,即人的思想意识、文化素质、技术水平、管理能力、工作经历和身体条件等,都直接和间接地影响工程项目的质量。

(2)建筑材料

建筑材料是建筑工程项目得以实现的物质基础,建筑材料种类、名目繁多,质量参差不齐。建筑材料质量的优劣直接影响建筑工程质量的好坏,尤其是用于结构施工的材料质量,将会直接影响整个工程结构的安全,因此,材料的质量是保证工程质量的前提条件。

(3)机械设备

在建筑施工过程中,机械设备是施工生产的主要手段。机械设备的完善可有效降低劳动成本和提高工作效率,能明显保证和提高施工质量,确保达到施工设计的技术要求和指标。如果不能及时更新和检修设备,定期校核计量用具、机械设备,也很可能引起工程质量问题。

(4)施工方法

施工方法包含工程项目整个建设周期内所采取的技术方案、工艺流程、组织措施、检测手段、施工组织设计等,它们合理、科学与否,都将对工程质量产生重大的影响。

(5)环境条件

环境条件往往对工程质量有着特定的影响,环境的因素主要包括:施工作业环境,如施工现场平面布置,施工作业面的大小、防护设施等;施工质量管理环境,如施工质量管理制度、组织体系等;自然环境,如工程地质、水文、气象等。由于许多环境因素是不可预见和不可抗拒的,尤其是自然环境因素,从而导致了环境因素对建筑工程质量的影响具有复杂性、多变性的特点。建设单位和施工企业应充分考虑建筑工程项目的环境因素,为工程建设创造有利的环境,认真分析不利的环境因素,加强预防和防治。

3)工程项目质量控制

质量控制是质量管理的一部分,是致力于满足质量要求的一系列相关活动。质量控制贯穿于质量形成的全过程、各环节,纠正这些环节的技术、活动偏离有关规范的现象,使其恢复正常,达到控制的目的。

工程项目质量控制是为达到工程项目质量要求所采取的作业技术和活动。工程项目质量要求则主要表现为工程合同、设计文件、技术规范规定的质量标准。因此,工程项目质量控制就是为了保证达到工程合同规定的质量标准而采取的一系列措施、手段和方法。

建筑工程项目质量控制,包括项目决策、勘察设计、施工验收等阶段,均应围绕着致力于满足业主的质量总目标而展开。

6.1.2　建筑工程项目质量控制的特点

由于建筑工程项目施工涉及面广,是一个极其复杂的综合过程,再加上项目位置固定、生产流动、结构类型不一、质量要求不一、施工方法不一、体形大、整体性强、建设周期长、受自然条件影响大等,因此,施工项目的质量比一般工业产品的质量更难以控制,主要表现在以下几个方面:

①影响质量的因素多。

②容易产生第一、第二判断错误。

③容易产生质量变异。

④质量检查时不能解体、拆卸。

⑤质量要受投资、进度的制约。

施工既是形成工程项目实体的过程,也是形成最终产品质量的重要阶段。因此,施工阶段的质量控制是工程项目质量控制的重点。

6.1.3　建筑工程项目质量控制的原则

在项目质量控制过程中,应遵循以下几点原则:
①坚持质量第一、用户至上。
②坚持以人为控制核心。
③坚持预防为主。
④坚持质量标准。
⑤贯彻科学、公正、守法的职业规范。
⑥建立崇高的使命感。

6.1.4　建筑工程项目质量控制的原理

1)PDCA 循环原理

PDCA 循环原理是项目目标控制的基本方法,也同样适用于建筑工程项目质量控制。实施 PDCA 循环原理时,将质量控制全过程划分为计划 P(Plan)、实施 D(Do)、检查 C(Check)、处理 A(Action)4 个阶段。

①计划 P(Plan):即质量计划阶段,明确目标并制订行动方案。

②实施 D(Do):组织对质量计划或措施的执行,计划行动方案的交底和按计划规定的方法与要求展开工程作业技术活动。

③检查 C(Check):检查采取措施的效果,包括作业者的自检、互检和专职管理者专检。各类检查都包含两个方面:一是检查是否严格执行了计划的行动方案,实际条件是否发生了变化,不执行计划的原因;二是检查计划执行的结果,即产出的质量是否达到标准的要求,对此进行确定和评价。

④处理 A(Action):总结经验,巩固成绩,对于检查所发现的质量问题或质量不合格现象,及时进行原因分析,采取必要的措施予以纠正,保持质量形成的受控状态。

PDCA 循环的关键不仅在于通过 A(Action)去发现问题、分析原因、予以纠正及预防,更重要的是对于发现的问题在下一 PDCA 循环中某个阶段(如计划阶段)要予以解决。于是不断地发现问题,不断地进行 PDCA 循环,使质量不断改进、不断上升,如图 6.2 所示。

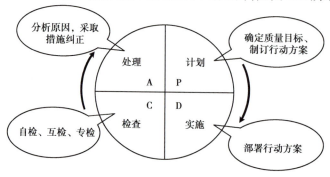

图 6.2　PDCA 循环过程

PDCA 循环的特点是:四个阶段的工作完整统一、缺一不可;大环套小环,小环促大环,阶梯式上升,循环前进,如图6.3所示。

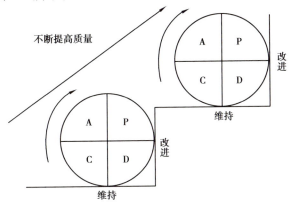

图6.3　PDCA循环示意

PDCA循环的8个步骤以及相应的方法见表6.1。

表6.1　PDCA循环的步骤

阶　段	步　骤	主要方法
P	1.分析现状,找出问题	排列图、直方图、控制图
	2.分析各种影响因素或原因	因果图
	3.找出主要影响因素	排列图、相关图
	4.针对主要原因,制订措施、计划	回答"5W1H"的问题: 为什么制订该措施(Why)? 达到什么目标(What)? 在何处执行(Where)? 由谁负责完成(Who)? 什么时间完成(When)? 如何完成(How)
D	5.执行、实施计划	
C	6.检查计划执行结果	排列图、直方图、控制图
A	7.总结成功经验,制定相应标准	制订或修改工作规程、检查规程及其他有关规章制度
	8.把未解决或新出现的问题转入下一个PDCA循环	

2)三阶段控制原理

三阶段控制包括事前质量控制、事中质量控制和事后质量控制。这三阶段控制构成了质量控制的系统控制过程。

上述三阶段控制之间构成有机的系统过程,实质上也就是PDCA循环的具体化,并在每一次滚动循环中不断提高,达到质量管理或质量控制的持续改进。

3)全面质量管理原理

全面质量管理是指生产企业的质量管理应该是全面的、全过程的和全员参与的。此原理对建筑工程项目管理以及施工项目管理的质量控制同样有理论和实践的指导意义。

(1) 全面质量控制

全面质量控制是指对工程(产品)质量和工作质量及人的质量(素质)的全面控制,工作质量是产品质量的保证,工作质量直接影响产品质量的形成,而人的质量(素质)直接影响工作质量的形成。因此,提高人的质量(素质)是关键。

(2) 全过程质量管理

全过程质量管理是指根据工程质量的形成规律,从源头抓起,全过程推进。

(3) 全员参与管理

从全面质量管理的观点看,无论组织内部的管理者还是作业者,每个岗位都承担着相应的质量职能。一旦确定了质量方针目标,就应组织和动员全体员工参与到实施质量方针的系统活动中去,发挥自己的角色作用。

全面质量管理的特点是把以事后检验和把关为主转变为以预防及改进为主;把以就事论事、分散管理转变为以系统的观点进行全面的综合治理;从管结果转变为管因素,查出影响质量的诸多因素,抓住主要方面,发动全面、全过程和全员参与的质量管理,使生产(作业)的全过程都处于受控状态。

6.1.5　建筑工程项目质量控制的过程

要实现建筑工程项目质量的目标,建设一个高质量的工程,必须对整个项目过程实施严格的质量控制。质量控制是一个渐进的过程,在控制的过程中不能出现任何问题,否则将会影响后期的质量控制,进而影响工程的质量目标。控制过程如图6.4所示。

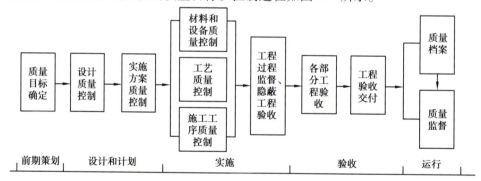

图6.4　建筑工程项目质量控制过程

6.1.6　建筑工程项目质量计划

1) 建筑工程项目质量计划的概念

建筑工程项目质量计划是指确定工程项目的质量目标和如何达到这些质量目标的组织管理、资源投入、专门的质量措施和必要的工作过程。

2) 建筑工程项目质量计划的编制依据

①施工合同规定的产品质量特性、产品应达到的各项指标及其验收标准。

②施工项目管理规划。

③施工项目实施应执行的法律、法规、技术标准、规范。

④施工企业和施工项目部的质量管理体系文件及其要求。

3) 建筑工程项目质量计划的内容

①质量目标和质量要求。

②质量管理体系和管理职责。

③质量管理与协调的程序。

④法律法规和标准规范。

⑤质量控制点的设置与管理。

⑥项目生产要素的质量控制。

⑦实施质量目标和质量要求所采取的措施。

⑧项目质量文件管理。

4) 施工项目质量计划的实施

质量计划一旦批准生效,必须严格按照计划实施。在质量计划实施过程中要及时监控、了解计划执行的情况、偏离的程度、采取的纠偏措施,以确保计划的有效性。

施工项目质量计划实施的工作内容有以下几项:

①质量管理人员应按照分工控制质量计划实施,并应按规定保存控制记录。

②当发生质量缺陷或事故时,必须分析原因、分清责任、进行整改。

③技术负责人应定期组织具有资格的质量检查人员和内部质量审核员验证质量计划的实施效果。当项目质量控制中存在问题或隐患时,应及时提出解决措施。

④对重复出现的不合格问题和质量问题,责任人应按规定承担责任,并应依据验证评价的结果进行处理。

【学习笔记】

_____

_____

_____

_____

_____

_____

【关键词】

质量控制　特点　原则　PDCA 循环原理　质量计划　质量控制过程

【任务练习】

一、填空题

1.加强建筑工程质量控制的事前和事中控制体现了_____的原则。

2.在工程建设中,应把_____作为质量控制的重点。

3.在处理质量、进度、投资三者的关系时,应该始终把_____放在工程建设的首位。

二、选择题

1.工程质量特性表现在( )。

A.适用性、耐久性　　　　　　　　B.安全性、可靠性

C.经济性、协调性　　　　　　　　D.综合性、多样性

2.建设工程项目质量控制的基本原理有( )。

A. PDCA 循环原理   B. 三阶段控制原理

C. 三全控制管理   D. 三完善控制原理

3.全面质量管理原理不包括(   )。

A. 全面质量控制   B. 全阶段质量控制

C. 全员参与管理   D. 全过程质量管理

4.三阶段控制原理包括事前控制、事中控制和事后控制,其中事前控制的含义是(   )。

A. 要求预先进行周密的质量计划

B. 可理解为质量计划阶段,明确目标并制订实现目标的行动方案

C.作业者和管理者明确计划意图和标准,按规范制订行动方案

D.强调质量目标的计划预控,并按质量计划进行质量活动前的准备工作状态的控制

任务 6.2   建筑工程项目质量影响因素和控制过程的质量控制

工程质量是项目各方面、各部门、各环节工作质量的集中反映。其贯穿了整个建筑产品形成的全过程。建筑工程项目质量控制要把所有影响工程质量的因素和环节控制起来,做到全面、全过程控制。

6.2.1   建筑工程项目质量形成阶段

建筑产品的形成过程不仅是建筑工程项目质量的形成过程,也是项目的可行性研究、决策、勘察设计、施工、竣工验收这几个阶段质量的综合反映。建筑工程项目质量的形成主要包括以下 3 个阶段:

①策划阶段。形成工程对象的质量及其技术目标,主要由业主或业主聘请的项目管理公司完成。

②设计阶段。根据质量目标和技术规范要求形成工程对象固有的特性,主要由设计单位完成。

③施工阶段。实现设计意图,建成工程实体,主要由施工企业委派的施工项目部完成。

下面以施工阶段为重点,进行项目质量控制的介绍。

6.2.2   建筑工程项目质量影响因素的控制

在项目形成的每一个阶段和环节,都应对影响其工作质量的人、机械设备、材料、施工方法和环境(4M1E)因素进行控制,并对质量活动的成果进行分阶段验证,以便及时发现问题,查明原因,采取措施。

1)人的控制

人的控制的方法及具体内容见表6.2。

表 6.2   人的控制的方法及具体内容

方　法	具体内容
提高人的素质	①加强思想政治教育、劳动纪律教育、职业道德教育,不断提高人的思想素质、领导者的素质和领导层的整体素质,是提高工作质量和工程质量的关键; ②施工管理人员、班组长和操作人员的技能和知识应满足工程质量对人员素质的要求

续表

方　法	具体内容
加强人员专业技术培训	①开展专业技术培训,提高劳动人员的技术水平(做好施工管理人员上岗前的岗位培训,保证掌握施工工艺,操作考核合格,持有上岗证后方可上岗;对工程技术人员集中培训,学习新规范、新法律法规,尤其是要加强对工程建设标准强制性条文的学习); ②对施工管理人员进行施工交底,使全部管理人员做到心中有数; ③对劳务队全体人员进行进场前安全、文明施工及管理宣传动员,对特殊工作作业人员集中培训,考核合格取证后方可上岗; ④对各专业队伍进行施工前技术质量交底
健全岗位责任制,提高人的质量意识	明确规定各种工作岗位的职能及其责任,明确各种岗位的工作内容、数量、质量和应承担的责任等并予以严格执行,以保证各项业务活动能有秩序进行
引入竞争机制和奖惩机制	从人的业务水平、思想素质、行为活动、违纪违章等几个方面综合考虑,引入竞争机制和奖惩机制,促进人员的不断进步,优胜劣汰,把好用人关,让人的流动始终处于全面受控状态,从而靠人去实现质量目标

2) 材料的控制

材料的控制的方法及具体内容见表6.3。

表6.3　材料的控制的方法及具体内容

方　法	具体内容
严格控制材料构配件采购订货	①要从源头上把好建筑材料质量关,严格控制材料构配件采购订货,优选材料生产厂家,大宗器材或材料的采购应实行招标采购的方式; ②承包单位负责采购的原材料、半成品或构配件,在采购订货前应向监理工程师申报,审查合格后,方可进行采购订货; ③对于某些材料(如瓷砖等装饰材料),订货时应尽量一次性备足,避免出现分批采购导致色泽不一的质量问题
材料搬运、存放质量控制	①材料在搬运、储存或保管过程中,如果方法不当会影响材料的质量,甚至造成材料的报废; ②不同的材料应该根据材料特性选择适宜的搬运工具、防护措施,安排适宜的存放条件,以保证存放质量; ③保持材料标志,以确保对原物质质量状况的可追溯性
严格检验进场的材料和设备	①进入现场的工程材料必须有产品合格证或质量保证书,并应符合设计规定要求,不合格材料不得进入现场,需复检的材料必须经复检合格后才能使用; ②使用进口的工程材料必须符合我国相应的质量标准,并持有商检部门签发的商检合格证书
严格执行限额领料制度,收发料具手续齐全	超出限额时须办理手续,说明超用原因,经批准后方可领用
材料在使用过程中材料人员要进行跟踪监督	①材料使用要求工完场清,严禁乱丢乱放; ②材料使用后,余料必须回收,钢筋、模板、土方、混凝土、包装等回收到指定地点

3）机械设备的控制

机械设备的控制的方法及具体内容见表6.4。

表6.4　机械设备的控制的方法及具体内容

方　法	具体内容
从源头控制，严把采购关	①施工单位应高度重视机械设备及配件采购工作，建立机械设备采购制度，优选供货厂家，购置的建筑机械设备应具备生产（制造）许可证、产品合格证、产品作用说明书； ②严禁购置和租赁国家明令淘汰、规定不准再使用的机械设备； ③严禁购置和租赁经检验达不到安全技术标准规定的机械设备
严格机械设备进场制度	①设备进场时，监理机构要对机械设备的名称、型号、数量、技术性能、设备状况进行现场核对，保证投入生产作业的机械设备的性能、数量及设备状态能够满足正常施工的要求； ②有特殊安全要求的设备进场后，须经当地劳动部门鉴定，符合要求并办好相关手续后方可投入使用； ③设备安装检验合格后，必须进行试压和试运转，从而确保配套投产正常运转
操作人员持证上岗，实行"三定"制度	①垂直运输机械作业人员、安装拆卸工、起重信号工等特种作业人员，必须取得特种作业操作资格证书后，方可上岗作业； ②贯彻"人机固定"原则，实行定机、定人、定岗位责任的"三定"制度
建立机械档案，做好日常保养维修	①做好机械设备原始技术资料和交接验收凭证、历次大修改造、运转时间、事故记录及其他有关资料的记录，并由专人负责保管； ②定期对机械设备进行检查并做好相应记录，出现质量问题时要及时维修，避免因机器故障影响工程质量； ③施工单位要按照说明书进行保养、润滑、检修，加强设备的储存、保管，以维护、养护为中心，以维修为辅助，从而正常使用
建立健全机械使用制度，合理使用施工机械	①建立交接班制度，交接完善后方可开始工作； ②配合机械作业辅助人员，听从指挥，应密切配合； ③作业人员应遵守安全施工的强制性标准、规章制度和操作规程，正确使用施工机械

4）施工方法的控制

施工方法的控制的方法及具体内容见表6.5。

表6.5　施工方法的控制的方法及具体内容

方　法	具体内容
遵守施工顺序	①分部工程一般应遵循"先地下、后地上，先主体、后围护，先结构、后装饰，先土建、后设备"的原则； ②科学、合理的施工顺序能够在时间、空间上优化施工过程； ③在保证质量的情况下，尽量做到施工的连续性、紧凑性、均衡性
控制工序质量	①分部分项工作都是按照一定的施工工艺展开的，前后施工工序之间有一定的客观规律和制约关系； ②要保证每道工序的质量，对于重点部位、隐蔽工程等，要严格控制工序质量，验收合格后才能进入下一道工序

续表

方　法	具体内容
在每一分项工程施工前，做到"方案先行，样板先行"	严格执行施工方案分级审批制度，方案审批通过后做出样板，反复对样板中存在的问题进行修改，直至达到设计要求方可执行
认真编制施工方案，细化施工方法	①施工方案的制订、论证选择，其前提是满足技术的可行性，目的是确保质量目标的实现； ②在制订和审核施工方案时，必须结合工程实际，从技术、经济、工艺、操作、组织、管理等方面进行全面分析，综合考虑，力求方案技术可行、经济合理、工艺先进、操作方便、组织得当、管理科学； ③施工方法是施工方案的重要组成部分，属于施工方案的技术方面； ④在编制施工方案时，对工程中工程质量影响较大的重要部位、关键部位，施工技术复杂的分部分项工程，要求施工方法详细而具体，必要时可单独编制单独的分部分项工程的施工作业设计
推广新技术、新材料、新工艺和新设备的应用	"四新"技术的推广应用，可以降低投资成本，加快工程进度，确保工程质量目标的实现

5) 环境的控制

环境的控制的方法及具体内容见表6.6。

表6.6　环境的控制的方法及具体内容

方　法	具体内容
施工作业环境的控制	①对于精度要求高的施工，要求有良好的照明，保证操作条件满足操作要求； ②保持交通道路通畅，保证混凝土的运输，减少干扰与延误； ③根据施工要求设置道路、组织排水、堆放材料和机械设备、安排围墙与入口等的位置，做到分区明确、合理定位； ④充分考虑交通、水电、消防、环保及卫生等因素，对场区进行合理划分，作业区与办公生活区分开设置，并保持安全距离和设置防护措施； ⑤在施工危险部位有针对性地设置和悬挂明显的安全警示标志； ⑥监理工程师应事先检查承包单位对施工作业环境条件方面的有关准备工作是否准备妥当，确认其准备可靠、有效后，方准许进行施工； ⑦健全施工现场管理制度，使施工现场秩序化、标准化，实现文明施工，从而达到对施工作业环境的监控，以确保工程质量第一
施工质量管理环境的控制	作为工程实体质量的直接实施者，施工单位的质量管理在整个管理过程中有着举足轻重的作用。因此，施工单位要优化自身的管理环境，建立完善的质量管理体系和质量控制自检体系，明确系统的组织结构，制订相应的质量管理制度和质量检测制度，合理进行人员配备，落实质量责任制
自然环境条件的控制	①自然环境因素对工程质量的影响具有复杂多变的特点，施工现场的防洪与排水、夏季高温与冬季严寒、地下水位及土质情况都会对工程施工质量产生影响； ②在施工前，结合工程特点、当地自然条件、施工现场环境特征，充分分析可能对工程质量产生影响的自然环境条件因素，事先制定对策，做好充分的准备，综合分析、全面考虑，有效达到控制的目的

6.2.3　建筑工程项目各控制过程的质量控制

1）建筑工程项目的事前质量控制

事前质量控制是指在正式施工前进行的质量控制,其控制重点是做好施工准备工作。施工准备是保证施工生产正常进行而必须事先做好的工作。施工准备工作不仅要在工程开工前做好,而且要贯穿于整个施工过程。施工准备的基本任务就是为施工项目建立一切必要的施工条件,确保施工生产顺利进行及工程质量符合要求。

（1）技术准备的质量控制

技术准备是指在正式开展施工作业活动前进行的技术准备工作。这类工作内容繁多,主要在室内进行。例如,熟悉施工图纸,进行详细的设计交底和图纸审查;进行工程项目划分和编号;细化施工技术方案和施工人员、机具的配置方案,编制施工作业技术指导书,绘制各种施工详图(如测量放线图、大样图及配筋、配板、配线图表等),进行必要的技术交底和技术培训。技术准备的质量控制,包括对上述技术准备工作成果的复核审查,检查这些成果是否符合相关技术规范、规程的要求和对施工质量的保证程度;制订施工质量控制计划,设置质量控制点,明确关键部位的质量管理点等。

（2）现场施工准备的质量控制

①工程定位及标高基准控制。工程施工测量放线是施工中事前质量控制的一项基础工作,是施工准备阶段的一项重要内容,施工承包单位要对原始基准点、基准线和标高等测量控制点进行复核,建立施工测量控制网,通过抽检建筑方格网、水准点及标桩埋设位置等对施工测量控制网进行复测,并将复测结果上报监理工程师审核,批准后施工单位才能建立施工测量控制网,进行工程定位和标高基准的控制。

②施工平面布置的控制。建设单位应按照合同约定并考虑施工单位施工的需要,事先划定并提供施工用地和现场临时设施用地的范围。施工单位要合理、科学地规划使用好施工场地,保证施工现场的道路畅通、材料的合理堆放、良好的防洪排水能力、充分的给水和供电设施及正确的机械设备的安装布置。

（3）材料准备的质量控制

建筑工程采用的主要材料、半成品、成品、建筑构配件等(统称"材料"),均应进行现场验收。凡涉及工程安全及使用功能的有关材料,应按各专业工程质量验收规范规定进行复验,并应经监理工程师(建设单位技术负责人)检查认可。为了保证工程质量,施工单位应从采购订货、进场检验、存储和使用三个方面把好原材料的质量控制关。

（4）施工机械设备的质量控制

施工机械设备的质量控制,就是要使施工机械设备的类型、性能、参数等与施工现场的实际条件、施工工艺、技术要求等因素相匹配,符合施工生产的实际要求。机械设备的选型、选择,应按照技术上先进、生产上适用、经济上合理、使用上安全、操作上方便的原则进行。其质量控制主要从机械设备的选型、主要性能参数指标的确定和使用操作要求等方面进行。

（5）劳动组织准备的质量控制

劳动组织涉及从事作业活动的操作人员和进行管理的管理人员,以及相关的规章制度。操作人员的配备数量要求满足作业活动的需要,保证作业能持续、有序地进行;管理人员在施工现场要落实管理责任,明确管理要求,管理要到位;施工技术人员和特殊工种进场前进行技术培训,培训考核合格后可进入岗位;对所有施工人员进行安全交底;从事特殊作业的人员(如电焊工、起重工、爆破工等)必须持证上岗。

2)建筑工程项目的事中质量控制

事中质量控制是指施工过程中进行的质量控制。事中质量控制的策略是全面控制施工过程,重点控制工序质量。

(1)技术交底

在施工过程中,施工作业人员必须清楚了解技术交底中的要求和施工步骤,避免造成工程质量存在安全隐患或工程返工等情况。做好技术交底是保证施工质量的重要措施之一。项目开工前应由项目技术负责人向承担施工的负责人或分包人进行书面技术交底。技术交底应围绕施工材料、机具、工艺、工法、施工环境和具体的管理措施等方面进行,应明确具体的步骤、方法、要求和完成的时间等。

技术交底的形式有:书面、口头、会议、挂牌、样板、示范操作等。

技术交底的内容主要包括:任务范围、施工方法、质量标准和验收标准。施工中应注意的问题,可能出现意外的措施及应急方案,文明施工和安全防护措施以及成品保护要求等。技术交底的主要内容详见表6.7。

表6.7 技术交底的内容

技术交底名称	技术交底的主要内容	技术交底负责人	技术交底审批人	接收交底人
施工组织设计技术交底	工程概况、工程特点、设计意图;施工准备要求;主要施工方法;工程施工的注意事项;保证工期、质量、安全主要技术措施	项目技术负责人	项目经理	施工员技术员质检员材料员计量员试验员设备员安全员
技术复杂的分部分项工程施工技术交底	分部分项工程概况;影响该分部分项工程施工的关键因素;该分部分项工程施工的技术难点、施工步骤;该分部分项工程的施工方法、工艺标准;保证工期、质量、安全的主要技术措施	项目技术负责人	项目经理	
"四新"(新材料、新产品、新技术、新工艺)技术推广应用技术交底	该新技术的主要内容;该新技术的应用范围和适用条件;该新技术的使用方法或操作程序;保证工期、质量、安全的注意事项	项目技术负责人	项目经理	
特殊过程、关键工序施工技术交底	施工准备及作业条件;施工工艺和施工方法;质量要求及质量控制方法,技术参数;保证工期、质量、安全的技术措施和注意事项	项目技术负责人	项目技术负责人	施工员质检员材料员计量员试验员设备员安全员
主要、关键结构部位或易发生安全事故的部位	设计图纸的具体要求;质量要求;施工中可能出现的质量、安全问题;施工方法和技术措施	项目技术负责人	项目技术负责人	
雨期施工技术交底	需在雨期进行施工的分部分项工程;受雨期影响较大的分部分项工程;施工方法和施工工艺;保证工期、质量、安全的技术措施	项目技术负责人	项目技术负责人	作业班组等

续表

技术交底名称	技术交底的主要内容	技术交底负责人	技术交底审批人	接收交底人
分部分项工程施工技术交底	施工准备;施工组织与施工部署;施工方法和操作工艺;质量要求、安全要求;成品保护	项目技术负责人	项目技术负责人	作业班组等

(2)测量控制

项目开工前应编制测量控制方案,经项目技术负责人批准后实施。其复核结果应报送监理工程师复验确认后,方能进行后续相关工序的施工。

(3)计量控制

计量控制是保证工程项目质量的重要手段和方法,是施工项目开展质量管理的一项重要基础工作。施工过程中的计量工作,包括施工生产时的投料计量、施工测量、监测计量以及对项目、产品或过程的测试、检验、分析计量等。计量控制的工作重点是:建立计量管理部门和配置计量人员;建立健全和完善计量管理的规章制度;严格按规定有效控制计量用具的使用、保管、维修和检验;监督计量过程的实施,保证计量的准确性。

(4)工序施工质量控制

工程项目是由一系列相互关联、相互制约的工序构成,因此,控制工程项目施工整体的质量,必须控制各道工序的施工质量。工序施工质量控制主要包括工序施工条件质量控制和工序施工效果质量控制。

①工序施工条件质量控制。工序施工条件是指从事工序活动的各生产要素质量及生产环境条件。控制工序施工条件的质量,即每道工序投入品的质量是否符合要求。控制的依据主要是:设计质量标准、材料质量标准、机械设备技术性能标准、施工工艺标准和操作规程等。

②工序施工效果质量控制。工序施工效果主要反映工序产品的质量特征和特性指标。控制工序操作过程的质量,即检查工序施工中操作程序、操作质量是否符合要求,加强工序质量的检验评定。按有关施工验收规范规定,地基基础工程、主体结构工程、建筑幕墙工程和钢结构及管道工程的工程质量必须进行现场质量检测,合格后才能进入下道工序。

混凝土工程质量通病与防治

(5)特殊过程的质量控制

特殊过程是指该施工过程或工序质量不易或不能通过其后的检验和试验而得到充分的验证,或者万一发生质量事故则难以挽救的施工过程。特殊过程的质量控制应根据特殊过程的施工工艺、施工方法和作业环境,以及国家或行业的规范、规程、标准、法令、法规的要求,编制相应的施工方案、作业指导书并确定质量控制点。

①选择质量控制点的原则。对施工质量形成过程产生影响的关键部位、工序或环节及隐蔽工程;施工过程中的薄弱环节,或者质量不稳定的工序、部位或对象;对下道工序有较大影响的上道工序;采用新技术、新工艺、新材料的部位或环节;施工上无把握的、施工条件困难的或技术难度大的工序或环节;用户反馈的过去返工的不良工序。

②质量控制点重点控制的对象。选择质量控制的重点部位、重点工序和重点的质量因素作为质量控制的对象,进行重点预控和控制,从而有效地控制和保证施工质量。

(6) 工程变更的控制

在施工过程中,由于施工条件的变化、建设单位的要求或设计原因,均会导致工程变更。工程变更可能来自建设单位、设计单位或施工单位,凡是需要变更的,必须履行工程变更手续,提出变更申请,由监理工程师进行有关方面的研究,确认其变更的必要性,通过审核后,由监理工程师发布变更指令方能生效予以实施。

(7) 做好技术复核工作

凡涉及施工作业技术活动基准和依据的技术工作,都应该严格进行技术复核工作,以免基准失误给整个工程带来巨大的、难以补救的损失。例如,工程的定位、标高、预留孔洞的尺寸及位置、混凝土配合比、管线的坡度等。施工单位将技术复核的结果报监理工程师复验确认后,才能进行后续相关的施工。

(8) 建立完善的质量自检体系

施工单位是施工质量的直接实施者和责任者,工程实体质量与施工单位的一系列施工活动息息相关。在工程施工过程中,施工单位要建立完善的质量自检体系,做好质量自检工作。作业活动的人员在作业结束后必须自检;不同工序交接、转换必须由相关人员交接检查,承包单位专职质检员进行专检。

(9) 做好施工过程中的验收工作

要保证工程的最终质量,就要首先保证施工过程中中间产品的质量。施工过程中对其后续工作的质量影响较大的重点环节,要作为质量验收的重点环节。例如,基槽开挖验收要有勘察设计单位的有关人员及主管质量监督的部门参加;隐蔽工程必须验收合格才能覆盖,进入下一道工序。

3) 建筑工程项目的事后质量控制

事后质量控制主要是进行已完施工的成品保护、质量验收和不合格的处理,以确保最终验收的工程质量。

(1) 成品保护的控制

在施工过程中,半成品、成品的保护工作应贯穿于施工全过程,避免因保护不当造成操作损坏或污染,影响工程整体质量。产品保护控制的主要工作包括:加强教育,提高全体员工的成品保护意识,同时要合理安排施工顺序,采取有效的保护措施。成品保护的措施一般有防护(提前保护,针对被保护对象的特点采取各种保护的措施,防止对成品的污染及损坏)、包裹(将被保护物包裹起来,以防损伤或污染)、覆盖(用表面覆盖的方法防止堵塞或损伤)、封闭(采取局部封闭的办法进行保护)等几种方法。

(2) 施工过程的工程质量验收

施工质量检查验收作为事后质量控制的途径,强调按照《建筑工程施工质量验收统一标准》规定的质量验收划分,从施工作业工序开始,依次做好检验批、分项工程、分部工程及单位工程的施工质量验收。通过多层次的设防把关,严格验收,控制建筑工程项目的质量目标。

建筑工程项目施工成品保护措施

(3) 建筑工程项目竣工质量验收

建筑工程项目竣工质量验收的依据主要包括:上级主管部门的有关工程竣工验收的文件和规定;国家和有关部门颁发的施工规范、质量标准、验收规范;批准的设计文件、施工图纸及说明书;双方签订的施工合同;设备技术说明书;设计变更通知书;有关的协作配合协议书等。

建筑工程项目竣工验收工作,通常可分为三个阶段,即竣工验收的准备、初步验收(预验收)和正式验收。

①竣工验收的准备。参与工程建设的各方均应做好竣工验收的准备工作。其中,建设单位应组织竣工验收班子,审查竣工验收条件,准备验收资料,做好建立建设项目档案、清理工程款项、办理工程结算手续等方面的准备工作;监理单位应协助建设单位做好竣工验收的准备工作,督促施工单位做好竣工验收的准备工作;施工单位应及时完成工程收尾工作,做好竣工验收资料的准备(包括整理各项交工文件、技术资料并提出交工报告),组织准备工程预验收;设计单位应做好资料整理和工程项目清理等工作。

成品保护
施工方案

②初步验收(预验收)。当工程项目达到竣工验收条件后,施工单位应在自检合格的基础上,填写工程竣工报验单并将全部资料报送监理单位,申请竣工验收。监理单位应根据施工单位报送的工程竣工报验申请,由总监理工程师组织专业监理工程师,对竣工资料进行审查,并对工程质量进行全面检查,对检查中发现的问题督促施工单位及时整改。经监理单位检查验收合格后,应由总监理工程师签署工程竣工报验单,并向建设单位提出质量评估报告。

③正式验收。项目主管部门或建设单位在接到监理单位的质量评估和竣工报验单后,经审查,确认符合竣工验收条件和标准,即可组织正式验收。

竣工验收由建设单位组织,验收组由建设、勘察、设计、施工、监理和其他有关方面的专家组成,验收组可下设若干个专业组。建设单位应在工程竣工验收 7 个工作日前将验收的时间、地点和验收组人员名单书面通知当地工程质量监督站。

当参与工程竣工验收的建设、勘察、设计、施工、监理等各方不能形成一致意见时,应协商提出解决方法,待意见一致后重新组织工程竣工验收,必要时可提请住房城乡建设主管部门或质量监督站调解。正式验收完成后,验收委员会应形成《竣工验收鉴定证书》,给出验收结论并确定交工日期。

(4)对质量不合格的处理

施工单位工程
竣工报告

在竣工验收过程中,对质量不符合验收标准、达不到质量要求的部位,应根据其质量问题采取加固、补强、返修等一系列措施,解决存在的质量问题。某些工程质量缺陷虽不符合规定的要求或标准,但经过分析、论证,不影响结构安全和使用功能,或经过后续工序可以弥补,经复核验算仍能满足设计要求的,可以不做处理。通过返修或加固仍不能满足安全使用要求的,不予验收。

【学习笔记】

_____

_____

_____

_____

_____

【关键词】

质量影响因素　形成阶段　因素控制　控制过程　环境控制

【任务练习】

一、填空题

1.建筑工程项目质量的形成阶段主要包括_____、_____、_____。

2.影响建筑工程项目质量的因素主要有_____、_____、_____、_____、_____。

3.施工质量管理环境的控制主要包括_____、_____、_____。

4."人机固定"原则是指_____、_____、_____的"三定"制度。

二、选择题

1.(　　)是质量控制的核心,(　　)的质量保证是工程质量的前提条件。

A.人　材料　　　　B.人　机械　　　　C.材料　机械　　　　D.机械　材料

2.事前控制的重点是(　　)。

A.工序质量的控制　　　　　　　　B.工作质量的控制

C.质量控制点的控制　　　　　　　D.准备工作的控制

3.控制工程项目施工过程的质量,必须从最基本的(　　)控制入手。

A.各道工序施工质量　　　　　　　B.分项工程质量

C.分部工程质量　　　　　　　　　D.单位工程质量

任务 6.3　建筑工程项目质量控制的方法

质量控制必须依赖科学、有效的方法才能得以实施。通过现场质量检查及质量控制数理统计方法,可以科学地掌握质量状态,分析存在的质量问题,了解影响质量的各种因素,达到提高工程质量的目的。

6.3.1　建筑工程项目质量控制的基本方法

1)审核有关技术文件、报告或报表

审核是项目经理对工程质量进行全面管理的重要手段,其具体审核内容包括对有关技术资质证明文件、开工报告、施工单位质量保证体系文件、施工方案和施工组织设计及技术措施、有关文件和半成品机构配件的质量检验报告、反映工序质量动态的统计资料或控制图表、设计变更和修改图纸及技术措施、有关工程质量事故的处理方案、有关应用"新技术、新工艺、新材料"现场试验报告和鉴定报告、签署的现场有关技术签证和文件等。

2)现场质量检查

①现场质量检查的内容包括:开工前的检查,主要检查是否具备开工条件,开工后是否能够保持连续正常施工,能否保证工程质量;工序交接检查,对于重要的工序或对工程质量有重大影响的工序,应严格执行"三检"制度,即自检、互检、交接检,未经监理工程师(建设单位技术负责人)检查认可,不得进行下道工序施工;隐蔽工程的检查,施工中凡是隐蔽工程必须经检查认证后方可进行隐蔽掩盖;停工后复工的检查,因客观因素停工或处理质量事故等停工复工时,经检查认可后方能复工;分项分部工程完工后,应经检查认可并签署验收记录后,才能进行下一工程项目的施工;成品保护的检查,检查成品有无保护措施以及保护措施是否有效、可靠。

②现场质量检查的方法有目测法、实测法和试验法等。

a.目测法即凭借感官进行检查,也称观感质量检验,其方法可概括为"看、摸、敲、照"四个字。所谓看,就是根据质量标准要求进行外观检查,如检查清水墙面是否洁净,混凝土外观是否

符合要求等。摸,就是通过触摸手感进行检查、鉴别,如检查油漆的光滑度等。敲,就是运用敲击工具进行音感检查,如对地面工程应进行敲击检查。照,就是通过人工光源或反射光照射,检查难以看到或光线较暗的部位,如检查管道井、电梯井内的管线等。

b.实测法是指通过实测数据与施工规范、质量标准的要求及允许偏差值进行对照,以此判断质量是否符合要求。其方法可概括为"靠、量、吊、套"四个字。所谓靠,就是用直尺、塞尺检查,如墙面、地面、路面等的平整度。量,就是指用测量工具和计量仪表等检查断面尺寸、轴线、标高、湿度、温度等的偏差,如混凝土坍落度的检测等。吊,就是利用托线板以及线坠吊线检查垂直度,如砌体垂直度检查等。套,是以方尺套方,辅以塞尺检查,如对阴阳角的方正、门窗口及构件的对角线检查等。

c.试验法是指通过必要的试验手段对质量进行判断的检查方法,主要包括理化试验和无损检测。

●理化试验:工程中常用的理化试验包括物理力学性能方面的检验和化学成分及其含量的测定两个方面。

●无损检测:利用专门的仪器仪表从表面探测结构物、材料、设备的内部组织结构或损伤情况。常用的无损检测方法有超声波探伤、X射线探伤、γ射线探伤等。

6.3.2　建筑工程项目质量控制的数理统计方法

建筑工程质量控制用数理统计方法可以科学地掌握质量状态,分析存在的质量问题,了解影响质量的各种因素,达到提高工程质量和经济效益的目的。建筑工程上常用的统计方法有排列图法、因果分析图法、直方图法、控制图法、相关图法、散点图法、统计调查表法、分层法八种。

1)排列图法

排列图法又称主次因素排列图法或巴雷特图法。其作用是寻找主要质量问题或影响质量的主要原因,以便抓住提高质量的关键,取得好的效果。

排列图由两个纵坐标、一个横坐标、几个长方形和一条曲线组成。左侧的纵坐标表示频数或件数,右侧的纵坐标表示累计频率,横轴则表示项目(或影响因素),按项目频数大小顺序在横轴上自左而右画长方形,其高度为频数,并根据右侧纵坐标画出累计频率曲线,又称巴雷特曲线。根据累计频率把影响因素分成三类:A类因素,对应于累计频率0～80%,是影响产品质量的主要因素;B类因素,对应于累计频率80%～90%,为次要因素;C类因素,对应于累计频率90%～100%,为一般因素。运用排列图便于找出主次矛盾,以利于采取措施加以改进,如图6.5所示。

现以砌砖工程为例,按有关规定对项目进行检查测试,然后把收集的数据按不合格的大小依次排列,计算出各自的频数,据此绘制排列图。如图6.6所示,影响砌砖质量的主要因素是门窗孔洞偏差和墙面垂直度。因此,在砌砖时应在门窗孔洞砌筑和墙面垂直度方面主动采取措施,以确保砌砖工程的质量。

2)因果分析图法

因果分析图又称特性要因图,因其形状像树枝或鱼骨,故又称鱼骨图、鱼刺图、树枝图。

因果分析图法是分析质量问题产生原因的有效工具。通过排列图,找到影响质量的主要问题(或主要因素),但找到问题不是质量控制的最终目的,目的是搞清楚产生质量问题的各种原因,以便采取措施加以纠正。因果分析图的画法是将要分析的问题放在图形的右侧,用一条带箭头的线指向要解决的质量问题,一般可以从人、机械设备、材料、工艺、环境五个方面进行分析,这就是所谓的大原因。对具体问题来说,这五个方面的原因不一定同时存在,要找到解决问题的方法,还需要对上述五个方面进一步分解,这就是中原因、小原因或更小原因,它们之间的关系也用带箭头的线表示。找出影响质量的因素以后,要有效列出对策,并落实到解决问题的人和时间,限期改正,见表6.8。

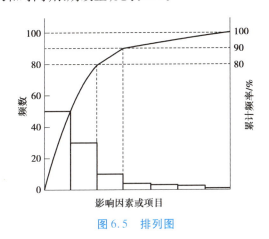

图 6.5　排列图

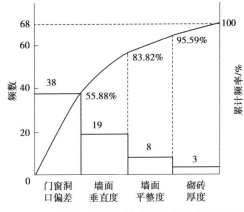

图 6.6　砌砖工程不合格项目大小次序排列图

表 6.8　混凝土质量问题对策计划

项　　目	序　号	问题原因	采取对策	负责人	期　限
人	1	基本知识差	①对新工人进行教育 ②做好技术交底工作 ③学习操作规程及质量标准		
	2	责任心不强、工人干活有情绪	①加强组织工作,明确分工 ②建立工作岗位责任制,采用挂牌制 ③关心职工生活		
工艺	3	配比不准	试验室重新适配		
	4	水胶比控制不严	修理水箱、计量器		
材料	5	水泥量不足	对水泥计算进行检查		
	6	砂、石含泥量大	组织人清洗过筛		
机械	7	振捣器、搅拌机常坏	增加设备、及时修理		
环境	8	场地狭窄	清理现场、增加空间		
	9	气温低	准备草袋覆盖、保温		

现以某工程在施工过程中发现混凝土强度不足的质量问题为例绘制因果分析图,分析可能出现的原因,如图6.7所示。

3) 直方图法

直方图法即频数分布直方图法,是将收集到的质量数据进行分组整理,绘制成频数分布直方图,用以描述质量分布状态的一种分析方法,因此又称质量分布图法。通过直方图的观察与分析,可以清楚统计数据的分布特征,即数据分布的集中或离散状况,从而掌握质量能力状态,并且可以观察、分析生产过程质量是否处于正常、稳定和受控状态以及质量水平是否保持在公差允许的范围内。

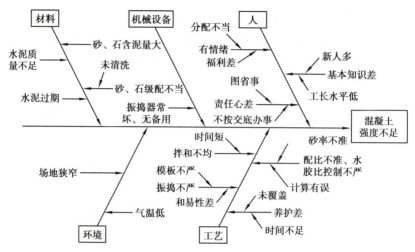

图6.7 混凝土强度不足因果分析图

正常直方图呈正态分布,其形状呈中间高、两边低、对称分布。正常直方图反映生产过程质量处于正常、稳定状态。数理统计研究证明,当随机抽样方案合理且样本数量足够大时,在生产能力处于正常、稳定状态时,质量特性检测数据趋于正态分布。

①所谓位置观察分析,是指将直方图的分布位置与质量控制标准的上、下限范围进行比较分析,如图6.8所示。

②生产过程的质量正常、稳定和受控,还必须在公差标准上、下界限范围内达到质量合格的要求。只有这样的正常、稳定和受控,才是经济、合理的受控状态,如图6.8(a)所示。

③图6.8(b)中,质量特性数据分布偏下限,易出现不合格,在管理上必须提高总体能力。

④图6.8(c)中,质量特性数据的分布宽度边界达到质量标准的上、下界限,其质量能力处于临界状态,易出现不合格,必须分析原因,采取措施。

⑤图6.8(d)中,质量特性数据的分布居中且边界与质量标准的上、下界限有较大的距离,说明其质量能力偏大,不经济。

⑥图6.8(e)、(f)中的数据分布均已超出质量标准的上、下界限,这些数据说明生产过程存在质量不合格的情况,需要分析原因,采取措施进行纠偏。

【知识拓展】

频数也称次数,是指在一组以大小顺序排列的测量值中,当按一定的组距将其分组时出现在各组内的测量值的数目,即落在各类别(分组)中的数据个数。

频率是每个小组的频数与数据总数的比值。

4)控制图法

控制图又称管理图,是能够表达施工过程中质量波动状态的一种图形。

在控制图中,以横坐标为样本(子样)序号或抽样时间,以纵坐标为被控制对象,即被控制的质量特性值。控制图上一般有三条线:在上面的一条虚线称为上控制界限,用符号UCL表示;在下面的一条虚线称为下控制界限,用符号LCL表示;中间的一条实线称为中心线,用符号CL表示。中心线标志着质量特性值分布的中心位置,上、下控制界限标志着质量特性值允许波动范围,如图6.9所示。

控制图的主要作用有两点:一是过程分析,即分析生产过程是否稳定;二是过程控制,即控制生产过程质量状态。

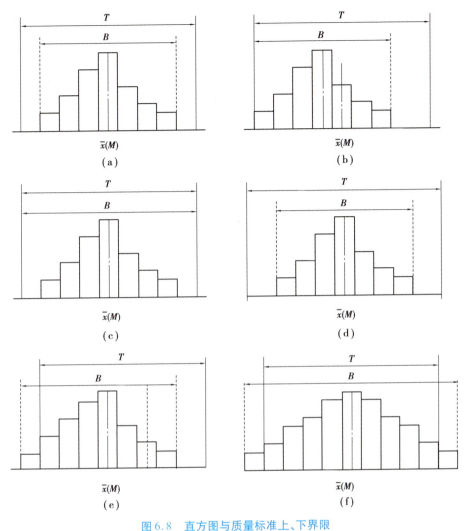

图 6.8　直方图与质量标准上、下界限

T—质量标准要求界限;B—实际质量特性分布范围

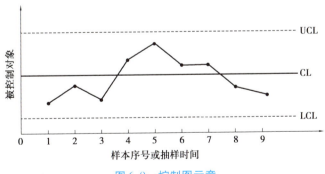

图 6.9　控制图示意

在生产过程中通过抽样取得数据,把样本统计量标在图上来分析判断生产过程状态。如果点子随机地落在上、下控制界限内,则表明生产过程正常,处于稳定状态,不会产生不合格品;如果点子超出控制界限或点子排列有缺陷,则表明生产条件发生了异常变化,生产过程处于失控状态。

当控制图同时满足两个条件(一是点子几乎全部落在控制界限内;二是控制界限内的点子排列没有缺陷)时,可以认为生产过程基本处于稳定状态。如果点子的分布不满足其中任何一个条件,都应判断生产过程异常。

①点子几乎全部落在控制界限内,是指应符合下述 3 个要求:

a. 连续 25 个点以上处于控制界限内。

b. 连续 35 个点以上仅有 1 个点超出控制界限。

c. 连续 100 个点中不多于 2 个点超出控制界限。

②点子排列没有缺陷,是指点子的排列是随机的,没有出现异常现象。

5) 相关图法

相关图又称散布图,相关图法不同于前述各种方法之处在于,它不是对一种数据进行处理和分析,而是对两种测定数据之间的相关关系进行处理、分析和判断。它也是一种动态的分析方法。在工程施工中,工程质量的相关关系有三种类型:第一种是质量特性和影响因素之间的关系,如混凝土强度与温度的关系;第二种是质量特性与质量特性之间的关系;第三种是影响因素与影响因素之间的关系。

通过对相关关系的分析、判断可以掌握对质量目标进行控制的信息。

分析质量结果与产生原因之间的相关关系,有时从数据上比较容易看清,但有时从数据上很难看清,这就必须借助于相关图进行相关分析。

6) 散点图法

散点图是将两个变量之间的相关关系用直角坐标系表示的图形。

散点图法是根据影响质量特性因素的各对数据,用点的形式描述在直角坐标图上,以观察判断两个质量特性值之间的关系,从而对产品或工序进行有效控制。

7) 统计调查表法

统计调查表又称检查表、核对表、统计分析表,可利用其来记录、收集和累计数据并对数据进行整理和粗略分析。

8) 分层法

分层法又称分类法或分组法,就是将收集到的质量数据,按统计分析的需要进行分类整理,使之系统化,以便找到产生质量问题的原因并及时采取措施加以纠正。

分层的结果使数据各层间的差异凸显,减少了层内数据的差异。在此基础上再进行层间、层内的比较分析,可以更深入地发现和认识质量问题的原因。

分层法的关键是调查分析的类别和层次划分,根据管理需要和统计目的,通常可按照以下分层方法取得原始数据:

①按施工时间分,如季节、月、日、上午、下午、白天、晚间。

②按地区部位分,如区域、城市、乡村、楼层、外墙、内墙。

③按产品材料分,如产地、厂商、规格、品种。

④按检测方法分,如方法、仪器、测定人、取样方式。

⑤按作业组织分,如工法、班组、工长、工人、分包商。

⑥按工程类型分,如住宅、办公楼、道路、桥梁、隧道。

⑦按合同结构分,如总承包、专业分包、劳务分包。

【学习笔记】

_____

_____

_____

_____

【关键词】

质量控制   基本方法   直方图法 分层法   排列图法   因果分析图法   数理统计方法

【任务练习】

一、填空题

1. "三检"制度是指_____、_____、_____。

2. 现场质量检查的方法主要有_____、_____、_____。

3. 排列图左侧的纵坐标表示_____,右侧的纵坐标表示_____,横轴表示_____。

二、选择题

1. 施工现场质量检查主要包括(   )。

A. 开工前的检查   B. 质量保证体系的建立

C. 停工后复工的检查   D. 分项分部工程完工后的检查

E. 成品保护的检查

2. 施工现场混凝土坍落度试验属于现场质量检查方法中的(   )。

A. 目测法   B. 实测法   C. 理化试验法   D. 无损检测法

3. (   )的作用是寻找主要质量问题。

A. 排列图法   B. 因果分析图法   C. 控制图法   D. 相关图法

4. (   )是分析质量问题产生原因的有效工具。

A. 排列图法   B. 因果分析图法   C. 控制图法   D. 相关图法

5. 下列质量分析方法中,(   )属于动态的分析方法。

A. 排列图法   B. 因果分析图法

C. 控制图法   D. 相关图法

E. 直方图法

6. 由于影响工程质量的因素很多,因此,对工程质量状况的调查和质量问题的分析,必须分门别类地进行,以便准确有效地找出问题及其原因所在,这就是(   )的基本思想。

A. 排列图法   B. 因果分析图法   C. 直方图法   D. 分层法

7. 在质量管理过程中,通过抽样检查或者检验试验所得到的诸多问题,均可采用(   )进行描述。

A. 排列图法   B. 因果分析图法

C. 分层法   D. 直方图法

E. 控制图法

8. 用于整理质量特性统计数据,了解统计数据的分布特征,观察生产过程质量稳定与否并可用于制订质量控制公差标准的数理统计方法是(   )。

A. 分层法   B. 因果分析图法

C. 排列图法   D. 直方图法

任务 6.4　建筑工程项目质量改进和质量事故的处理

工程质量事故是由于建设管理、监理、勘测、设计、咨询、施工、材料、设备等原因造成工程质量不符合规程、规范和合同规定的质量标准,影响使用寿命和对工程安全运行造成隐患及危害的事件。随着社会的发展,越来越多的工程质量事故频繁发生,成为危害人们生命的隐形杀手,如何避免这种事故的发生成了国家关注的焦点。

6.4.1　工程质量问题和质量事故的分类

1)工程质量不合格

(1)质量不合格和质量缺陷

凡工程产品没有满足某个规定的要求,就称为质量不合格;而没有满足某个预期使用要求或合理的期望要求,称为质量缺陷。

(2)质量问题和质量事故

凡是工程质量不合格,影响使用功能或工程结构安全,造成永久质量缺陷或存在重大质量隐患,甚至直接导致工程倒塌或人员伤亡,必须进行返修、加固或报废处理,按照由此造成人员伤亡和直接经济损失的大小区分,在规定限额以下的为质量问题,在规定限额以上的为质量事故。

2)建筑工程质量事故

(1)按事故造成损失程度分级

①特别重大事故,是指造成 30 人以上死亡,或者 100 人以上重伤,或者 1 亿元以上直接经济损失的事故;

②重大事故,是指造成 10 人以上 30 人以下死亡,或者 50 人以上 100 人以下重伤,或者5 000 万元以上 1 亿元以下直接经济损失的事故;

③较大事故,是指造成 3 人以上 10 人以下死亡,或者 10 人以上 50 人以下重伤,或者 1 000万元以上 5 000 万元以下直接经济损失的事故;

④一般事故,是指造成 3 人以下死亡,或者 10 人以下重伤,或者 100 万元以上 1 000 万元以下直接经济损失的事故。

(以上包括本数,以下不包括本数。)

(2)按事故责任分类

①指导责任事故,指由于工程指导或领导失误而造成的质量事故。

②操作责任事故,指在施工过程中,由于操作者不按规程或标准实施操作,而造成的质量事故。

③自然灾害事故,指由于突发的严重自然灾害等不可抗力造成的质量事故。

6.4.2　施工质量事故的预防

①认真学习并严格执行相关的建设规范、规定、作业规程及设计要求等;

②全面贯彻执行各项工程管理制度的有关规定;

③贯彻"百年大计,质量第一"的方针,树立良好的工作作风和职业道德,强化劳动纪律观

念,尽职尽责;

④严格控制工程质量,不断提高施工技术水平,并建立质量管理组织,严格检查制度;

⑤必须明确各级质量责任制,行政正职为质量第一责任者,各级技术负责人在技术上对工程质量负责;

⑥严格抓好工程质量管理,落实好各项检查工作,创优良品,消灭不合格品;

⑦贯彻"防检结合,以防为主"的方针,控制影响工程质量的各种因素,严格把好各个关口,抓好工程施工全过程的质量管理和控制,严格履行各项手续及签证;

⑧杜绝事故苗头,一旦发生质量事故及时按有关规定进行处理。

6.4.3　施工质量问题和质量事故的处理

1)施工质量事故处理的依据

(1)质量事故的实况资料

包括质量事故发生的时间、地点;质量事故状况的描述;质量事故发展变化的情况;有关质量事故的观测记录、事故现场状态的照片或录像;事故调查组调查研究所获得的第一手资料。

(2)有关合同及合同文件

包括工程承包合同、设计委托合同、设备与器材购销合同、监理合同及分包合同等。

(3)有关的技术文件和档案

主要是有关的设计文件、与施工有关的技术文件、档案和资料(如施工方案、施工计划、施工记录、施工日志、有关建筑材料的质量证明资料、现场制备材料的质量证明资料、质量事故发生后对质量事故状况的观测记录、试验记录或试验报告等)。

(4)相关的建设法规(略)

2)施工质量事故的处理程序

(1)事故调查

事故调查应力求及时、客观、全面,以便为事故的分析与处理提供正确的依据。根据调查结果撰写事故调查报告,其主要内容包括以下几项:

①工程概况。

②事故情况。

③事故发生后采取的临时防护措施。

④事故调查中的有关数据、资料,事故原因及初步判断。

⑤事故处理的建议方案与措施。

⑥事故涉及人员与主要责任者的情况等。

(2)事故原因分析

在完成事故调查的基础上,对事故的性质、类别、危害程度以及发生的原因进行分析,为事故处理提供必要的依据。原因分析时,分析人员往往会发现原因具有多样性和综合性。要正确区别同类事故的各种不同原因,通过详细的计算与分析,鉴别事故发生的主要原因。在综合原因分析中,除确定事故的主要原因外,应正确评估相关原因对工程质量事故的影响,以便能采取切实有效的综合加固修复方法。

(3)制订事故处理方案

事故的处理要建立在原因分析的基础上,并广泛听取专家及有关方面的意见。在制订事故处理方案时,应做到安全可靠、技术可行、不留隐患、经济合理、满足建筑和使用要求。

(4)事故处理

根据制订的事故处理方案,对质量事故进行认真的处理。处理的内容主要包括:事故的技术处理,以解决施工质量不合格和缺陷问题;事故的责任处理,根据事故的性质、损失情况、情节轻重对事故的责任单位和责任人做出相应的行政处分乃至追究刑事责任。

(5)事故处理的鉴定验收

质量事故的技术处理是否达到了预期目的,消除了工程质量不合格,是否仍留有隐患,应通过组织检查和必要的鉴定予以最终确认。为确保工程质量事故的处理效果,凡涉及结构承载力等使用安全和其他重要性能的处理工作,常需做必要的试验和检验鉴定工作。事故处理后,还必须提交事故处理报告,其内容包括:事故调查报告,事故原因分析,事故处理依据,事故处理方案、方法及技术措施,处理施工过程的各种原始记录资料、检查验收记录、事故结论等。

3)施工质量缺陷处理的基本方法

(1)修补处理

当工程某些部分的质量虽未达到规定的规范、标准或设计的要求,存在一定的缺陷,但经过修补后可以达到质量标准又不影响使用功能或外观的要求时,可采取修补处理的方法。

(2)加固处理

加固处理主要是针对承载力缺陷的质量事故的处理。通过对缺陷的加固处理,使建筑结构恢复或提高承载力,重新满足结构安全性、可靠性的要求,使结构能继续使用或改做其他用途。

例如,对混凝土结构常用的加固方法主要有:增大截面加固法、外包角钢加固法、粘钢加固法、增设支点加固法、增设剪力墙加固法、预应力加固法等。

(3)返工处理

当工程质量缺陷经过修补处理后仍不能满足规定的质量标准要求,或不具备补救的可能性时,必须采取返工处理。

(4)限制使用

在工程质量缺陷按修补方法处理后无法保证达到规定的使用要求和安全要求,而又无法返工处理的情况下,不得已时可做出诸如结构卸荷或减荷以及限制使用的决定。

(5)不做处理

某些工程质量问题虽然达不到规定的要求或标准,但其情况不严重,对工程或结构的使用及安全影响很小,经过分析、论证、法定检测单位鉴定和设计单位等认可后可不做专门处理。一般可不做专门处理的情况有以下几种:

①不影响结构安全、生产工艺和使用要求的。例如,有的工业建筑物出现放线定位的偏差且严重超过规范、标准规定,若要纠正会造成重大经济损失,但经过分析、论证,其偏差不影响生产工艺和正常使用,在外观上也无明显影响,可不做处理;又如,某些部位的混凝土表面的裂缝,经检查分析,属于表面养护不够的伸缩微缝,不影响使用和外观,也可不做处理。

②后道工序弥补的质量缺陷。例如,混凝土结构表面的轻微麻面,通过后续的抹灰、刮涂、喷涂等弥补,也可不做处理。

③法定检测单位鉴定合格的。例如,检验某批混凝土试块强度值不满足规范要求,但经法定检测单位对混凝土实体强度进行实际检测后,其实际强度达到规范允许值和设计要求值时,可不做处理。对经检测未达到要求值,但强度相差不多,经分析论证,只要使用前经再次检测达

到设计强度,也可不做处理,但应严格控制施工荷载。

④出现的质量缺陷,经检测鉴定达不到设计要求,但经原设计单位核算,仍能满足结构安全和使用功能的。例如,某结构构件截面尺寸不足或材料强度不足,影响结构承载力,但按实际情况进行复核验算后仍能满足设计要求的承载力,可不进行专门处理。这种做法实际上是挖掘设计潜力或降低设计的安全系数,应谨慎处理。

(6)报废处理

通过分析或实践,采取上述处理方法后仍不能满足规定的质量要求或标准,则必须予以报废处理。

【学习笔记】

_____

_____

_____

_____

_____

_____

【关键词】

质量改进　事故处理　事故分类　事故依据　处理程序　缺陷处理

【任务练习】

一、填空题

1.工程质量事故是指工程质量不符合规程、规范和合同规定的_____,影响使用寿命和对工程安全运行造成隐患及危害的事件。

2.凡工程产品没有满足某个规定的要求,就称为质量不合格;而没有满足某个预期使用要求或合理的期望要求,称为_____。

3.针对危及承载力缺陷质量事故,采用_____处理。

二、选择题

1.某公司发生意外事故,造成25人死亡,2 000万元直接经济损失,按损失程度分级属于(　　　)。

A.特别重大事故　　　　　　　　B.重大事故

C.较大事故　　　　　　　　　　D.一般事故

2.施工质量事故的处理中,事故调查之后应进行(　　　)。

A.事故原因分析　　　　　　　　B.制订事故处理方案

C.事故处理　　　　　　　　　　D.事故处理的鉴定验收

3.混凝土裂缝宽度大于0.3 mm时,采用(　　　)。

A.表面密封法　　　　　　　　　B.嵌缝密闭法

C.灌浆修补法　　　　　　　　　D.返工重做

4.对混凝土结构常用的加固方法主要有(　　　)。

A.增大截面加固法　　　　　　　B.外包角钢加固法

C.粘钢加固法　　　　　　　　　D.增设支点加固法

E. 增设剪力墙加固法

5. 以下情况可以不作处理的是(　　　)。

A. 不影响结构安全、生产工艺和使用要求的

B. 后道工序可弥补的质量缺陷

C. 法定检测单位鉴定合格的

D. 出现的质量缺陷,经检测鉴定达不到设计要求,但经原设计单位核算,仍能满足结构安全和使用功能的

6. 某钢筋混凝土结构工程的框架柱表面出现局部蜂窝、麻面,经调查分析,其承载力满足设计要求,则对该框架柱表面质量问题一般的处理方式是(　　　)。

A. 加固处理　　　　B. 返工处理　　　　　C. 不做处理　　　　　　　D. 修补处理

7. 施工方案属于施工质量事故处理依据中的(　　　)。

A. 质量事故的实况资料　　　　　　　B. 有关合同及合同文件

C. 有关的技术文件和档案　　　　　　D. 相关的建设法规

8. (　　　)是指在完成事故调查的基础上,对事故的性质、类别、危害程度以及发生的原因进行分析,为事故处理提供必需的依据。

A. 事故原因分析　　　　　　　　　　B. 制订事故处理方案

C. 事故处理　　　　　　　　　　　　D. 事故处理的鉴定验收

【项目小结】

本项目阐述了建筑工程项目质量控制的相关概念、质量控制的特点、建筑工程质量的各个形成阶段,影响建筑工程质量的主要因素,建筑工程质量控制原则;建筑工程项目在事前、事中及事后的质量控制措施,结合质量统计分析方法,质量的持续改进及质量事故的处理方法;建筑工程上常用的统计方法有排列图法、因果分析图法、直方图法、控制图法、相关图法、散点图法、统计调查表法、分层法。

【项目练习】

选择题

1. 施工现场混凝土坍落度试验属于现场质量检查方法中的(　　　)。

A. 目测法　　　　　B. 实测法　　　　　　C. 理化试验法　　　　　D. 无损检测法

2. 建设工程施工项目竣工验收应由(　　　)组织。

A. 监理单位　　　　B. 施工企业　　　　　C. 建设单位　　　　　　D. 质量监督机构

3. 某批混凝土试块经检测发现其强度值低于规范要求,后经法定检测单位对混凝土实体强度进行检测后,其实际强度达到规范允许和设计要求。这一质量事故宜采取的处理方法是(　　　)。

A. 加固处理　　　　B. 修补处理　　　　　C. 不做处理　　　　　　D. 返工处理

4. 下列施工质量控制措施中,属于事前控制的是(　　　)。

A. 设计交底　　　　　　　　　　　　B. 重要结构实体检测

C. 隐蔽工程验收　　　　　　　　　　D. 施工质量检查验收

5. 影响施工质量的环境因素中,施工作业环境因素包括(　　　)。

A. 地下障碍物的影响　　　　　　　　B. 施工现场交通运输条件

C. 质量管理制度　　　　　　　　　　D. 施工工艺与方法

6. 建设工程质量管理 PDCA 循环中,C 是指(　　)。

A. 计划　　　　　B. 实施　　　　　C. 检查　　　　　D. 处理

7. 建筑工程项目开工前,工程质量监督的申报手续应由项目(　　)负责。

A. 建设单位　　　B. 施工企业　　　C. 监理单位　　　D. 设计单位

8. 建设工程质量监督机构进行第一次施工现场监督检查的重点是(　　)。

A. 施工现场准备情况　　　　　　B. 检查施工现场计量器具

C. 参加建设的各单位的质量行为　　D. 复核项目测量控制定位点

9. 某建筑工程项目施工过程中,由于质量事故导致工程结构受到破坏,造成 6 000 万元的经济损失,这一事故属于(　　)。

A. 一般事故　　　B. 较大事故　　　C. 重大事故　　　D. 特别重大事故

10. 现场施工质量检查方法之一的目测法,其检验方法可概括为(　　)。

A. 看、摸、听、测　　　　　　　　B. 看、听、量、照

C. 看、摸、敲、照　　　　　　　　D. 看、摸、听、敲

11. 施工过程的质量控制,必须以(　　)为基础和核心。

A. 最终产品质量控制　　　　　　B. 工序质量控制

C. 实体质量控制　　　　　　　　D. 质量控制点

12. 事中控制的关键是(　　)。

A. 质量控制点的设置　　　　　　B. 工作质量的控制

C. 工序质量的控制　　　　　　　D. 坚持质量标准

13. 现场质量检查的方法主要有试验法、目测法和实测法,下列选项中全都属于后者的是(　　)。

A. 摸、量、吊、套　　　　　　　　B. 敲、靠、吊、套

C. 摸、敲、吊、靠　　　　　　　　D. 量、靠、吊、套

14. 工程项目竣工验收工作,通常可分为(　　)。

A. 准备阶段、初步验收、正式验收、保修验收

B. 准备阶段、正式验收、国家验收

C. 初步验收、正式验收、国家验收

D. 准备阶段、初步验收、正式验收

【项目实训】

实训题 1

【背景资料】

某工程 6 月份检测的混凝土试块试验强度值见表 6.9,共 28 个数据,依据取样时间(成形日期)每 4 天为一组,共分为 7 组。

表 6.9　混凝土试块试验强度值(MPa)

顺　序	数　据				最大值	最小值
1	26.45	26.91	27.37	20.01	27.37	20.01
2	26.91	27.41	20.70	20.93	27.41	20.70

续表

顺 序	数 据				最大值	最小值
3	19.32	27.83	27.41	18.63	27.83	18.63
4	19.09	19.78	19.09	25.53	25.53	19.09
5	25.99	18.63	19.55	28.06	28.06	18.63
6	20.01	19.78	21.16	26.45	26.45	19.78
7	26.68	20.47	25.99	27.37	27.37	20.47

【问题】

根据以上数据绘制直方图并进行分析。

实训题 2

【背景资料】

某小区住宅楼工程,建筑面积为 43 177 m^2,地上 9 层,结构为全现浇剪力墙结构,基础为带形基础,施工过程中每道工序严格按照"三检制"进行检查验收。建设单位为某房地产开发公司,设计单位为某设计院,监理单位为某监理公司,施工单位为某建设集团公司,材料供应为某贸易公司。施工过程中发生了一层剪力墙模板拆模后,局部混凝土表面因缺少水泥砂浆而形成石子外露质量事件。

【问题】

1. 本案例中的建筑工程质量检查中"三检制"是指什么?
2. 在该工程施工质量控制过程中,谁是自控主体?谁是监控主体?
3. 质量事故处理的方法有哪些?针对该质量事故应该怎么进行处理?

实训题 3

【背景资料】

某小区混合结构住宅楼,设计采用混凝土小型砌块砌墙,墙体加芯柱,竣工验收合格后用户入住,但用户在使用过程中(5 年后)发现:墙体中没有芯柱,只有少量钢筋,没有建筑混凝土。最后,经法定检测单位采用红外线照相法统计,发现大约有 82% 墙体中未按设计要求加芯柱,只有一层部分墙体中有芯柱,存在重大的质量隐患。

【问题】

1. 建筑工程质量检测方法有哪些?该工程检测方法属于哪一种?
2. 施工单位是否要对该质量事故负责?为什么?

实训题 4

【背景资料】

某工程建筑面积为 35 000 m²,建筑高度为 115 m,为 36 层现浇框架–剪力墙结构,地下 2 层,抗震设防烈度为 8 度,由某建筑公司总承包,工程于 2021 年 2 月 18 日开工。工程开工后, 由项目经理部质量负责人组织编制施工项目质量计划。

【问题】

1.项目经理部质量负责人组织编制施工项目质量计划的做法对吗？为什么？

2.施工项目质量计划的编制要求有哪些？

3.项目质量控制的方针和基本程序是什么？

项目7 建筑工程项目职业健康安全与环境管理

【项目引入】

某项目经理部为了创建文明施工现场,对现场管理进行了科学规划。该规划明确提出了现场管理的目的、依据和总体要求,对规范场容、环境保护和卫生防疫做出了详细的设计。以施工平面图为依据加强场容管理,对各种可能造成污染的问题均有防范措施,卫生防疫设施齐全。

问题:

1.在进行现场管理规划交底时,有人说,现场管理只是项目经理部内部的事,这种说法显然是错误的,你能说出两点理由吗?

2.施工现场管理和规范场容的最主要依据是什么?

3.施工现场入口处设立的"五牌"和"两图"指的是什么?

4.施工现场可能产生的污水有哪些? 怎样处理?

【学习目标】

知识目标:熟悉工程项目职业健康安全与环境管理的基本概念,掌握工程项目施工安全生产管理的程序及措施方法;了解安全事故的分类及处理;掌握现场文明施工与环境保护方案的编制方法。

技能目标:具备工程项目施工安全控制基本能力;能进行建筑工程职业健康安全事故的分类和处理;能进行文明施工和现场环境保护方案编制;具备查找分析安全隐患的能力。

素质目标:在建筑工程施工过程中,职业健康安全管理可以保证施工人员的身体健康,促进工程能够安全顺利地进行。环境保护同样有着非常重要的地位。在工程项目全寿命周期内都要坚持以人为本,追求可持续发展,使社会的经济发展与人类的生存环境相协调,实现经济效益、社会效益和环境效益的统一。作为学生应该以平天下、正心为目标,通过学习,能够做到以人为本、尊重生命,具有安全防护意识、环保意识和法律意识;培养敬业精神与责任心、严谨的科学态度和负责的工作作风。

【学习重、难点】

重点:施工安全管理的技术措施及环境管理的措施。

难点:安全事故发生时,应如何采取相应的措施减少损失,以及编制环境保护方案。

【学习建议】

1.对职业健康安全与环境管理的概念和特点等作一般了解,着重学习施工安全管理的技术措施与安全事故的处理方法。

2. 在学习安全技术措施时，可以结合实际工程来分析应该采取哪些措施。

3. 通过实际安全事故案例来学习事故的分类以及各种事故发生时应该采取的处理方法。

4. 结合法律法规对施工现场环境管理的规定，来学习怎样编制环境保护方案。

5. 项目后的习题应在学习中对应进度逐步练习，通过做练习加以巩固基本知识。

任务 7.1　建筑工程项目职业健康安全与环境管理概述

工程建设安全生产管理是一项十分特殊的管理要求，国家的强制性规定是项目安全生产管理的核心要求，因此，项目安全生产必须以此为重点实施管理。项目安全生产管理需要遵循"安全第一，预防为主，综合治理"的方针，加大安全生产投入，满足安全生产的要求。

7.1.1　职业健康安全与环境管理的概念

1) 职业健康安全

职业健康安全是指一组影响特定人员健康和安全因素的总和。特定人员既包括在工作场所内组织的正式员工、临时工、合同方人员，也包括进入工作场所的参观访问人员和其他人员。影响职业健康安全的主要因素有：物的不安全状态、人的不安全状态、环境因素和管理缺陷。

2) 环境

环境是指组织运行活动场所内部和外部环境的总和。活动场所不仅是组织内部的工作场所，也包括与组织活动有关的临时、流动场所。

3) 职业健康安全与环境管理

职业健康安全管理是为了实现项目职业健康安全管理目标，针对危险源和风险的管理活动。其包括组织机构、策划活动、职责、惯例、程序过程和资源等。

环境管理是指按照法律法规、各级主管部门和企业环境方针的要求，制定程序、资源、过程和方法，管理环境因素的过程。其包括控制现场的各种粉尘、废水、废气、固体废弃物、噪声、振动等对环境的污染和危害，节约建设资源等。

7.1.2　职业健康安全与环境管理的特点

由于建筑产品、生产的复杂性及受外部环境影响的因素多，决定了职业健康安全与环境管理有以下几个特点。

1) 复杂性

复杂性是由建筑产品的固定性、生产的流动性及受外部环境影响大决定的。建筑产品生产过程中，生产人员、工具与设备流动性表现在：同一工地不同建筑之间流动；同一建筑不同建筑部位上流动；一个建筑工程项目完成后，又要向另一新项目运迁的流动。建筑产品的复杂性，决定了建设项目职业健康安全与环境管理的复杂性，稍有考虑不周就可能出现问题。

2) 多样性

多样性是由建筑产品的多样性和生产的单件性决定的。建筑产品的多样性决定了生产的单件性，每一个建筑产品都要根据其特定要求进行加工，由于在生产过程中试验性研究课题多，所碰到的新技术、新工艺、新设备、新材料给职业健康安全与环境管理带来不少难题。因此，每个建筑工程项目都要根据其实际情况，制订职业健康安全与环境管理计划，不可相互套用。

3）协调性

协调性是由建筑产品生产的连续性及分工性决定的。建筑产品不能如同其他许多工业产品一样，可以分解为若干部分同时生产，而必须在同一固定场地按严格程序连续生产，上一道程序不完成，下一道工序不能进行（如基础-主体-装修），上一道工序生产的结果往往会被下一道工序所掩盖，而且每一道程序由不同的人员和单位来完成。因此，职业健康安全与环境管理中，要求各单位和各专业人员要横向配合和协调，共同注意产品生产过程接口部分的职业健康安全和环境管理的协调性。

4）不符合性

不符合性是由产品的委托性决定的。建筑产品在建造前应确定买主，按建设单位特定的要求委托进行生产建造。而建设工程市场在供大于求的情况下，业主经常会压低标价，造成产品的生产单位对职业健康安全与环境管理的费用投入的减少，不符合职业健康安全与环境管理有关规定的现象时有发生。这就要求建设单位和生产组织都必须重视对健康安全和环保的费用的投入，一定要符合健康安全与环境管理的要求。

5）持续性

持续性是由建筑产品生产的阶段性决定的。一个建筑工程项目从立项到投产使用要经历五个阶段，即设计前的准备阶段、设计阶段、施工阶段、使用前的准备阶段、保修阶段。这五个阶段都要十分重视项目的安全和环境问题，持续不断地对项目各个阶段可能出现的安全和环境问题实施管理。否则，一旦在某个阶段出现安全问题和环境问题就会造成投资的巨大浪费，甚至造成工程项目建设的夭折。

6）经济性

工程项目是社会和时代的反映，工程产品应适应可持续发展的要求。建设工程不仅应考虑建造成本的消耗，还应考虑其寿命期内的使用成本消耗。环境管理注重包括工程使用期内的成本，如能耗、水耗、维护、保养、改建更新的费用。并通过比较分析，判定工程是否符合经济要求，一般采用生命周期法可作为对其进行管理的参考。另外，环境管理要求节约资源，以减少资源消耗来降低环境污染，两者是完全一致的。

7.1.3 职业健康安全与环境管理目的与任务

1）职业健康安全与环境管理目的

工程建设项目职业健康安全管理目的是保护施工生产者的健康与安全，控制影响作业场所内员工、临时工作人员、合同方人员、访问者和其他有关部门人员健康和安全的条件和因素。职业健康安全具体包括作业安全和职业健康两个部分。

工程建设项目环境管理目的是使社会经济发展与人类的生存环境相协调，控制作业现场的各种环境因素对环境的污染和危害，充分体现节能减排的社会责任。

2）职业健康安全与环境管理的任务

职业健康安全与环境管理任务是工程建设项目的设计和施工单位为达到项目职业健康安全与环境管理的目标而进行的管理活动。其包括制定、实施、实现、评审和保持职业健康安全方针与环境方针所需的组织机构、计划活动、职责、惯例、程序、过程和资源。上述活动构成了实现职业健康安全方针和环境方针的14个方面的管理任务，见表7.1。

表 7.1 职业健康安全与环境管理的任务

项目	组织机构	计划活动	职责	惯例 （法律法规）	程序文件	过程	资源
职业健康							
安全方针							
环境方针							

①建筑工程项目决策阶段。办理各种有关安全与环境保护方面的审批手续。

②工程设计阶段。进行环境保护设施和安全设施的设计,防止因设计考虑不周而导致生产安全事故的发生或对环境造成的不良影响。

③工程施工阶段。建设单位应当自开工报告批准之日起 15 日内,将保证安全施工的措施报送建设工程所在地的县级以上人民政府建设行政主管部门或其他有关部门备案。分包单位应接受总包单位的安全生产管理,若分包单位不服从管理而导致安全生产事故的,分包单位承担主要责任。施工单位应依法建立安全生产责任制度,采取安全生产保障措施和实施安全教育培训制度。

④项目验收试运行阶段。项目竣工后,建设单位应向审批建设工程环境影响报告书、环境影响报告或者环境影响登记表的环境保护行政主管部门申请,对环保设施进行竣工验收。

7.1.4 职业健康安全管理体系与环境管理体系

1)职业健康安全管理体系

OHSAS 18000 是国际标准化组织(ISO)制定的职业健康与安全管理体系标准。国家标准《职业健康安全管理体系 要求》(GB/T 28001—2011)等同采用 OHSAS 18001：2007 新版标准(英文版)翻译,已于 2012 年 2 月 1 日实施。

(1)职业健康安全管理体系标准的作用

职业健康安全管理体系的作用在于为企业提供科学有效的职业健康安全管理体系规范和指南,提高职业健康安全管理水平,形成自我监督、自我发现和自我完善的机制,从而提高劳动者身心健康和安全卫生技能,大幅减少成本投入和提高工作效率,在社会树立良好的品质、信誉和形象。

(2)建立职业健康安全管理体系的方法和步骤

组织(企业)建立 OHSAS,要依据 OHSAS 18001 要求,结合组织(企业)实际,按照以下 6 个步骤建立:

①领导决策与准备:领导决策、提供资源、任命管代、宣贯培训;

②初始安全评审:识别并判定危险源、识别并获取安全法规、分析现状、找出薄弱环节;

③体系策划与设计:制定职业健康安全方针、目标、管理方案;确定体系结构、职责及文件框架;

④编制体系文件:编制职业健康安全管理手册、有关程序文件及作业文件;

⑤体系试运行:各部门、全体员工严格按体系要求规范自己的活动和操作;

⑥内审和管理评审:体系运行 2 个多月后,进行内审和管评,自我完善与改进。

2)环境管理体系

ISO 14000 是国际标准化组织(ISO)制定的环境管理体系标准,有 14001 到 14100 共 100 个号,统称为 ISO 14000 系列标准。其中,ISO 14001 是环境管理体系标准的主干标准,它是企业建立和实施环境管理体系并通过 ISO 14000 环境管理体系的国际标准认证的依据。国际标准化组织(ISO)于 1996 年推出了 ISO 14000 系列标准。同年,我国将其等同转换为国家标准 GB/T 24000 系列标准。在这个系列标准中,《环境管理体系 要求及使用指南》GB/T 24001 为核心标准。目前,该标准最新版本是《环境管理体系 要求及使用指南》(GB/T 24001—2016)。《环境管理体系 要求及使用指南》(GB/T 24001—2016)强调实现环境、社会和经济三者之间的平衡。通过平衡这"三大支柱"的可持续性,以实现可持续发展目标。

(1)推行环境管理体系标准的意义

①提高企业社会形象及竞争力,有利于企业长期发展。

②提高企业管理水平以及员工环境意识。

③降低能源消耗,减少废气、废水、噪声、危险。

④改善企业的环境行为,降低环境、法律风险。

(2)PDCA 模式

环境管理体系和职业健康安全管理体系的运行,采用了戴明模型,即通过计划、实施、检查评审和改进等各个环节构成一个动态循环的过程,经过持续改进,不断提高管理系统运行水平,形成螺旋上升式系统化管理模式。PDCA 模式可简述如下:

①计划:建立所需的环境目标和过程,以实现与组织的环境方针相一致的结果。

②实施:实施所策划的过程。

③检查:根据环境方针,包括其承诺、环境目标和运行准则,对过程进行监视和测量,并报告结果。

④改进:采取措施以持续改进。

【学习笔记】

_____

_____

_____

_____

_____

【关键词】

特点　职业健康安全管理体系　环境管理体系

【任务练习】

选择题

1.在环境管理体系系列标准中,核心标准是(　　)。

A. GB/T 9001　　　B. ISO 141000　　　C. GB/T 24000　　　　　D. GB/T 24001

2.《职业健康安全管理体系　要求》,自 2012 年 2 月 1 日起实施,代码为(　　),属推荐性国家标准。

A. GB/T 28000—2011　　　　B. GB/T 28001—2011

C. OHSAS 18000—2007　　　　D. OHSAS 18001—2007

3.职业健康安全与环境管理的目的是( )。

A.保护产品生产者和使用者的健康与安全以及保护生态环境

B.保护能源和资源

C.控制作业现场各种废弃物的污染与危害

D.控制影响工作人员以及其他人员的健康安全

4.建设工程职业健康安全与环境管理的特点包括( )。

A.一次性与协调性　　　　　　　　B.公共性与多样性

C.复杂性与多样性　　　　　　　　D.相关性与持续性

5.环境管理体系和职业健康安全管理体系的运行,采用了( )。

A.数据模型　　B.戴明模型　　C.系统模型　　D.组织模型

6.以下不是环境"三大支柱"的内容的是( )。

A.环境　　　　B.社会　　　　C.法规　　　　　D.经济

任务7.2　建筑工程项目施工安全管理

建筑施工企业必须坚持"安全第一,预防为主"的安全生产方针,完善安全生产组织管理体系、检查评价体系,制订安全措施计划,加强施工安全管理,实施综合治理。建筑工程项目的施工安全管理内容主要围绕五大常见伤害(坍塌、触电、高处坠落、物体打击和机械伤害)展开实施。

7.2.1　施工安全管理保证体系

施工安全管理的目的是安全生产,因此施工安全管理的方针也必须符合国家安全管理的方针,即"安全第一,预防为主"。"安全第一"就是指生产必须保证人身安全,充分体现了"以人为本"的理念;"预防为主"是实现安全第一的最重要手段和实施安全控制的基本思想,采取正确的措施和系统的方法进行安全控制,尽量把事故消灭在萌芽状态。

施工安全管理的工作目标,主要是避免或减少一般安全事故和轻伤事故,杜绝重大、特大安全事故和伤亡事故的发生,最大限度地确保施工中劳动者的人身和财产安全。能否达到这一施工安全管理的工作目标,关键是需要安全管理和安全技术来保证。实现该目标,必须建立施工安全保证体系。施工安全保证体系包括以下5个方面:

①施工安全的组织保证体系。施工安全的组织保证体系是负责施工安全工作的组织管理系统,一般包括最高权力机构、专职管理机构的设置和专兼职安全管理人员的配备。

②施工安全的制度保证体系。制度保证体系由岗位管理、措施管理、投入和物资管理及日常管理组成。

③施工安全的技术保证体系。施工安全技术保证体系由专项工程、专项技术、专项管理、专项治理等构成,并且由安全可靠性技术、安全限控技术、安全保(排)险技术和安全保护技术四个安全技术环节来保证。

④施工安全的投入保证体系。施工安全的投入保证体系是确保施工安全应有与其要求相适应的人力、物力和财力投入,并发挥其投入效果的保证体系。其中,人力投入可在施工安全组织保证体系中解决,而物力和财力的投入则需要解决相应的资金问题。其资金来源为工程费用中的机械装备费、措施费(如脚手架费、环境保护费、安全文明施工费、临时设施费等)、管理费和劳动保险支出等。

⑤施工安全的信息保证体系。施工安全信息保证体系由信息工作条件、信息收集、信息处理和信息服务四部分组成。

7.2.2 施工安全管理程序

建筑工程项目施工安全管理的程序,如图7.1所示。

①确定建设工程项目施工的安全目标。

②编制建设工程项目施工安全技术措施计划。

③安全技术措施计划的实施。

④施工安全技术措施计划的验证。

⑤持续改进,直至完成建设工程项目的所有工作。

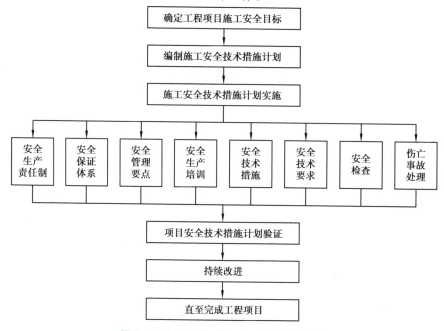

图7.1 建设工程项目施工安全控制程序

7.2.3 施工安全管理任务

施工企业的法人和项目经理分别是企业和项目部安全管理机构的第一责任人。施工安全管理的主要任务如下。

1)设置安全管理机构

①企业安全管理机构的设置。企业应设置以法定代表人为第一责任人的安全管理机构,并根据企业的施工规模及职工人数设置专门的安全生产管理机构部门且配备专职安全管理人员。

②项目经理部安全管理机构的设置。项目经理部是施工现场第一线管理机构,应根据工程特点和规模,设置以项目经理为第一责任人的安全管理领导小组,其成员由项目经理、技术负责人、专职安全员、工长及各工种班组长组成。

③施工班组安全管理。施工班组要设置不脱产的兼职安全员,协助班组长搞好班组的安全生产管理。

2)制订施工安全管理计划

施工安全计划的内容包括:项目概况、安全管理目标、安全管理程序、安全组织机构、职责权限、规章制度、资源配置、安全措施、检查评价、奖惩制度。

①施工安全管理计划应在项目开工前编制,经项目经理批准后实施。

②对结构复杂、施工难度大、专业性强的项目,除制订项目总体安全技术保证计划外,还必须制订单位工程或分部、分项工程的安全施工措施。

③对高空作业、井下作业、水上和水下作业、深基础开挖、爆破作业、脚手架上作业、有毒有害作业、特种机械作业等专业性强的施工作业,以及从事电器、压力容器、起重机、金属焊接、井下瓦斯检验、机动车和船舶驾驶等特殊工种的作业,应制订单项安全技术方案和措施,并对管理人员和操作人员的安全作业资格、身体状况进行合格审查。

④实行总分包的项目,分包项目安全计划应纳入总包项目安全计划,分包人应服从总承包人的管理。

高处作业
施工方案

3) 施工安全管理控制

施工安全管理控制的对象是人力(劳动者)、物力(劳动手段、劳动对象)、环境(劳动条件、劳动环境)。其主要内容包括以下几项:

①抓薄弱环节和关键部位,控制伤亡事故。在项目施工中,分包单位的安全管理是安全工作的薄弱环节,总包单位要建立健全分包单位的安全教育、安全检查、安全交底等制度。对分包单位的安全管理应层层负责,项目经理要负主要责任。

伤亡事故大多为高处坠落、物体打击、触电、坍塌、机械和起重伤害等。

②施工安全管理目标控制。施工安全管理目标由施工总包单位根据工程的具体情况确定。施工安全管理目标控制的主要内容如下:

a.六杜绝:杜绝因公受伤、死亡事故;杜绝坍塌伤害事故;杜绝物体打击事故;杜绝高处坠落事故;杜绝机械伤害事故;杜绝触电事故。

b.三消灭:消灭违章指挥;消灭违章作业;消灭"惯性事故"。

c.二控制:控制年负伤率;控制年安全事故率。

d.一创建:创建安全文明示范工地。

7.2.4　施工安全管理的基本要求

①必须取得《安全生产许可证》后方可施工。

②必须建立健全安全管理保障制度。

③各类施工人员必须具备相应的安全生产资格方可上岗。

④所有新工人必须经过三级安全教育,即施工人员进场作业前进行公司、项目部、作业班组的安全教育。

⑤特种作业人员必须经过专门培训,并取得特种作业资格。

⑥对查出的事故隐患要做到整改"五定"的要求,即定整改责任人、定整改措施、定整改完成时间、定整改完成人和定整改验收人。

⑦必须把好安全生产的"七关"标准,即教育关、措施关、交底关、防护关、文明关、验收关和检查关。

⑧施工现场所有安全设施应确保齐全,并符合国家及地方有关规定。

⑨施工机械必须经过安全检查验收,合格后方可使用。

⑩保证安全技术措施费用的落实,不得挪作他用。

7.2.5　施工安全技术措施

施工安全技术措施是指在施工项目生产活动中,针对工程特点、施工现场环境、施工方法、劳动组织、作业使用的机械、动力设备、变配电设施、架设工具以及各项安全防护设施等制订的确保安全施工的技术措施。施工安全技术措施应具有超前性、针对性、可靠性和可操作性。施工安全技术措施的主要内容见表7.2和表7.3。

表7.2　施工准备阶段安全技术措施

项　　目	内　　容
技术准备	了解工程设计对安全施工的要求;调查工程的自然环境和施工环境对施工安全的影响;改扩建工程施工或与建设单位使用、生产发生交叉,可能造成双方伤害时,应签订安全施工协议,搞好施工与生产的协调,明确双方责任,共同遵守安全事项;在施工组织设计中制订切实可行的安全技术措施,并严格履行审批手续
物资准备	及时供应质量合格的安全防护用品(安全帽、安全带、安全网等)满足施工需要;保证特殊工种(电工、焊工、爆破工、起重工等)使用工器具质量合格、技术性能良好;施工机具、设备(起重机、卷扬机、电锯、平面刨、电气设备)等经安全技术性能检测合格,防护装置齐全,制动装置可靠,方可使用;施工周转材料须经认真挑选,不符合要求严禁使用
施工现场准备	按施工总平面图要求做好现场施工准备;现场各种临时设施、库房,特别是炸药库、油库的布置,易燃易爆品存放都必须符合安全规定和消防要求;电气线路、配电设备符合安全要求,有安全用电防护措施;场内道路通畅,设交通标志,危险地带设危险信号及禁止通行标志,保证行人、车辆通行安全;现场周围和陡坡、沟坑处设围栏、防护板,现场入口处设警示标志。 塔式起重机等起重设备安置要与输电线路、永久或临设工程之间有足够的安全距离,避免碰撞,以保证搭设脚手架、安全网的施工距离;现场设消火栓,或有足够的有效的灭火器材、设施
施工队伍准备	总包单位及分包单位都应持有《施工企业安全资格审查认可证》方可组织施工;新工人须经岗位技术培训、安全教育后,持合格证上岗;高、险、难作业工人须经身体检查合格,具有安全生产资格,方可施工作业;特殊工种作业人员,必须持有《特种作业操作证》方可上岗

表7.3　施工阶段安全技术措施

项　　目	内　　容
一般工程	单项工程、单位工程均有安全技术措施,分部分项工程有安全技术具体措施,施工前由技术负责人向参加施工的有关人员进行安全技术交底,并应逐级签发和保存"安全交底任务单"。 安全技术应与施工生产技术统一,各项安全措施必须在相应的工序施工前落实好。例如,根据基坑、基槽、地下室开挖深度,土质类别,选择开挖方法,确定边坡的坡度并采取防止塌方的护坡支撑方案;脚手架及垂直运输设施的选用、设计、搭设方案和安全防护措施;施工洞口的防护方法和主体交叉施工作业区的隔离措施;场内运输道路及人行通道的布置;针对采用的新工艺、新技术、新设备、新结构制订专门的施工安全技术措施;在明火作业现场(焊接、切割、熬沥青等)的防火、防爆措施;考虑不同季节、气候对施工生产带来的不安全因素和可能造成的各种安全隐患,从技术上、管理上做好专门安全技术措施
特殊工程	对于结构复杂、危险性大的特殊工程,应编制单项安全措施,如爆破、大型吊装、沉箱、沉井、烟囱、水塔、特殊架设作业、高层脚手架、井架等安全技术措施

7.2.6   施工安全管理实务

1)识别危险源

危险源是指可能导致人员伤害或疾病、物质财产损失、工作环境破坏的情况或这些情况组合的根源或状态的因素。针对施工过程的特点,持续地识别危险源,进行风险评价,确定不可接受风险并实施管理的优先排序。

2)确定项目的安全管理目标

按"目标管理"方法在以项目经理为首的项目管理系统内进行分解,从而确定每个岗位的安全管理目标,实现全员的安全责任控制。

3)编制项目安全技术措施计划

编制项目安全技术措施计划(或施工安全方案)是指对施工过程中的危险源,用技术和管理手段加以消除和控制,并用文件化的方式表示。项目安全技术措施计划是进行工程项目安全控制的指导性文件,应该与施工设计图纸、施工组织设计和施工方案等结合起来实施。安全计划的主要内容包括:工程概况、管理目标、组织机构与职责权限、规章制度、风险分析与控制措施、安全专项施工方案、应急准备与响应、资源配置与费用投入计划、教育培训和检查评价、验证与持续改进。

4)落实和实施安全技术措施计划

应按照表7.4要求实施施工安全技术措施计划,以减少相应的安全风险程度。

5)应急准备与响应

施工现场管理人员应负责识别各种紧急情况,编制应急响应措施计划,准备相应的应急响应资源,发生安全事故时应及时进行应急响应。应急响应措施应有机地与施工安全措施相结合,以尽可能减少相应的事故影响和损失。特别应该注意防止在应急响应活动中发生可能的次生伤害。

6)施工项目安全检查

施工项目安全检查的目的是消除安全隐患、防止事故、改善防护条件及提高员工安全意识,是安全管理工作的一项主要内容。

表 7.4   施工安全技术措施计划的实施方法和内容

方　法	内　容
安全施工责任制	在企业所规定的职责范围内,各个部门、各类人员对安全施工应负责任的制度,是施工安全技术措施计划的基础内容
安全教育	①开展安全生产的宣传教育; ②把安全知识、安全技能、设备性能、操作规程、安全法规等作为安全教育的主要内容; ③建立经常性的安全教育考核制度,要保存相应的考核证据; ④电工、电焊工、架子工、司炉工、爆破工、机操工、起重工、机械司机、机动车辆司机等特殊工种工人,除一般安全教育外,还要经过专业安全技能培训,经考试合格持证后方可上岗; ⑤采用新技术、新工艺、新设备施工和调换工作岗位时,也要进行安全教育,未经安全教育培训的人员不得上岗操作

续表

方　法	内　容
安全技术交底	要求： ①施工现场必须实行逐级安全技术交底制度，直至交底到班组全体作业人员； ②技术交底必须具体、明确，可操作性强； ③技术交底的内容应针对分部分项工程施工中给作业人员带来的潜在危害和存在问题； ④应优先采用新的安全技术措施； ⑤应将施工风险、施工方法、施工程序、安全技术措施（包括应急措施）等向工长、班组长进行详细交底； ⑥及时向由多个作业队和多工种进行交叉施工的作业队伍进行书面交底； ⑦保存书面安全技术交底签字记录
	内容： ①明确工程项目的施工作业特点和危险源； ②针对危险源的具体预防措施； ③应注意的相关沟通事项； ④相应的安全操作规程和标准； ⑤发生事故应及时采取的应急措施

（1）安全检查的类型

①定期安全检查。建筑施工企业应建立定期分级安全检查制度，定期安全检查属全面性和考核性的检查，建筑工程施工现场应至少每旬开展一次安全检查工作，施工现场的定期安全检查应由项目经理亲自组织。

②经常性安全检查。建筑工程施工应经常开展预防性的安全检查工作，以便及时发现并消除事故隐患，保证施工生产正常进行。施工现场经常性安全检查的方式主要有以下几项：

a.现场专（兼）职安全生产管理人员及安全值班人员每天例行开展的安全巡视、巡查。

b.现场项目经理、责任工程师及相关专业技术管理人员在检查生产工作的同时进行的安全检查。

c.作业班组在班前、班中、班后进行的安全检查。

③季节性安全检查。季节性安全检查主要是针对气候特点（如雨期、冬期等）可能给安全生产造成的不利影响或带来的危害而组织的安全检查。

④节假日安全检查。在节假日特别是重大或传统节假日前后和节日期间，为防止现场管理人员和作业人员思想麻痹、纪律松懈等进行的安全检查。

⑤开工、复工安全检查。针对工程项目开工、复工之前进行的安全检查，主要是检查现场是否具备保障安全生产的条件。

⑥专业性安全检查。由有关专业人员对现场某项专业性安全问题或在施工生产过程中存在的比较系统性的安全问题进行的单项检查。这类检查专业性强，主要由专业工程技术人员、专业安全管理人员参加。

⑦设备设施安全验收检查。针对现场塔式起重机等起重设备、外用施工电梯、龙门架及井架物料提升机、电气设备、脚手架、现浇混凝土模板支撑系统等设备设施在安装、搭设过程中或完成后进行的安全验收、检查。

(2) 安全检查的主要内容

施工现场安全检查的重点是违章指挥和违章作业,做到主动测量,实施风险预防。安全检查的主要内容见表 7.5。检查后应编写安全检查报告,报告内容包括:已达标项目、未达标项目、存在问题、原因分析、纠正和预防措施。

表 7.5　安全检查的主要内容

类　型	内　容
意识检查	检查企业的领导和员工对安全施工工作的认识
过程检查	检查工程的安全生产管理过程是否有效,包括:安全生产责任制、安全技术措施计划、安全组织机构、安全保证措施、安全技术交底、安全教育、持证上岗、安全设施、安全标志、操作规程、违规行为、安全记录等
隐患检查	检查施工现场是否符合安全生产、文明施工的要求
整改检查	检查对过去提出问题的整改情况
事故检查	检查对安全事故的处理是否达到查明事故原因、明确责任,并对责任者做出处理,明确和落实整改措施等要求。同时还应检查对伤亡事故是否及时报告、认真调查、严肃处理

(3) 安全检查的主要方法

建筑工程安全检查在正确使用安全检查表的基础上,可以采用"问""看""量""测""运转试验"等方法进行,具体见表 7.6。

表 7.6　主要的安全检查方法

方　法	内　容
问	询问、提问,对以项目经理为首的现场管理人员和操作工人进行的应知、应会抽查,以便了解现场管理人员和操作工人的安全意识和安全素质
看	查看施工现场安全管理资料并对施工现场进行巡视。例如,查看项目负责人、专职安全管理人员、特种作业人员等的持证上岗情况;现场安全标志设置情况;劳动防护用品使用情况;现场安全防护情况;现场安全设施及机械设备安全装置配置情况等
量	使用测量工具对施工现场的一些设施、装置进行实测实量
测	使用专用仪器、仪表等检测器具对特定对象关键特性技术参数的测试。例如,使用漏电保护器测试仪对漏电保护器漏电动作电流、漏电动作时间的测试;使用地阻仪对现场各种接地装置接地电阻的测试;使用兆欧表对电机绝缘电阻的测试;使用经纬仪对塔式起重机、外用电梯安装垂直度的测试等
运转试验	由具有专业资格的人员对机械设备进行实际操作、试验,检验其运转的可靠性或安全限位装置的灵敏性

【学习笔记】

_____

_____

_____

【关键词】

安全保证体系 安全技术措施 实施方法 安全检查

【任务练习】

选择题

1. 施工安全管理目标中的"三消灭"是指消灭违章指挥、消灭违章作业和消灭( )。

A."惯性事故" B."触电事故" C."因公受伤" D."死亡事故"

2. 施工安全管理目标中的"一创建"是指创建( )。

A. 一流企业 B. 安全文明示范工地

C. 高效管理团队 D. 零伤亡率目标

3. 施工过程中若发生设计变更,原安全技术措施( )。

A. 不能变更 B. 可在施工后进行变更

C. 必须及时变更 D. 可在施工中灵活变更

4. 建筑施工企业必须坚持"安全第一,预防为主"的安全生产方针,完善安全生产组织管理体系、检查评价体系,制订安全措施计划,加强( ),实施综合治理。

A. 施工安全管理 B. 材料安全管理

C. 施工人员安全管理 D. 财产安全管理

5. 建筑工程安全检查在正确使用安全检查表的基础上,可以采用"问""看""量""测""( )"等方法进行。

A. 运转试验 B. 实际应用 C. 前期试验 D. 后期检查

6. 施工安全技术保证体系的构成包括( )。

A. 专项控制 B. 专项技术 C. 专项管理 D. 专项治理

E. 专项工程

任务 7.3 建筑工程职业健康安全事故的分类和处理

建筑施工事故多发,具有一定的危险性。而建筑施工的安全隐患也多存在于高处作业、交叉作业、垂直运输以及使用各种电气设备的工具上,事故类别主要有高处坠落、触电、物体打击、机械伤害及坍塌等。通过严格的安全生产管理,把建筑施工"五大伤害"降到最低,切实保障施工人员生命及财产安全。

7.3.1 建筑工程职业健康安全事故的分类

职业健康安全事故分两大类型,即职业伤害事故与职业病,见表 7.7。职业伤害事故是指因生产过程及工作原因或与其相关的其他原因造成的伤亡事故。职业病是指由于从事职业活动而产生的疾病,属经诊断因从事接触有毒有害物质或不良环境的工作而造成的急、慢性疾病。

表 7.7 职业健康安全事故的分类

类 型	分类依据	分 类
职业伤害事故	按事故发生的原因	《企业职工伤亡事故分类》(GB 6441—1986)将企业工伤事故分为 20 类,分别为:物体打击、车辆伤害、机械伤害、起重伤害、触电、淹溺、灼烫、火灾、高处坠落、坍塌、冒顶片帮、透水、放炮、瓦斯爆炸、火药爆炸、锅炉爆炸、容器爆炸、其他爆炸、中毒和窒息及其他伤害等
	按事故后果的严重程度	轻伤事故:造成职工肢体或某些器官功能性或器质性轻度损伤,表现为劳动能力轻度或暂时丧失的伤害,一般每名受伤人员休息 1 个工作日以上、105 个工作日以下。重伤事故:一般指受伤人员肢体残缺或视觉、听觉等器官受到严重损伤,能引起人体长期存在功能障碍或劳动能力有重大损失的伤害,或者造成每个受伤人损失 105 个工作日以上的失能伤害。死亡事故:一次事故中死亡职工 1 或 2 人的事故。重大伤亡事故:一次事故中死亡 3 人以上(含 3 人)的事故。特大伤亡事故:一次死亡 10 人以上(含 10 人)的事故。急性中毒事故:生产性毒物中毒事故,发病快,一般不超过 1 个工作日
职业病		2002 年卫生委员会同劳动和社会保障部发布的《职业病目录》列出的法定职业病为 10 大类 115 种:尘肺,职业性放射疾病,职业中毒,物理因素所致职业病,生物因素所致职业病,职业性皮肤病,职业性眼病,职业性耳鼻喉口腔疾病,职业性肿瘤,其他职业病

在《生产安全事故报告和调查处理条例》中,根据生产安全事故造成的人员伤亡或者直接经济损失,事故一般可分为以下 4 个等级:

①特别重大事故。特别重大事故是指造成 30 人以上死亡,或者 100 人以上重伤(包括急性工业中毒),或者 1 亿元以上直接经济损失的事故。

②重大事故。重大事故是指造成 10 人以上 30 人以下死亡,或者 50 人以上 100 人以下重伤,或者 5 000 万元以上 1 亿元以下直接经济损失的事故。

③较大事故。较大事故是指造成 3 人以上 10 人以下死亡,或者 10 人以上 50 人以下重伤,或者 1 000 万元以上 5 000 万元以下直接经济损失的事故。

④一般事故。一般事故是指造成 3 人以下死亡,或者 10 人以下重伤,或者 1 000 万元以下直接经济损失的事故。

7.3.2 建筑工程职业健康安全事故的处理

1)安全事故的处理原则

施工项目一旦发生安全事故,必须实施"四不放过"的原则,即:事故原因未查清不放过;责任人员未受到处理不放过;事故责任人和周围群众没有受到教育不放过;事故指定的切实可行的整改措施未落实不放过。

事故处理的"四不放过"原则要求对安全生产工伤事故必须进行严肃认真的调查处理,接受教训,防止同类事故重复发生。

2)安全事故的处理程序

安全事故的处理程序见表 7.8。

表 7.8 安全事故的处理程序

程 序	内 容
事故报告	施工单位事故报告要求： 生产安全事故发生后,受伤者或最先发现事故的人员应立即将发生事故的时间、地点、伤亡人数、事故原因等情况,向施工单位负责人报告;施工单位负责人接到报告后,应在 1 小时内向事故发生地县级以上人民政府建设主管部门和有关部门报告
	建设主管部门事故报告要求： 建设主管部门接到事故报告后,应依照下列规定上报事故情况,并通知安全生产监督管理部门、公安机关、劳动保障行政主管部门、工会和人民检察院： ①较大事故、重大事故以及特别重大事故逐级上报至国务院建设主管部门; ②一般事故逐级上报至省、自治区、直辖市人民政府建设主管部门; ③建设主管部门依照本规定上报事故情况,应同时报告本级人民政府。 建设主管部门按照上述规定逐级上报事故情况时,每级上报的时间不得超过 2 小时
	事故报告的内容： ①事故发生的时间、地点和工程项目、有关单位名称; ②事故的简要经过; ③事故已经造成或者可能造成的伤亡人数和初步估计的直接经济损失; ④事故的初步原因; ⑤事故发生后采取的措施及事故控制情况; ⑥事故报告单位或报告人员; ⑦其他应报告的情况
事故调查	事故调查报告的内容： ①事故发生单位概况; ②事故发生经过和事故救援情况; ③事故造成的人员伤亡和直接经济损失; ④事故发生的原因和事故性质; ⑤事故责任的认定和对事故责任者的处理建议; ⑥事故防范和整改措施
事故处理	①施工单位的事故处理： 当事故发生后,事故发生单位应严格保护事故现场,做好标识,排除险情,采取有效措施抢救伤员和财产,防止事故蔓延扩大。 ②建设主管部门的事故处理： a.建设主管部门应依据有关人民政府对事故的批复和有关法律法规的规定,对事故相关责任者实施行政处罚; b.建设主管部门应依照有关法律法规的规定,对事故负有责任的相关单位给予罚款、停业整顿、降低资质等级或吊销资质证书的处罚; c.建设主管部门应依照有关法律法规的规定,对事故发生负有责任的注册执业资格人员给予罚款、停止执业或吊销其注册执业资格证书的处罚

7.3.3 职业病的管理

职业病的管理已经成为企业社会责任的有机组成部分。

1)职业病报告

地方各级卫生行政部门指定相应的职业病防治机构或卫生防疫机构负责职业病统计和报告工作。职业病报告实行以地方为主、逐级上报的办法。

一切企事业单位发生的职业病,都应该按规定要求向当地卫生监督机构报告,由卫生监督机构统一汇总上报。

2)职业病处理

根据国家有关职业病的法律规定,职业病处理的要求如下:

①职工被确诊有职业病后,其所在单位应根据职业病诊断机构的意见,安排其医治或疗养。

②在医治或疗养后被确认不宜继续从事原有害作业或工作的,应自确认之日起的2个月内将其调离原工作岗位,另行安排工作;对于因工作需要暂不能调离的生产、工作的技术骨干,调离期限最长不得超过半年。

③患有职业病的职工变动工作单位时,其职业病待遇应由原单位负责或调出、调入两个单位协调处理,双方商妥后方可办理调转手续,并将其健康档案、职业病诊断证明及职业病处理情况等材料全部移交新单位。调出、调入单位都应将情况报告所在地的劳动卫生职业病防治机构备案。

④员工到新单位后,新发生的职业病无论与现工作有无关系,其职业病待遇均由新单位负责。劳动合同制工人、临时工终止或解除劳动合同后,在待业期间新发现的职业病,与上一个劳动合同期工作有关时,其职业病待遇由原终止或解除劳动合同单位负责。如原单位已与其他单位合并,由合并后的单位负责;如原单位已撤销,应由原单位的上级主管机关负责。

【学习笔记】

_____

_____

_____

_____

_____

_____

关键词

事故分类 处理程序 职业病

【任务练习】

选择题

1.国家规定特大伤亡事故是指一次死亡( )的安全事故。

A.10 人以上(含 10 人) B.20 人以上

C.30 人以上 D.50 人以上

2.2002 年卫生委会同劳动和社会保障部发布的《职业病目录》列出的法定职业病共( )。

A.10 大类 115 种 B.9 大类 99 种

C.9 大类 115 种 D.10 大类 99 种

3.一次事故中死亡 4 人的事故属于( )。

A.重伤事故 B.死亡事故

C.重大伤亡事故　　　　　　　　　D.特大伤亡事故

4.按照国家规定,如果发生一次安全事故死亡14人属于(　　　)。

A.大事故　　　　　　　　　　　　B.重大事故

C.伤亡事故　　　　　　　　　　　D.特大伤亡事故

5.下列安全事故处理顺序正确的是(　　　)。

A.事故报告,事故处理,事故调查,处理事故责任者,编写调查报告并上报

B.事故报告,事故调查,事故处理,处理事故责任者,编写调查报告并上报

C.事故报告,事故处理,编写调查报告并上报,事故调查,处理事故责任者

D.事故报告,事故调查,编写调查报告并上报,事故处理,处理事故责任者

6.轻伤事故是指受伤人员损失工作日在(　　　)个工作日。

A.1～95　　　　　　B.1～105　　　　　　C.1～115　　　　　　D.1～125

7.安全事故处理的"四不放过"原则包括(　　　)。

A.没有制订防范措施不放过

B.安全制度不落实不放过

C.事故责任者和员工没有受到教育不放过

D.事故责任者没有处理不放过

E.事故原因不清楚不放过

8.根据职业病报告和处理的规定,下列说法中正确的有(　　　)。

A.企事业单位对于一些职业病,按规定可以越级向上级单位报告

B.职工被确诊患有职业病后,其所在单位应根据职业病诊断机构的意见,安排其医疗或疗养

C.职工在医治或疗养后被确认不宜继续从事原有害作业或工作的,应自确认之日起的半年内将其调离原工作岗位,另行安排工作

D.职工到新单位后,新发生的职业病无论与现工作有无关系,其职业病待遇由新单位负责

E.调出、调入单位都应将情况报告所在地的劳动卫生职业病防治机构备案

任务 7.4　建筑工程项目环境管理

环境保护是建筑工地的一项重要任务,因为它不仅影响到建筑人员,而且影响到附近居民,因而建筑工程施工保护工作是一项非常重要的工作。在进行相关项目的施工过程中要注意对周边环境的影响要尽可能降到最低。对施工现场产生的扬尘、污水、噪声、建筑垃圾等采取有效的防护措施,切实做好对环境的保护工作,实现可持续性发展。

7.4.1　建筑工程项目环境管理的定义

建筑工程项目环境管理是指按照法律法规、各级主管部门和企业环境方针的要求,制订程序、资源、过程和方法。管理环境因素的过程包括控制现场的各种粉尘、废水、废气、固体废弃物、噪声、振动等对环境的污染和危害,节约建设资源等。

在确定项目管理目标时,需同时确定项目环境管理目标;在编制工程施工组织设计或项目管理实施规划时,需同时编制项目环境管理计划;该部分内容可包含在施工组织设计或项目管理实施规划中。文明施工实际是项目施工环境管理的一部分。

7.4.2　建筑工程项目环境管理的工作内容

项目经理部负责现场环境管理工作的总体策划和部署,建立项目环境管理组织机构,制订相应制度和措施,组织培训,使各级人员明确环境保护的意义和责任。项目经理部的工作应包括以下几个方面:

①项目经理部应按照分区划块原则,搞好项目的环境管理,进行定期检查,加强协调,及时解决发现的问题,实施纠正和预防措施,保持现场良好的作业环境、卫生条件和工作秩序,做到污染预防。

②项目经理部应对环境因素进行控制,制订应急准备和相应措施,并保证信息畅通,预防出现非预期的损害。在出现环境事故时,应消除污染,并制订相应措施,防止环境二次污染。

③项目经理部应保存有关环境管理的工作记录。

④项目经理部应进行现场节能管理,有条件时应规定能源使用指标。

7.4.3　建筑工程项目环境管理的程序

项目的环境管理应遵循下列程序。

1)建立环境管理组织、制订环境管理方案

施工现场应成立以项目经理为第一责任人的施工环境管理组织。分包单位应服从总包单位环境管理组织的统一管理,并接受监督检查。

施工现场应及时进行环境因素识别。具体包括与施工过程有关的产品、活动和服务中的能够控制和能够施加影响的环境因素,并应用科学方法评价,确定重要环境因素。

根据法律法规、相关方要求和环境影响等确定施工现场环境管理的目标和指标,并结合施工图纸、施工方案策划相应的环境管理方案和环境保护措施。

2)环境管理的宣传和教育

通过短期培训、上技术课、登黑板报、听广播、看录像、看电视等方法,进行企业全体员工环境管理的宣传和教育工作。专业管理人员应熟悉、掌握环境管理的规定。

3)现场环境管理的运行要求

①项目施工管理人员应结合施工要求,从制度上规定施工现场实施适宜的运行程序和方法。

②在与施工供应方和分包方的合作中,明确施工环境管理的基础要求,并及时与施工供应方和分包方进行沟通。

③按照施工总平面布置图设置各项临时设施。现场堆放的大宗材料、成品、半成品和机具设备不得侵占场内道路及环境防护等设施。

根据事先策划的施工环境管理措施落实施工现场的相关运行要求,具体要求包括:在施工作业过程中全面实施针对施工噪声、污水、粉尘、固体废弃物等排放和节约资源的环境管理措施;设置符合消防要求的消防设施,在容易发生火灾的地区施工,或者储存、使用易燃易爆器材时,应采取特殊的消防安全措施。

④及时进行施工环境信息的相互沟通和交流。针对内部和外部的重要环境信息进行评估,通过有效的信息传递预防环境管理的重大风险。

4)应急准备和响应

施工现场应识别可能的紧急情况,制订应急措施,提供应急准备手段和资源。环境应急响

应措施应与施工安全应急响应措施有机结合,以尽可能提高资源效率,减少相应的环境影响和损失。

5)环境绩效监测和改进

施工现场及时实施环境绩效监测,根据监测结果,围绕污染预防改进环境绩效。

7.4.4　建筑工程项目文明施工

文明施工是指保持施工现场良好的作业环境、卫生环境和工作秩序,主要包括:规范施工现场的场容,保持作业环境的整洁卫生;科学组织施工,使生产有序进行;减少施工对周围居民和环境的影响;遵守施工现场文明施工的规定和要求,保证职工的安全和身体健康。

现场文明施工的基本要求如下:

①施工现场必须设置明显的标牌,标明工程项目名称、建设单位、设计单位、施工单位、项目经理和施工现场总负责人的姓名、开工和竣工日期、施工许可证批准文号等。施工单位负责现场标牌的保护工作。

②施工现场的管理人员应佩戴证明其身份的证卡。

③应按照施工总平面布置图设置各项临时设施。现场堆放的大宗材料、成品、半成品和机具设备不得侵占场内道路及安全防护等设施。

④施工现场的用电线路、用电设施的安装和使用必须符合安装规范和安全操作规程,并按照施工组织设计进行架设,严禁任意拉线接电。施工现场必须设有保证施工安全要求的夜间照明;危险潮湿场所的照明以及手持照明灯具,必须采用符合安全要求的电压。

⑤施工机械应按照施工总平面布置图规定的位置和线路设置,不得任意侵占场内道路。施工机械进场时须经过安全检查,经检查合格方能使用。施工机械操作人员必须按有关规定持证上岗,禁止无证人员操作机械。

⑥应保证施工现场道路畅通,排水系统处于良好的使用状态;保持场容场貌的整洁,随时清理建筑垃圾。在车辆、行人通行的地方施工,应设置施工标志,并对沟、井、坎、穴进行覆盖。

⑦施工现场的各种安全设施和劳动保护器具必须定期检查和维护,及时消除隐患,保证其安全有效。

⑧施工现场应设置各类必要的职工生活设施,并符合卫生、通风、照明等要求。职工的膳食、饮水供应等应符合卫生要求。

⑨应做好施工现场安全保卫工作,采取必要的防盗措施,在现场周边设立围护设施。

⑩应严格依照《中华人民共和国消防法》的规定,在施工现场建立和执行防火管理制度,设置符合消防要求的消防设施,并保持完好的备用状态。在容易发生火灾的地区施工,或者储存、使用易燃易爆器材时,应采取特殊的消防安全措施。

⑪施工现场发生的工程建设重大事故的处理,依照《工程建设重大事故报告和调查程序规定》执行。

7.4.5　建筑工程项目现场管理

项目现场管理应遵守以下基本规定:

①项目经理部应在施工前了解经过施工现场的地下管线,标出位置,加以保护,施工时发现文物、古迹、爆炸物、电缆等,应停止施工,保护现场,及时向有关部门报告,并按照规定处理。

②施工中需要停水、停电、封路而影响环境时,应经有关部门批准,事先告示。在行人、车辆通过的地方施工,应设置沟、井、坎、穴覆盖物和标志。

③项目经理部应对施工现场的环境因素进行分析,对于可能产生的污水、废气、噪声、固体废弃物等污染源采取措施,进行控制。

④建筑垃圾和渣土,应堆放在指定地点,定期进行清理。装载建筑材料、垃圾或渣土的运输机械,应采取防止尘土飞扬、洒落或流溢的有效措施。施工现场应根据需要设置机动车辆冲洗设施,冲洗污水应进行处理。

⑤除符合规定的装置外,不得在施工现场熔化沥青和焚烧油毡、油漆,也不得焚烧其他可产生有毒有害烟尘和恶臭气味的废弃物。项目经理部应按规定有效地处理有毒物质。禁止将有毒有害废弃物现场回填。

⑥施工现场的场容管理应符合施工平面图设计的合理安排和物料器具定位管理标准化的要求。

⑦项目经理部应依据施工条件,按照施工总平面图、施工方案和施工进度计划的要求,认真进行所负责区域的施工平面图的规划、设计、布置、使用和管理。

⑧现场的主要机械设备、脚手架、密封式安全网与围挡、模具、施工临时道路、各种管线、施工材料制品堆场及仓库、土方及建筑垃圾堆放区、变配电间、消火栓、警卫室以及现场的办公、生产和生活临时设施等的布置,均应符合施工平面图的要求。

⑨现场入口处的醒目位置应公示下列内容:工程概况牌、安全纪律牌、防火须知牌、安全生产牌与文明施工牌、施工平面图、项目经理部组织机构图及主要管理人员名单。

⑩施工现场周边应按当地有关要求设置围挡和相关的安全预防设施。危险品仓库附近应有明显标志及围挡设施。

⑪施工现场应设置畅通的排水沟渠系统,保持场地道路的干燥坚实。施工现场泥浆和污水未经处理不得直接排放。地面宜做硬化处理。有条件的,可对施工现场进行绿化布置。

7.4.6　建筑工程项目施工环境保护

1) 施工现场水污染的防治

①搅拌机前台、混凝土输送泵及运输车辆清洗处应设置沉淀池,废水未经沉淀处理不得直接排入市政污水管网,经二次沉淀后方可排入市政排水管网或回收用于洒水降尘。

②施工现场现制水磨石作业产生的污水,禁止随地排放。作业时要严格控制污水流向,在合理位置设置沉淀池,经沉淀后方可排入市政污水管网。

③施工现场气焊用的乙炔发生罐产生的污水严禁随地倾倒,要求专用容器集中存放并倒入沉淀池处理,以免污染环境。

④现场要设置专用的油漆油料库,并对库房地面做防渗处理,储存、使用及保管要采取措施并由专人负责,防止因油料泄漏而污染土壤、水体。

⑤施工现场的临时食堂,用餐人数在 100 人以上的,应设置简易有效的隔油池,使产生的污水经过隔油池后再排入市政污水管网。

⑥禁止将有害废弃物做土方回填,以免污染地下水和环境。

2) 施工现场大气污染的防治

①高层或多层建筑清理施工垃圾,使用封闭的专用垃圾道或采用容器吊运,严禁随意凌空抛撒造成扬尘。施工垃圾要及时清运,清运时,适量洒水减少扬尘。

②拆除旧建筑物时,应配合洒水,减少扬尘污染。

③施工现场要在施工前做好施工道路的规划和设置,可利用设计中永久性的施工道路。如采用临时施工道路,主要道路和大门口要硬化,包含基层夯实,路面铺垫焦渣、细石,并随时洒

水,减少道路扬尘。

④散水泥和其他易飞扬的细颗粒散体材料应尽量安排库内存放,如露天存放应严密遮盖,运输和卸运时防止遗洒飞扬,以减少扬尘。

⑤生石灰的熟化和灰土施工要适当配合洒水,杜绝扬尘。

⑥在规划市区、居民稠密区、风景游览区、疗养区及国家规定的文物保护区内施工,施工现场要制订洒水降尘制度,配备专用洒水设备及指定专人负责,在易产生扬尘的季节,施工场地应采取洒水降尘。

3)施工现场噪声污染的防治

①人为噪声的控制。施工现场提倡文明施工,建立健全控制人为噪声的管理制度。尽量减少人为的噪声,增强全体施工人员防噪声扰民的自觉意识。

②强噪声作业时间的控制。凡在居民稠密区进行强噪声作业的,严格控制作业时间,晚间作业不超过22时,早晨作业不早于6时,特殊情况确需连续作业(或夜间作业)的,应尽量采取降噪措施,事先做好周围群众的工作,并报有关主管部门备案后方可施工。

③强噪声机械的降噪措施。牵扯到产生强噪声的成品或半成品的加工、制作作业(如预制构件、木门窗制作等),应尽量在工厂、车间完成,减少因施工现场加工制作产生的噪声。

尽量选用低噪声或备有消声降噪设备的施工机械。施工现场的强噪声机械(如搅拌机、电锯、电刨、砂轮机等)要设置封闭的机械棚,以减少强噪声的扩散。

④加强施工现场的噪声监测。加强施工现场环境噪声的长期监测,采取专人管理的原则,根据测量结果填写建筑施工场地噪声测量记录表,凡超过《施工场界噪声限值》标准的,要及时对施工现场噪声超标的有关因素进行调整,达到施工噪声不扰民的目的。

4)施工现场固体废物的处理

施工现场常见的固体废物包括:建筑渣土,废弃的散装建筑材料,生活垃圾,设备、材料等的包装材料和粪便。

固体废物的主要处理和处置方法有以下几种:

①物理处理,包括压实浓缩、破碎、分选、脱水干燥等。

②化学处理,包括氧化还原、中和、化学浸出等。

③生物处理,包括好氧处理、厌氧处理等。

④热处理,包括焚烧、热解、焙烧、烧结等。

⑤固化处理,包括水泥固化法和沥青固化法等。

⑥回收利用,包括回收利用和集中处理等资源化、减量化的方法。

⑦处置,包括土地填埋、焚烧、储留池储存等。

【学习笔记】

_____

_____

_____

_____

_____

_____

【关键词】

文明施工　现场管理　环境保护

【任务练习】

一、填空题

1. 建筑工程项目的环境管理主要体现在_____和_____。项目设计方案在施工工艺的选择方面对环境的间接影响明显,施工过程则是直接影响工程建设项目环境的主要因素。

2. 凡在居民稠密区进行强噪声作业的,严格控制作业时间,晚间作业不超过_____时,早晨作业不早于_____时,特殊情况需连续作业(或夜间作业)的,应尽量采取降噪措施。

3. 项目经理部应对施工现场的环境因素进行分析,对于可能产生的_____、_____、_____等污染源采取措施,进行控制。

4. 文明施工是指保持施工现场良好的_____、_____和_____。

二、选择题

1. 热处理是固体废物的一种处理方式,下列固体废物处理方式不属于热处理方式的是(　　)。

A. 焚烧　　　　　B. 热解　　　　　C. 熔烧　　　　　D. 脱水干燥

2. 固体废物的化学处理方法包括(　　)。

A. 氧化还原　　　B. 中和　　　　　C. 化学浸出　　　D. 脱水干燥

3. (　　)出入口应标有企业名称或企业标识,主要出入口明显处应设置工程概况牌,大门内应设置施工现场总平面图和安全生产、消防保卫、环境保护、文明施工和管理人员名单及监督电话牌等制度牌。

A. 场地　　　　　B. 施工现场　　　C. 建筑红线　　　D. 区域

4. 建筑工程施工要做到工完场清、施工不扰民、现场不扬尘、运输无遗洒、垃圾不乱弃,努力营造良好的(　　)。

A. 施工作业环境　B. 场所　　　　　C. 文化　　　　　D. 条件

5. 施工现场的临时食堂,用餐人数在(　　)人以上的,应设置简易有效的隔油池,使产生的污水经过隔油池后再排入市政污水管网。

A. 10　　　　　　B. 50　　　　　　C. 100　　　　　　D. 200

6. 施工过程水污染的防治措施不包括(　　)。

A. 禁止将有毒有害废弃物做土方回填

B. 存放油料时,必须对库房地面进行防渗处理

C. 化学用品要妥善保管

D. 可以排入附近的河流

【项目小结】

本项目主要阐述了职业健康安全与环境管理概念、特点、目的与任务;施工安全管理保证体系、任务、基本要求和管理事务;职业健康安全事故的分类、处理和职业病的管理;环境管理的定义、工作内容、程序,文明施工,现场管理,环境保护。"安全第一,预防为主"是我国安全生产的

方针,切实可行的安全技术措施计划和有效实施是安全控制的重点。明确安全事故的处理原则,掌握安全事故的处理程序,是安全事故处理的核心。明确文明施工的要求,有效实施施工现场环境保护措施是环境管理的关键所在。

【项目练习】

选择题

1.根据《生产安全事故报告和调查处理条例》,造成 2 人死亡的生产安全事故属于( )。

A.特别重大事故　　B.重大事故　　　　　　C.较大事故　　　　　　　　D.一般事故

2.关于建设工程施工现场环境管理的说法,下列正确的是( )。

A.施工现场用餐人数在 50 人以上的临时食堂,应设置简易有效的隔油池

B.施工现场外围设置的围挡不得低于 1.5 m

C.一般情况下禁止各种打桩机械在夜间施工

D.在城区、郊区城镇和居住稠密区,只能在夜间使用敞口锅熬制沥青

3.安全性检查的类型有( )。

A.日常性检查、专业性检查、季节性检查、节假日前后检查和定期检查

B.日常性检查、专业性检查、季节性检查、节假日后检查和定期检查

C.日常性检查、非专业性检查、季节性检查、节假日前后检查和不定期检查

D.日常性检查、非专业性检查、季节性检查、节假日前检查和不定期检查

4.安全检查的主要内容包括( )。

A.查思想、查管理、查作风、查整改、查事故处理、查隐患

B.查思想、查作风、查整改、查管理

C.查思想、查管理、查整改、查事故处理

D.查管理、查思想、查整改、查事故处理、查隐患

5.建设工程职业健康安全事故处理原则是( )。

A.事故原因不清楚以及责任者没处理不放过

B.没有调查而下定论引起的事故不放过

C.事故责任者逃逸不放过

D.事故引发原因不清楚,事故责任者未找到不放过

6.按原因进行分类,事故可分为( )。

A.物体打击、车辆伤害、机械伤害、爆炸伤害、触电等

B.淹溺、灼烫、火灾、高处坠落以及电烧伤

C.坍塌以及火灾烧伤等

D.放炮、爆炸烧伤、烫伤以及爆炸引起的物体打击

7.按后果的严重程度,事故可分为( )。

A.轻伤事故、重伤事故、死亡事故、特大伤亡事故、超大伤亡事故

B.死亡事故、重伤事故、重大伤亡事故、超大伤亡事故

C.轻伤事故、重伤事故、死亡事故、重大伤亡事故、特大伤亡事故,急性中毒事故

D.微伤事故、轻伤事故、死亡事故、重大伤亡事故、急性中毒事故

8.建设工程项目环境管理的目的是( )。

A.保护生态环境,使社会的经济发展与人类的生存环境相协调

B.控制作业现场的各种粉尘、废水、废气、固体废弃物以及噪声、振动对环境的污染和危害

C. 避免和预防各种不利因素对环境管理造成的影响

D. 考虑能源节约和避免资源的浪费

E. 职业健康安全与环境管理的目的

9. 固体废弃物的主要处理方法有(   )。

A. 回收利用   B. 减量化处理

C. 稳定和固化技术   D. 焚烧技术和填埋

E. 不能焚烧只能填埋

10. 施工现场噪声的控制措施有(   )。

A. 声源控制及传播途径的控制   B. 接收者的防护

C. 严格控制人为噪声   D. 控制强噪声作业的时间

【项目实训】

实训题 1

【背景资料】

某写字楼工程外墙装修用脚手架为一字形钢管脚手架,脚手架长为 68 m,高为 36 m。2020年 10 月 6 日,项目经理安排 3 名工人对脚手架进行拆除,由于违反拆除作业程序,当局部刚刚拆除到 24 m 左右时,脚手架突然向外整体倾覆,架子上作业的 3 名工人一同坠落到地面,后被紧急送往医院抢救,2 人脱离危险,1 人因抢救无效死亡。经调查,拆除脚手架作业的 3 名工人刚进场两天,并非专业架子工,进场后并没有接受三级安全教育,在拆除作业前,项目经理也没有对他们进行相应的安全技术交底。

【问题】

1. 何为特种作业? 建筑工程施工哪些人员为特种作业人员?

2. 何为三级安全教育?

3. 建筑工程施工安全技术交底的基本要求及包括的主要内容有哪些?

4. 建筑工程施工安全管理目标包含哪些具体控制指标?

实训题 2

【背景资料】

某商厦建筑面积为 70 800 m²,钢筋混凝土框架结构,地上 5 层,地下 2 层,由市建筑设计院设计,江北区建筑工程公司施工。2016 年 5 月 10 日开工。在主体结构施工到地上 2 层时,柱混凝土施工完毕,为使楼梯能跟上主体施工进度,施工单位在地下室楼梯未施工的情况下直接支模施工第一层楼梯混凝土。支模方法是:在±0.000 m 处的地下室楼梯间侧壁混凝土墙板上放置四块预应力混凝土空心楼板,在楼梯上面进行一层楼梯支模。另外,在地下室楼梯间,采取分层支模的方法,对上述四块预制楼板进行支撑。地下 1 层的支撑柱直接顶在预制楼板下面。7月 30 日中午开始浇筑一层楼梯混凝土,当混凝土浇筑即将完工时,楼梯整体突然坍塌,致使 7

名现场施工人员坠落并被砸入地下室楼梯间内,造成 4 人死亡,3 人轻伤,直接经济损失 10.5 万元的重大事故。经事后调查发现,第一层楼梯混凝土浇筑的技术交底和安全交底均为施工单位为逃避责任而后补的。

【问题】

1. 本工程这起重大事故可定为哪种等级的重大事故？依据是什么？
2. 分部分项工程安全技术交底的要求和主要内容是什么？
3. 伤亡事故处理的程序是什么？

实训题 3

【背景资料】

焊工贾某、王某在建筑工地负责焊接一个 4.5 m×2 m×1.5 m 的水箱。两人在当天完成了 4/5 的工作量,下班后为了赶进度、抢工期,工地负责人又临时安排了一名油工加班施工,将水箱焊好的部分刷上了防锈漆。因箱顶离屋顶仅有 50 cm 高的间隔,通风不良,到第二天早上上班时,防锈漆根本就没有干。焊工上班后,工地负责人虽然明知水箱上的油漆未干,但因不愿误工,就又安排焊工继续施焊。作业过程中,贾某钻进水箱内侧扶焊,王某站在外面焊接,刚一打火,水箱上的油漆便发生了爆燃,王某、贾某顿时被火焰吞噬,事后虽经救出,但两人均被深度烧伤,烧伤面积达 25%。

【问题】

1. 请针对这起事故发生的原因,指出现场存在的主要问题有哪些？
2. 谁应对这起事故负主要责任？
3. 施工现场定期安全检查应由谁来组织？

实训题 4

【背景资料】

某市拟建成一个群体工程,其占地东西长为 400 m,南北宽为 200 m。其中,有一栋高层宿舍,是结构为 25 层大模板全现浇钢筋混凝土塔楼结构,使用两台塔式起重机。设环行道路,沿路布置临时用水和临时用电,不设生活区,不设搅拌站,不熬制沥青。

【问题】

1. 按现场的环境保护要求,提出对噪声施工的限制,停水、停电、封路的办理,垃圾渣土处理办法。
2. 简述健康安全环境管理相关要求。

项目8 建筑工程项目合同管理

【项目引入】

某施工单位根据领取的某 2 000 m² 的两层厂房工程项目招标文件和全套施工图纸,采用低报价策略编制了投标文件,并获得中标。该施工单位(乙方)于某年某月某日与建设单位(甲方)签订了该工程项目的总价施工合同,合同工期为 8 个月。甲方在乙方进入施工现场后,因资金紧缺,无法如期支付工程款,口头要求乙方暂停施工 1 个月,乙方也已口头答应。工程按合同规定期限验收时,甲方发现工程质量有问题,要求返工。2 个月后,返工完毕。结算时甲方认为乙方迟延交付工程,应按合同约定偿付逾期违约金。乙方认为临时停工是甲方要求的,乙方为抢工期,加快施工进度才出现了质量问题,因此迟延交付的责任不在乙方。甲方则认为临时停工和不顺延工期是当时乙方答应的,乙方应履行承诺,承担违约责任。

问题:

1. 建筑工程项目有几种价格合同形式?
2. 该工程采用总价合同形式是否合适?
3. 该施工合同的变更形式是否妥当? 此合同争议依据合同法律规范应如何处理?

【学习目标】

知识目标:了解建筑工程合同的相关知识;熟悉建筑工程项目各阶段的合同管理;掌握建筑工程项目合同的变更与索赔管理知识。

技能目标:具有合同谈判、合同签订及各阶段合同履行过程中管理的能力。

素质目标:签订建设工程合同的目的就是在保证施工质量的前提下使工程项目能够顺利竣工,维护合同当事人的合法权益,促进建筑行业的健康发展。对此,我们要有更加清醒的认识,并采取相应的对策措施,解决合同管理中存在的问题,以期能够提高建设工程合同的管理水平。作为学生应该以诚信为目标,了解职业相关法律,恪守职业道德,培养法律意识、契约精神、诚信精神和团队协作精神,培养交流和沟通的能力,规范自己的职业行为,学会知法守法、诚实守信。

【学习重、难点】

重点:建筑工程项目各阶段的合同管理及建筑工程项目合同的变更与索赔管理。

难点:各阶段的合同管理内容及合同履行过程中索赔处理的方法和技巧。

【学习建议】

1. 学习中可以利用网络搜索《建设工程施工合同示范文本》《标准施工招标资格预审文件》等相关文件进行学习。

2.查阅已签订建筑工程项目的合同案例,通过合同文件,加深对合同签订、管理、变更与索赔相关知识的理解。

3.项目后的习题应在学习中对应进度逐步练习,通过做练习以巩固基本知识。

任务 8.1　建筑工程合同

建筑工程合同是指在工程项目建设过程中的各个主体之间订立的经济合同。建筑工程合同的主要作用表现在明确了双方的权利和义务,有利于建筑市场的培育和发展。建筑工程合同不仅是一份合同,而且是由各个不同主体之间的合同组成的合同体系。1990年3月《国务院办公厅转发国家工商行政管理局关于在全国逐步推行经济合同示范文本制度请示的通知》中指出,在全国逐步推行经济合同示范文本制度,即对各类经济合同的主要条款、式样等制定出规范的、指导性的文本,在全国范围内积极提倡、宣传,逐步引导当事人在签订经济合同时采用,以实现经济合同签订的规范化。

8.1.1　建筑工程合同概述

1)建筑工程合同的概念

建筑工程合同是指建筑工程项目业主与承包商为完成一定的工程建设任务,而明确双方权利义务的协议,是承包商进行工程建设,业主支付价款的合同。

2)建筑工程合同的分类

工程建筑是一个极为复杂的系统工程,一个工程建筑的生命周期一般都会经历建筑项目的前期研究、勘察和设计、施工以及项目的运行等阶段,因此建筑工程项目会涉及各种不同种类的合同,这些合同共同构成了建筑工程的合同体系。根据不同分类标准,建筑工程合同可以划分为不同的类型。

(1)按签约各方的关系分类

①工程总承包合同:业主与承包商之间签订的合同,包括项目建筑全过程,如勘察、设计、施工等。

②工程分包合同:总承包商将中标工程的部分内容分给分包商,为此总承包商与分包商之间签订的分包合同。

③劳务分包合同:通常称劳务分包合同为包工不包料合同,或称清包合同,常出现在土木工程的劳务分包中。分包商在合同实施过程中,不承担材料涨价风险。

④联合承包合同:两个或两个以上的合作承包单位,以一个承包人的名义,为共同承担某一工程的全部建筑任务而与发包方签订的承包合同。

(2)按计价方式分类

①总价合同:分为固定总价合同、可调总价合同和固定工程量总价合同。固定总价合同又称总包干合同、一揽子承包合同。可调总价合同是在固定 总价合同基础上,增加合同履行过程中因市场价格浮动等因素对承包价格进行调整的条款。

②单价合同:承包商按工程量报价单内分项工作内容填报单价,以实际完成工程量乘以所报单价确定结算价款的合同。单价合同也可以分为固定单价合同和可调单价合同。

③成本加酬金合同:也称为成本补偿合同,这是与固定总价合同正好相反的合同,工程施工的最终合同价格将按照工程的实际成本再加上一定的酬金进行计算。在合同签订时,工程实际

成本往往不能确定,只能确定酬金的取值比例或者计算原则。

成本加酬金合同又可分为成本加固定酬金合同、成本加浮动酬金合同和成本加固定百分比酬金合同。

(3)按完成承包的内容分类

①勘察、设计合同。

②施工承包合同。

③材料、设备供货合同。

④建设监理合同。

3)合同在建筑工程项目中的基本作用

①合同分配了工程任务。

②合同确定了项目的组织关系。

③合同是建筑工程项目任务委托和承接的法律依据,是双方的最高行为准则。

④合同将建筑工程项目涉及各方联系起来,协调并统一工程各参加者的行为。

⑤合同是工程建设过程中双方争执解决的依据。

8.1.2　工程施工合同范本与法律效力

1)投资体制改革后形成的两套合同范本

经过几年发展,目前已形成双轨制的合同文本体系。政府投资的基础设施领域的合同范本由国家发展和改革委员会牵头制定;非政府投资的房屋建筑领域的合同范本由住房城乡建设部牵头制定。

国家发展和改革委员会牵头制定的合同文本包括:

①《标准施工招标资格预审文件》和《标准施工招标文件》(国家发展和改革委员会牵头,九部委联合制定,2007 年 11 月 1 日发布,2008 年 5 月 1 日实施)。

②《简明标准施工招标文件》(国家发展和改革委员会牵头,九部委联合制定,2011 年 12 月 20 日发布,2012 年 5 月 1 日实施)。

③《标准设计施工总承包招标文件》(国家发展和改革委员会牵头,九部委联合制定,2011 年 12 月 20 日发布,2012 年 5 月 1 日实施)。

住房和城乡建设部牵头制定的合同文本包括:

①《建设工程施工合同示范文本》(以下简称《示范文本》)(住房和城乡建设部、国家工商总局制定,先后有 1991 版、1999 版、2013 版、2017 版)。

②《房屋建筑和市政工程标准施工招标资格预审文件》和《房屋建筑和市政工程标准施工招标文件》(住房和城乡建设部制定,2010 年 6 月 9 日发布,自发布之日实施)。

③《建设项目工程总承包合同示范文本(试行)》(住房和城乡建设部、国家工商总局制定,2011 年 9 月 7 日发布,2011 年 11 月 1 日起试行)。

2)两套合同文本的法律效力

国家发展和改革委员会文本具有强制性,必须使用。招标人编制的施工招标资格预审文件、施工招标文件,应不加修改地引用《标准施工招标资格预审文件》中的"申请人须知""资格审查办法",以及《标准施工招标文件》中的"投标人须知""评标办法""通用合同条款"。"专用合同条款"可对《标准施工招标文件》中的"通用合同条款"进行补充、细化,除"通用合同条款"明确"专用合同条款"可作出不同约定外,补充和细化的内容不得与"通用合同条款"强制性规定相抵触,否则抵触内容无效。

住房和城乡建设部文本为非强制性文本。合同当事人可结合建设工程具体情况,根据《示范文本》订立合同,并按照法律法规规定和合同约定承担相应的法律责任及合同权利义务。

基于住房和城乡建设部文本非强制性特征,房屋建筑工程施工总承包可以适用各省、自治区、直辖市建设行政机关制定的文本,也可参考适用国际通用的 FIDIC 合同条款。

8.1.3 建设工程施工合同(示范文本)(GF—2017—0201)

建设工程施工合同(示范文本)(GF—2017—0201)

1)《示范文本》适用范围

住房和城乡建设部、国家工商行政管理总局(现国家市场监督管理总局)对《建设工程施工合同(示范文本)》(GF—2013—0201)进行了修订,制定了《建设工程施工合同(示范文本)》(GF—2017—0201)(以下简称《示范文本》)。《示范文本》适用于房屋建筑工程、土木工程、线路管道和设备安装工程、装修工程等建设工程的施工承发包活动。合同当事人可结合建设工程具体情况,根据《示范文本》订立合同,并按照法律法规规定和合同约定承担相应的法律责任及合同权利义务。

2)《示范文本》的组成

建设工程施工合同(示范文本)范例

《示范文本》包括合同协议书、通用条款、专用条款、11 个合同附件。

①合同协议书:共计 13 条,包括工程概况、合同工期、质量标准、签约合同价和合同价格形式等重要内容,集中约定了合同当事人基本的合同权利义务。

②通用合同条款:共计 20 条,具体条款分别为:一般约定、发包人、承包人、监理人、工程质量、安全文明施工与环境保护、工期和进度、材料与设备、试验与检验、变更、价格调整、合同价格、计量与支付、验收和工程试车、竣工结算、缺陷责任与保修、违约、不可抗力、保险、索赔和争议解决。这些条款是合同当事人就工程建设的实施及相关事项,对合同当事人的权利义务作出的原则性约定。

③专用合同条款:对通用合同条款原则性约定的细化、完善、补充、修改或另行约定的条款。如无细化、完善、补充、修改或另行约定,则填写“无”或划“/”。

④11 个附件:1 个是协议书附件,10 个是专用合同条款附件。

3)合同文件构成及优先顺序

组成合同的各项文件应互相解释,互为说明。除专用合同条款另有约定外,解释合同文件的优先顺序如下:

①合同协议书。

②中标通知书(如果有)。

③投标函及其附录(如果有)。

④专用合同条款及其附件。

⑤通用合同条款。

⑥技术标准和要求。

⑦图纸。

⑧已标价工程量清单或预算书。

⑨其他合同文件。

上述各项合同文件包括合同当事人就该项合同文件所作出的补充和修改,属于同一类内容的文件,应以最新签署的为准。在合同订立及履行过程中形成的与合同有关的文件均构成合同文件组成部分,并根据其性质确定优先解释顺序。

【学习笔记】

_____

_____

_____

_____

_____

_____

【关键词】

建筑工程合同　工程施工合同　示范文本

【任务练习】

选择题

1. 在《建设工程施工合同(示范文本)》(GF—2017—0201),合同价格形式分为(　　)。

A. 总价合同　　　　　B. 单价合同　　　　　C. 成本加酬金合同　　　　D. 其他价格形式合同

2.《建设工程施工合同(示范文本)》(GF—2017—0201)主要由(　　)三部分组成。

A. 通用条款　　　　　B. 合同标准条件　　　C. 协议书　　　　　　　　D. 补充和修正文件

E. 专用条款

3. 按照承包工程计价方式分类不包括(　　)。

A. 总价合同　　　　　B. 单价合同　　　　　C. 成本加酬金合同　　　　D. 预算合同

4. 承包人仅提供劳务而不承担供应任何材料的义务,此种承包方式称为(　　)。

A. 包工不包料　　　　B. 统包　　　　　　　C. 包工部分包料　　　　　D. 包工包料

5. 在工程范围没有完全界定或预测风险较大的情况下,业主应用(　　)较为适宜。

A. 单价合同　　　　　B. 总价合同　　　　　C. 成本加酬金合同　　　　D. 目标合同

6. 根据我国《施工合同文本》规定,对于具体工程的一些特殊问题,可通过(　　)约定承发包双方的权利和义务。

A. 通用条款　　　　　B. 专用条款　　　　　C. 监理合同　　　　　　　D. 协议书

7.《建设工程施工合同(示范文本)》(GF—2017—0201)通用条款规定的优先顺序正确的是(　　)。

A. 协议书、中标通知书、本合同通用条款、本合同专用条款

B. 专用合同条款及其附件、通用合同条款、技术标准和要求、图纸

C. 工程量清单,图纸、标准、规范及有关技术文件;中标通知书

D. 图纸、标准、规范及有关技术文件,工程量清单、投标书及其附件

任务 8.2　建筑工程项目合同管理

建筑工程合同是订立合同的当事人在建筑工程项目实施建设过程当中的最高行为准则,是规范双方的经济活动、协调双方工作关系、解决合同纠纷的法律依据。合同管理是建筑工程项目管理的核心。加强工程施工合同管理,规范、完善工程合同,做到管理依法,运作有序,有利于

工程项目的"质量、工期、投资"等目标的顺利实现。

8.2.1　建筑工程项目合同管理概述

1）建筑工程项目合同管理的概念

建筑工程项目合同管理是指对工程项目施工过程中所发生的或所涉及的一切经济、技术合同的签订、履行、变更、索赔、解除、解决争议、终止与评价的全过程进行的管理工作。

2）建筑工程项目合同管理的作用

建筑工程项目合同作为约束发包方和承包方权利和义务的依据,合同管理的作用主要体现在以下几个方面:

①促使施工合同的双方在相互平等、诚信的基础上依法签订切实可行的合同。

②有利于合同双方在合同执行过程中进行相互监督,以确保合同顺利实施。

③合同中明确地规定了双方具体的权利与义务,通过合同管理确保合同双方严格执行。

④通过合同管理,增强合同双方履行合同的自觉性,调动建设各方的积极性,使合同双方自觉遵守法律规定,共同维护当事人双方的合法权益。

3）建筑工程项目合同管理的内容

①建立健全建筑工程项目合同管理制度,包括合同归口管理制度,考核制度,合同用章管理制度,合同台账、统计及归档制度等。

②经常对合同管理人员、项目经理及有关人员进行合同法律知识教育,提高合同业务人员法律意识和专业素质。

③在谈判签约阶段,重点是了解对方的信誉,核实其法人资格及其他有关情况和资料;监督双方依照法律程序签订合同,避免出现无效合同、不完善合同,预防合同纠纷发生;组织配合有关部门做好施工项目合同的鉴证、公证工作,并在规定时间内送交合同管理机关等有关部门备案。

④合同履约阶段,主要的日常工作是经常检查合同以及有关法规的执行情况,并进行统计分析,如统计合同份数、合同金额、纠纷次数,分析违约原因、变更和索赔情况、合同履约率等,以便及时发现问题、解决问题;做好有关合同履行中的调解、诉讼、仲裁等工作,协调好企业与各方面、各有关单位的经济协作关系。

⑤专人整理保管合同、附件、工程洽商资料、补充协议、变更记录及与业主及其委托的工程师之间的来往函件等文件,随时备查;合同期满,工程竣工结算后,将全部合同文件整理归档。

4）合同管理和工程招投标的关系

施工合同与建设工程招标投标有着十分密切的关系,建设工程招标投标文件包含合同的主要条款,而组成合同的主要文件同样包括招标文件,由此可知两者是相互影响,相互关联的关系。

工程招标投标的内容与合同管理的内容是相互补充,相互制约的,工程招标投标属于建设工程合同谈判与签订阶段,招标投标是合同管理的基础之一,是合同管理的前一个步骤,在实际工程中,只有签订了建筑工程招标投标文件,才能签订合同管理的文件。只有签订了施工合同后,发包方和承包方才具有法律规定的权利与义务,可以依法实行。

建筑工程
项目招投标
基本知识

8.2.2　合同的签订和生效

1)订立施工合同的条件

①初步设计已经批准。

②工程项目已经列入年度建设计划。

③设计文件和有关的技术资料齐全。

④建设资金和主要建筑材料设备来源已落实。

⑤中标通知书已经下达。

2)合同的认证与生效

合同签订后是否立即生效,须区别两种情况:一种是在法律上对所签订的合同无专门规定,仅凭当事人的意愿,合同签署后立即生效;另一种是有些国家规定合同签订后必须经有关主管部门的签证或经司法部门的公证后合同才具有法律效力,这是国家对合同的监督与保护。

合同有效性的标准:

①合同的内容合法。

②签约的法定代表人的意愿必须真实而且不超过法定的权限。

③符合国家的利益和社会公众的利益。

④必要时合同应经过签证和公证。

3)合同当事人的义务

(1)发包人

①发包人应遵守法律,并办理法律规定由其办理的许可、批准或备案。发包人应协助承包人办理法律规定的有关施工证件和批件。

②发包人代表在发包人的授权范围内,负责处理合同履行过程中与发包人有关的具体事宜。在施工现场的发包人应遵守法律及有关安全、质量、环境保护、文明施工等规定。

③发包人应最迟于开工日期7天前向承包人移交施工现场,并负责提供施工所需要的条件,包括:将施工用水、电力、通信线路等施工所必需的条件接至施工现场内;保证向承包人提供正常施工所需要的进入施工现场的交通条件;协调处理施工现场周围地下管线和邻近建筑物、构筑物、古树名木的保护工作,并承担相关费用;按照专用合同条款约定应提供的其他设施和条件。

④发包人应当在移交施工现场前向承包人提供施工现场及工程施工所必需的毗邻区域内供水、排水、供电、供气、供热、通信、广播电视等地下管线资料,气象和水文观测资料,地质勘察资料,相邻建筑物、构筑物和地下工程等有关的基础资料。

⑤发包人应在收到承包人要求提供资金来源证明的书面通知后28天内,向承包人提供能够按照合同约定支付合同价款的相应资金来源证明。

⑥发包人要求承包人提供履约担保的,发包人应当向承包人提供支付担保。

⑦发包人应按合同约定向承包人及时支付合同价款。

⑧发包人应按合同约定及时组织竣工验收。

⑨发包人应与承包人、由发包人直接发包的专业工程的承包人签订施工现场统一管理协议,明确各方的权利义务。

(2)承包人

①办理法律规定应由承包人办理的许可和批准,并将办理结果书面报送发包人留存。

②按法律规定和合同约定完成工程,并在保修期内承担保修义务。

③按法律规定和合同约定采取施工安全和环境保护措施,办理工伤保险,确保工程及人员、材料、设备和设施的安全。

④按合同约定的工作内容和施工进度要求,编制施工组织设计和施工措施计划,并对所有施工作业和施工方法的完备性和安全可靠性负责。

⑤在进行合同约定的各项工作时,不得侵害发包人与他人使用公用道路、水源、市政管网等公共设施的权利,避免对邻近的公共设施产生干扰。承包人占用或使用他人的施工场地,影响他人作业或生活的,应承担相应责任。

⑥负责施工场地及其周边环境与生态的保护工作。

⑦采取施工安全措施,确保工程及其人员、材料、设备和设施的安全,防止因工程施工造成的人身伤害和财产损失。

⑧将发包人按合同约定支付的各项价款专用于合同工程,且应及时支付其雇用人员工资,并及时向分包人支付合同价款。

⑨按照法律规定和合同约定编制竣工资料,完成竣工资料立卷及归档,并按专用合同条款约定的竣工资料的套数、内容、时间等要求移交发包人。

⑩应履行的其他义务。

8.2.3　施工准备阶段的合同管理

1)施工图纸管理

(1)图纸的提供和交底

发包人应按照专用合同条款约定的期限、数量和内容向承包人免费提供图纸,并组织承包人、监理人和设计人进行图纸会审和设计交底。发包人最迟不得晚于开工通知条款载明的开工日期前 14 天向承包人提供图纸。

(2)图纸的修改和补充

需要修改和补充的,应经图纸原设计人及审批部门同意,并由监理人在工程或工程相应部位施工前将修改后的图纸或补充图纸提交给承包人,承包人应按修改或补充后的图纸施工。

(3)图纸和承包人文件的保管

承包人应在施工现场另外保存一套完整的图纸和承包人文件,供发包人、监理人及有关人员进行工程检查时使用。

2)施工进度计划管理

施工进度计划的编制应当符合国家法律规定和一般工程实践惯例,施工进度计划经发包人批准后实施。施工进度计划是控制工程进度的依据,发包人和监理人有权按照施工进度计划检查工程进度情况。

承包人应在合同签订后 14 天内,但最迟不得晚于开工通知载明的开工日期前 7 天,向监理人提交详细的施工组织设计,并由监理人报送发包人。发包人和监理人应在监理人收到施工组织设计后 7 天内确认或提出修改意见。对发包人和监理人提出的合理意见和要求,承包人应自费修改完善。

3)开工准备

承包人应按照施工组织设计约定的期限,向监理人提交工程开工报审表,经监理人报发包人批准后执行。开工报审表应详细说明按施工进度计划正常施工所需的施工道路、临时设施、材料、工程设备、施工设备、施工人员等落实情况以及工程的进度安排。合同当事人应按约定完成开工准备工作。

4) 开工通知

发包人应按照法律规定获得工程施工所需的许可。经发包人同意后,监理人发出的开工通知应符合法律规定。监理人应在计划开工日期 7 天前向承包人发出开工通知,工期自开工通知中载明的开工日期起算。因发包人原因造成监理人未能在计划开工日期之日起 90 天内发出开工通知的,承包人有权提出价格调整要求,或者解除合同。发包人应当承担由此增加的费用和(或)延误的工期,并向承包人支付合理利润。

5) 测量放线

发包人应在最迟不得晚于开工通知载明的开工日期前 7 天通过监理人向承包人提供测量基准点、基准线和水准点及其书面资料。发包人应对其提供的测量基准点、基准线和水准点及其书面资料的真实性、准确性和完整性负责。承包人发现发包人提供的测量基准点、基准线和水准点及其书面资料存在错误或疏漏的,应及时通知监理人。监理人应及时报告发包人,并会同发包人和承包人予以核实。发包人应就如何处理和是否继续施工作出决定,并通知监理人和承包人。

承包人负责施工过程中的全部施工测量放线工作,并配置具有相应资质的人员、合格的仪器、设备和其他物品。承包人应矫正工程的位置、标高、尺寸或准线中出现的任何差错,并对工程各部分的定位负责。施工过程中对施工现场内水准点等测量标志物的保护工作由承包人负责。

6) 材料与设备的采购与进场

(1) 材料采购

发包人自行供应材料、工程设备的,应对其质量负责。承包人应提前 30 天通过监理人以书面形式通知发包人供应材料与工程设备进场。承包人修订施工进度计划时,需同时提交经修订后的发包人供应材料与工程设备的进场计划。承包人负责采购材料、工程设备的,应按照设计和有关标准要求采购,并提供产品合格证明及出厂证明,对材料、工程设备质量负责。合同约定由承包人采购的材料、工程设备,发包人不得指定生产厂家或供应商,发包人违反本款约定指定生产厂家或供应商的,承包人有权拒绝,并由发包人承担相应责任。

(2) 材料与工程设备的接收与拒收

发包人供应材料与工程设备应提前 24 小时以书面形式通知承包人、监理人材料和工程设备到货时间,承包人负责材料和工程设备的清点、检验和接收。承包人采购的材料和工程设备,应保证产品质量合格,承包人应在材料和工程设备到货前 24 小时通知监理人检验。承包人进行永久设备、材料的制造和生产的,应符合相关质量标准,并向监理人提交材料的样本以及有关资料,并应在使用该材料或工程设备之前获得监理人同意。

承包人采购的材料和工程设备不符合设计或有关标准要求时,承包人应在监理人要求的合理期限内将不符合设计或有关标准要求的材料、工程设备运出施工现场,并重新采购符合要求的材料、工程设备,由此增加的费用和(或)延误的工期,由承包人承担。

7) 施工设备和临时设施

承包人应按合同进度计划的要求,及时配置施工设备和修建临时设施。进入施工场地的承包人设备需经监理人核查后才能投入使用。承包人更换合同约定的承包人设备的,应报监理人批准。承包人应自行承担修建临时设施的费用,需要临时占地的,应由发包人办理申请手续并承担相应费用。

8)工程预付款管理

(1)预付款的支付

预付款的支付按照专用合同条款约定执行,但最迟应在开工通知载明的开工日期7天前支付。发包人逾期支付预付款超过7天的,承包人有权向发包人发出要求预付的催告通知,发包人收到通知后7天内仍未支付的,承包人有权暂停施工,并按发包人违约的条款执行。预付款在进度付款中同比例扣回。在颁发工程接收证书前,提前解除合同的,尚未扣完的预付款应与合同价款一并结算。

(2)预付款担保

发包人要求承包人提供预付款担保的,承包人应在发包人支付预付款7天前提供预付款担保。预付款担保可采用银行保函、担保公司担保等形式,具体由合同当事人在专用合同条款中约定。在预付款完全扣回之前,承包人应保证预付款担保持续有效。发包人在工程款中逐期扣回预付款后,预付款担保额度应相应减少,但剩余的预付款担保金额不得低于未被扣回的预付款金额。

8.2.4 施工阶段的合同管理

1)材料与设备保管使用

发包人供应的材料和工程设备,承包人清点后由承包人妥善保管,保管费用由发包人承担,但已标价工程量清单或预算书已经列支或专用合同条款另有约定的除外。因承包人原因发生丢失毁损的,由承包人负责赔偿;监理人未通知承包人清点的,承包人不负责材料和工程设备的保管,由此导致丢失毁损的由发包人负责。发包人供应的材料和工程设备使用前,由承包人负责检验,检验费用由发包人承担,不合格的不得使用。

承包人采购的材料和工程设备由承包人妥善保管,保管费用由承包人承担。法律规定材料和工程设备使用前必须进行检验或试验的,承包人应按监理人的要求进行检验或试验,检验或试验费用由承包人承担,不合格的不得使用。发包人或监理人发现承包人使用不符合设计或有关标准要求的材料和工程设备时,有权要求承包人进行修复、拆除或重新采购,由此增加的费用和(或)延误的工期,由承包人承担。

2)质量保证与管理

①发包人应按照法律规定及合同约定完成与工程质量有关的各项工作。

②承包人按照施工组织设计条款的约定向发包人和监理人提交工程质量保证体系及措施文件,建立完善的质量检查制度,并提交相应的工程质量文件。对于发包人和监理人违反法律规定和合同约定的错误指示,承包人有权拒绝实施。

③承包人应对施工人员进行质量教育和技术培训,定期考核施工人员的劳动技能,严格执行施工规范和操作规程。

④承包人应按照法律规定和发包人的要求,对材料、工程设备以及工程的所有部位及其施工工艺进行全过程的质量检查和检验,并作详细记录,编制工程质量报表,报送监理人审查。另外,承包人还应按照法律规定和发包人的要求,进行施工现场取样试验、工程复核测量和设备性能检测,提供试验样品、提交试验报告和测量成果以及其他工作。

⑤监理工程师应在施工过程中应采用巡视、旁站、平行检验等方式监督检查承包人的施工工艺和产品质量,对建筑产品的生产过程进行严格控制。

3)隐蔽工程与重新检验

(1)检验程序

①承包人自检。承包人应当对工程隐蔽部位进行自检,并经自检确认是否具备覆盖条件。工程隐蔽部位经承包人自检确认具备覆盖条件的,承包人应在共同检查前 48 小时书面通知监理人检查,通知中应载明隐蔽检查的内容、时间和地点,并应附有自检记录和必要的检查资料。

②监理检验。工程师接到承包人的请求验收通知后,监理人应按时到场并对隐蔽工程及其施工工艺、材料和工程设备进行检查。经监理人检查确认质量符合隐蔽要求,并在验收记录上签字后,承包人才能进行覆盖。经监理人检查质量不合格的,承包人应在监理人指示的时间内完成修复,并由监理人重新检查,由此增加的费用和(或)延误的工期由承包人承担。

监理人不能按时进行检查的,应在检查前 24 小时向承包人提交书面延期要求,但延期不能超过 48 小时,由此导致工期延误的,工期应予以顺延。监理人未按时进行检查,也未提出延期要求的,视为隐蔽工程检查合格,承包人可自行完成覆盖工作,并作相应记录报送监理人,监理人应签字确认。监理人事后对检查记录有疑问的,可按重新检查的条款约定重新检查。

(2)重新检查

承包人覆盖工程隐蔽部位后,发包人或监理人对质量有疑问的,可要求承包人对已覆盖的部位进行钻孔探测或揭开重新检查,承包人应遵照执行,并在检查后重新覆盖恢复原状。经检查证明工程质量符合合同要求的,由发包人承担由此增加的费用和(或)延误的工期,并支付承包人合理的利润;经检查证明工程质量不符合合同要求的,由此增加的费用和(或)延误的工期由承包人承担。

(3)承包人私自覆盖

承包人未通知监理人到场检查,私自将工程隐蔽部位覆盖的,监理人有权指示承包人钻孔探测或揭开检查,无论工程隐蔽部位质量是否合格,由此增加的费用和(或)延误的工期均由承包人承担。

4)施工进度管理

(1)施工进度计划的修订

施工进度计划不符合合同要求或与工程的实际进度不一致的,承包人应向监理人提交修订的施工进度计划,并附具有关措施和相关资料,由监理人报送发包人。除专用合同条款另有约定外,发包人和监理人应在收到修订的施工进度计划后 7 天内完成审核和批准或提出修改意见。发包人和监理人对承包人提交的施工进度计划的确认,不能减轻或免除承包人根据法律规定和合同约定应承担的任何责任或义务。

(2)暂停施工

需要暂停施工的情况主要有:发包人要求暂停施工、承包人未经批准擅自施工或拒绝项目监理机构、承包人未按审查通过的工程设计文件施工、承包人违反工程建设强制性标准、施工存在重大质量、安全事故隐患或发生质量事故。

引起暂停施工的主要原因有发包人原因、承包人原因、行政监管、不可抗力 4 个方面。

①暂停施工管理。

a.因发包人原因引起暂停施工的,监理人经发包人同意后,应及时下达暂停施工指示。情况紧急且监理人未及时下达暂停施工指示的,按照紧急情况下的暂停施工的条款执行。因发包人原因引起的暂停施工,发包人应承担由此增加的费用和(或)延误的工期,并支付承包人合理的利润。

b.因承包人原因引起暂停施工的,承包人应承担由此增加的费用和(或)延误的工期,且承包人在收到监理人复工指示后84天内仍未复工的,视为承包人违约,发包人有权解除合同。

c.监理人认为有必要时,并经发包人批准后,可向承包人作出暂停施工的指示,承包人应按监理人指示暂停施工。

d.因紧急情况需暂停施工,且监理人未及时下达暂停施工指示的,承包人可先暂停施工,并及时通知监理人。监理人应在接到通知后24小时内发出指示,逾期未发出指示,视为同意承包人暂停施工。监理人不同意承包人暂停施工的,应说明理由,承包人对监理人的答复有异议,按照争议解决条款的约定处理。

e.暂停施工期间,承包人应负责妥善照管工程并提供安全保障,由此增加的费用由责任方承担。暂停施工期间,发包人和承包人均应采取必要的措施确保工程质量及安全,防止因暂停施工扩大损失。

②暂停施工后的复工。当工程具备复工条件时,监理人应经发包人批准后向承包人发出复工通知,承包人应按照复工通知要求复工。承包人无故拖延和拒绝复工的,承包人承担由此增加的费用和(或)延误的工期;因发包人原因无法按时复工的,按照因发包人原因导致工期延误条款的约定办理。

(3)工期延误

在合同履行过程中,因下列情况导致工期延误和(或)费用增加的,由发包人承担由此延误的工期和(或)增加的费用,且发包人应支付承包人合理的利润:

①发包人未能按合同约定提供图纸或所提供图纸不符合合同约定的。

②发包人未能按合同约定提供施工现场、施工条件、基础资料、许可、批准等开工条件的。

③发包人提供的测量基准点、基准线和水准点及其书面资料存在错误或疏漏的。

④发包人未能在计划开工日期之日起7天内同意下达开工通知的。

⑤发包人未能按合同约定日期支付工程预付款、进度款或竣工结算款的。

⑥监理人未按合同约定发出指示、批准等文件的。

⑦专用合同条款中约定的其他情形。

因发包人原因未按计划开工日期开工的,发包人应按实际开工日期顺延竣工日期,并由承包人修订施工进度计划,确保实际工期不低于合同约定的工期总日历天数。

因承包人原因造成工期延误的,可以在专用合同条款中约定逾期竣工违约金的计算方法和逾期竣工违约金的上限。承包人支付逾期竣工违约金后,不免除承包人继续完成工程及修补缺陷的义务。

5)变更管理

发包人和监理人均可以提出变更。变更指示均通过监理人发出,监理人发出变更指示前应征得发包人同意。承包人收到经发包人签认的变更指示后,方可实施变更。未经许可,承包人不得擅自对工程的任何部分进行变更。涉及设计变更的,应由设计人提供变更后的图纸和说明。如变更超过原设计标准或批准的建设规模时,发包人应及时办理规划变更、设计变更等审批手续。

6)计量与支付管理

由于签订合同时在工程量清单内开列的工程量是估计工程量,实际施工可能与其有差异,因此,发包人支付工程进度款前应对承包人完成的实际工程量予以确认或核实,按照承包人实际完成永久工程的工程量进行支付。

(1) 计量原则与周期

工程量计量按照合同约定的工程量计算规则、图纸及变更指示等进行计量。工程量计算规则应以相关的国家标准、行业标准等为依据。除专用合同条款另有约定外,工程量的计量按月进行。付款周期与计量周期一致。

(2) 进度付款申请单的编制

进度付款申请单应包括下列内容:

①截至本次付款周期已完成工作对应的金额。

②根据变更条款应增加和扣减的变更金额。

③根据预付款约定应支付的预付款和扣减的返还预付款。

④根据质量保证金约定应扣减的质量保证金。

⑤根据索赔应增加和扣减的索赔金额。

⑥对已签发的进度款支付证书中出现错误的修正,应在本次进度付款中支付或扣除的金额。

⑦根据合同约定应增加和扣减的其他金额。

(3) 进度款支付管理

①监理人应在收到承包人进度付款申请单以及相关资料后 7 天内完成审查并报送发包人,发包人应在收到后 7 天内完成审批并签发进度款支付证书。发包人逾期未完成审批且未提出异议的,视为已签发进度款支付证书。

发包人和监理人对承包人的进度付款申请单有异议的,有权要求承包人修正和提供补充资料,承包人应提交修正后的进度付款申请单。监理人应在收到承包人修正后的进度付款申请单及相关资料后 7 天内完成审查并报送发包人,发包人应在收到监理人报送的进度付款申请单及相关资料后 7 天内,向承包人签发无异议部分的临时进度款支付证书。存在争议的部分,按照争议解决条款的约定处理。

②发包人应在进度款支付证书或临时进度款支付证书签发后 14 天内完成支付,发包人逾期支付进度款的,应按照中国人民银行发布的同期同类贷款基准利率支付违约金。

③发包人签发进度款支付证书或临时进度款支付证书,不表明发包人已同意、批准或接受了承包人完成的相应部分的工作。

7) 材料、工程设备和工程的试验和检验

①承包人应按合同约定进行材料、工程设备和工程的试验和检验,并为监理人对上述材料、工程设备和工程的质量检查提供必要的试验资料和原始记录。按合同约定应由监理人与承包人共同进行试验和检验的,由承包人负责提供必要的试验资料和原始记录。

②试验属于自检性质的,承包人可以单独进行试验。试验属于监理人抽检性质的,监理人可以单独进行试验,也可由承包人与监理人共同进行。承包人对由监理人单独进行的试验结果有异议的,可以申请重新共同进行试验。约定共同进行试验的,监理人未按照约定参加试验的,承包人可自行试验,并将试验结果报送监理人,监理人应承认该试验结果。

③监理人对承包人的试验和检验结果有异议的,或为查清承包人试验和检验成果的可靠性要求承包人重新试验和检验的,可由监理人与承包人共同进行。重新试验和检验的结果证明该项材料、工程设备或工程的质量不符合合同要求的,由此增加的费用和(或)延误的工期由承包

人承担;重新试验和检验结果证明该项材料、工程设备和工程的质量符合合同要求的,由此增加的费用和(或)延误的工期由发包人承担。

④承包人应按合同约定或监理人指示进行现场工艺试验。对大型的现场工艺试验,监理人认为必要时,承包人应根据监理人提出的工艺试验要求,编制工艺试验措施计划,报送监理人审查。

8) 价格调整

(1) 市场价格波动引起的价格调整

市场价格波动引起的价格调整,前提是合同约定了固定价格的风险范围,超出风险范围的,启动调价程序。价格如何调整,根据合同约定。合同当事人可以在专用合同条款中约定选择以下一种方式对合同价格进行调整:

①采用价格指数进行价格调整。

②采用造价信息进行价格调整。

③专用合同条款约定的其他方式。

(2) 法律变化引起的价格调整

基准日期后,法律变化导致承包人在合同履行过程中所需要的费用发生除市场价格波动引起的调整条款约定以外的增加时,由发包人承担由此增加的费用;减少时,应从合同价格中予以扣减。

①因法律变化引起的合同价格和工期调整,合同当事人无法达成一致的,由总监理工程师按商定或确定条款的约定处理。

②因承包人原因造成工期延误,在工期延误期间出现法律变化的,由此增加的费用和(或)延误的工期由承包人承担。

8.2.5 竣工阶段的合同管理

1) 工程试车

(1) 试车程序

工程需要试车的,试车内容应与承包人承包范围相一致,试车费用由承包人承担。工程试车应按如下程序进行:

①单机无负荷试车。具备单机无负荷试车条件,承包人组织试车,并在试车前48小时书面通知监理人,通知中应载明试车内容、时间、地点。承包人准备试车记录,发包人根据承包人要求为试车提供必要条件。试车合格的,监理人在试车记录上签字。监理人在试车合格后不在试车记录上签字,自试车结束满24小时后视为监理人已经认可试车记录,承包人可继续施工或办理竣工验收手续。

监理人不能按时参加试车,应在试车前24小时以书面形式向承包人提出延期要求,但延期不能超过48小时,由此导致工期延误的,工期应予以顺延。监理人未能在前述期限内提出延期要求,又不参加试车的,视为认可试车记录。

②无负荷联动试车。具备无负荷联动试车条件,发包人组织试车,并在试车前48小时以书面形式通知承包人。通知中应载明试车内容、时间、地点和对承包人的要求,承包人按要求做好准备工作。试车合格,合同当事人在试车记录上签字。承包人无正当理由不参加试车的,视为认可试车记录。

(2) 试车中的责任

因设计原因导致试车达不到验收要求,发包人应要求设计人修改设计,承包人按修改后的设计重新安装。发包人承担修改设计、拆除及重新安装的全部费用,工期相应顺延。因承包人原因导致试车达不到验收要求,承包人按监理人要求重新安装和试车,并承担重新安装和试车的费用,工期不予顺延。因工程设备制造原因导致试车达不到验收要求的,由采购该工程设备的合同当事人负责重新购置或修理,承包人负责拆除和重新安装,由此增加的修理、重新购置、拆除及重新安装的费用及延误的工期由采购该工程设备的合同当事人承担。

(3) 投料试车

如需进行投料试车的,发包人应在工程竣工验收后组织投料试车。发包人要求在工程竣工验收前进行或需要承包人配合时,应征得承包人同意,并在专用合同条款中约定有关事项。

投料试车合格的,费用由发包人承担;因承包人原因造成投料试车不合格的,承包人应按照发包人要求进行整改,由此产生的整改费用由承包人承担;非因承包人原因导致投料试车不合格的,如发包人要求承包人进行整改的,由此产生的费用由发包人承担。

2) 竣工验收

工程验收是合同履行中的一个重要工作阶段,工程未经竣工验收或竣工验收未通过的,发包人不得使用。发包人强行使用时,由此发生的质量问题及其他问题,由发包人承担责任。竣工验收分为分项工程竣工验收和整体工程竣工验收两大类,视施工合同约定的工作范围而定。

(1) 竣工验收条件

工程具备以下条件的,承包人可以申请竣工验收:

①除发包人同意的甩项工作和缺陷修补工作外,合同范围内的全部工程以及有关工作,包括合同要求的试验、试运行以及检验均已完成,并符合合同要求;

②已按合同约定编制了甩项工作和缺陷修补工作清单以及相应的施工计划;

③已按合同约定的内容和份数备齐竣工资料。

(2) 竣工验收程序

①承包人向监理人报送竣工验收申请报告,监理人应在收到竣工验收申请报告后14天内完成审查并报送发包人。监理人审查后认为尚不具备验收条件的,应通知承包人在竣工验收前承包人还需完成的工作内容,承包人应在完成监理人通知的全部工作内容后,再次提交竣工验收申请报告。

②监理人审查后认为已具备竣工验收条件的,应将竣工验收申请报告提交发包人,发包人应在收到经监理人审核的竣工验收申请报告后28天内审批完毕并组织监理人、承包人、设计人等相关单位完成竣工验收。

③竣工验收合格的,发包人应在验收合格后14天内向承包人签发工程接收证书。发包人无正当理由逾期不颁发工程接收证书的,自验收合格后第15天起视为已颁发工程接收证书。

④竣工验收不合格的,监理人应按照验收意见发出指示,要求承包人对不合格工程返工、修复或采取其他补救措施,由此增加的费用和(或)延误的工期由承包人承担。承包人在完成不合格工程的返工、修复或采取其他补救措施后,应重新提交竣工验收申请报告,并按本项约定的程序重新进行验收。

⑤工程未经验收或验收不合格,发包人擅自使用的,应在转移占有工程后7天内向承包人颁发工程接收证书;发包人无正当理由逾期不颁发工程接收证书的,自转移占有后第15天起视为已颁发工程接收证书。

(3)移交、接收全部工程与部分工程

合同当事人应当在颁发工程接收证书后7天内完成工程的移交。发包人无正当理由不接收工程的,发包人自应当接收工程之日起,承担工程照管、成品保护、保管等与工程有关的各项费用。承包人无正当理由不移交工程的,承包人应承担工程照管、成品保护、保管等与工程有关的各项费用,合同当事人可以在专用合同条款中另行约定承包人无正当理由不移交工程的违约责任。

3)缺陷责任与保修

(1)工程保修原则

在工程移交发包人后,因承包人原因产生的质量缺陷,承包人应承担质量缺陷责任和保修义务。缺陷责任期届满,承包人仍应按合同约定的工程各部位保修年限承担保修义务。

(2)缺陷责任期

缺陷责任期从工程通过竣工验收之日起计算,合同当事人应在专用合同条款中约定缺陷责任期的具体期限,但该期限最长不超过24个月。

单位工程先于全部工程进行验收,经验收合格并交付使用的,该单位工程缺陷责任期自单位工程验收合格之日起算。因承包人原因导致工程无法按合同约定期限进行竣工验收的,缺陷责任期从实际通过竣工验收之日起计算。因发包人原因导致工程无法按合同约定期限进行竣工验收的,在承包人提交竣工验收报告90天后,工程自动进入缺陷责任期;发包人未经竣工验收擅自使用工程的,缺陷责任期自工程转移占有之日起开始计算。

缺陷责任期内,由承包人原因造成的缺陷,承包人应负责维修,并承担鉴定及维修费用。如承包人不维修也不承担费用,发包人可按合同约定从保证金或银行保函中扣除,费用超出保证金额的,发包人可按合同约定向承包人进行索赔。承包人维修并承担相应费用后,不免除对工程的损失赔偿责任。发包人有权要求承包人延长缺陷责任期,并应在原缺陷责任期届满前发出延长通知。但缺陷责任期(含延长部分)最长不能超过24个月。

由他人原因造成的缺陷,发包人负责组织维修,承包人不承担费用,且发包人不得从保证金中扣除费用。

(3)质量保证金

经合同当事人协商一致扣留质量保证金的,应在专用合同条款中予以明确。在工程项目竣工前,承包人已经提供履约担保的,发包人不得同时预留工程质量保证金。

质量保证金的扣留有以下3种方式:

①在支付工程进度款时逐次扣留,在此情形下,质量保证金的计算基数不包括预付款的支付、扣回及价格调整的金额。

②工程竣工结算时一次性扣留质量保证金。

③双方约定的其他扣留方式。

除专用合同条款另有约定外,质量保证金的扣留原则上采用上述第①种方式。

发包人累计扣留的质量保证金不得超过工程价款结算总额的3%。如承包人在发包人签发竣工付款证书后28天内提交质量保证金保函,发包人应同时退还扣留的作为质量保证金的工程价款;保函金额不得超过工程价款结算总额的3%。

发包人在退还质量保证金的同时按照中国人民银行发布的同期同类贷款基准利率支付利息。

发包人在接到承包人返还保证金申请后,应于14天内会同承包人按照合同约定的内容进

行核实。如无异议,发包人应当按照约定将保证金返还给承包人。对返还期限没有约定或者约定不明确的,发包人应当在核实后 14 天内将保证金返还承包人,逾期未返还的,依法承担违约责任。发包人在接到承包人返还保证金申请后 14 天内不予答复,经催告后 14 天内仍不予答复,视同认可承包人的返还保证金申请。

4) 竣工结算

(1) 竣工结算申请

承包人应在工程竣工验收合格后 28 天内向发包人和监理人提交竣工结算申请单,并提交完整的结算资料,有关竣工结算申请单的资料清单和份数等要求由合同当事人在专用合同条款中约定。

竣工结算申请单应包括以下内容:

①竣工结算合同价格。

②发包人已支付承包人的款项。

③应扣留的质量保证金。已缴纳履约保证金的或提供其他工程质量担保方式的除外。

④发包人应支付承包人的合同价款。

(2) 竣工结算审核

①监理人应在收到竣工结算申请单后 14 天内完成核查并报送发包人。发包人应在收到监理人提交的经审核的竣工结算申请单后 14 天内完成审批,并由监理人向承包人签发经发包人签认的竣工付款证书。监理人或发包人对竣工结算申请单有异议的,有权要求承包人进行修正和提供补充资料,承包人应提交修正后的竣工结算申请单。

发包人在收到承包人提交竣工结算申请书后 28 天内未完成审批且未提出异议的,视为发包人认可承包人提交的竣工结算申请单,并自发包人收到承包人提交的竣工结算申请单后第 29 天起视为已签发竣工付款证书。

②发包人应在签发竣工付款证书后的 14 天内,完成对承包人的竣工付款。发包人逾期支付的,按照中国人民银行发布的同期同类贷款基准利率支付违约金;逾期支付超过 56 天的,按照中国人民银行发布的同期同类贷款基准利率的两倍支付违约金。

③承包人对发包人签认的竣工付款证书有异议的,对于有异议部分应在收到发包人签认的竣工付款证书后 7 天内提出异议,并由合同当事人按照专用合同条款约定的方式和程序进行复核,或按争议解决约定处理。对于无异议部分,发包人应签发临时竣工付款证书,并完成付款。承包人逾期未提出异议的,视为认可发包人的审批结果。

(3) 最终结清

①最终结清申请单。承包人应在缺陷责任期终止证书颁发后 7 天内,按专用合同条款约定的份数向发包人提交最终结清申请单,并提供相关证明材料。最终结清申请单应列明质量保证金、应扣除的质量保证金、缺陷责任期内发生的增减费用。发包人对最终结清申请单内容有异议的,有权要求承包人进行修正和提供补充资料,承包人应向发包人提交修正后的最终结清申请单。

②最终结清证书和支付。发包人应在收到承包人提交的最终结清申请单后 14 天内完成审批并向承包人颁发最终结清证书。发包人逾期未完成审批,又未提出修改意见的,视为发包人同意承包人提交的最终结清申请单,且自发包人收到承包人提交的最终结清申请单后 15 天起视为已颁发最终结清证书。发包人应在颁发最终结清证书后 7 天内完成支付。发包人逾期支付的,按照中国人民银行发布的同期同类贷款基准利率支付违约金;逾期支付超过 56 天的,按

照中国人民银行发布的同期同类贷款基准利率的两倍支付违约金。承包人对发包人颁发的最终结清证书有异议的,按争议解决的约定办理。

8.2.6　合同管理总结

企业应对项目的合同管理评价,总结合同订立和执行过程中的经验和教训,编写合同总结报告。合同总结报告应包含以下内容:

①合同订立情况评价。

②合同履行情况评价。

③合同管理工作评价。

④对本项目还有重大影响的合同条款评价。

⑤其他经验和教训。

【学习笔记】

_____

_____

_____

_____

_____

【关键词】

合同管理　发包人　承包人　竣工验收　竣工结算

【任务练习】

选择题

1.除专用合同条款另有约定外,发包人应最迟于开工日期(　　)前向承包人移交施工现场

A.7 天　　　　　　B.14 天　　　　　　C.48 小时　　　　　　D.24 小时

2.根据《建设工程施工合同(示范文本)》(GF—2017—0201),工程缺陷责任期自(　　)起计算。

A.合同签订日期　　　　　　　　B.竣工验收合格之日

C.实际竣工日期　　　　　　　　D.颁发工程验收证书之日

3.构成施工合同示范文本的组成部分,包括(　　)。

A.协议书　　　　B.招标文件　　　　C.通用条款　　　　　D.专用条款

E.招标说明

4.监理人在施工过程中应采用(　　)等方式监督检查承包人的施工工艺和产品质量。

A.巡视　　　　　　B.平行检查　　　　C.自检　　　　　D.旁站

5.订立施工合同的条件包括(　　)。

A.初步设计已经批准

B.工程项目已经列入年度建设计划

C.设计文件和有关的技术资料齐全

D. 建设资金和主要建筑材料设备来源已落实

E. 中标通知书已经下达

6. 下列选项中,( )是承包方的工作。

A. 办理施工临时用地批件

B. 组织设计图纸会审

C. 向甲方代表提供在施工现场生活的房屋及设施

D. 提供施工现场的工程地质资料

7. 施工合同示范文本规定,设备安装工程具备单机无负荷试车条件时,应由( )组织试车。

A. 建设单位　　　　B. 监理单位　　　　　　C. 施工单位　　　　　　　　D. 设备供应单位

8. 施工合同示范文本规定,( )应由承包方承担。

A. 承包方在地下管道附近施工的防护措施费用

B. 承包方由于安全措施不力造成事故而发生的费用

C. 在有毒有害环境中施工的防护措施引起的经济支出

D. 第三方责任造成伤亡事故发生的费用

9. 下列关于工程进度管理的论述正确的是( )。

A. 承发包双方在协议书中约定的工期是指开工日期、竣工日期和总工作天数

B. 工程竣工通过验收后,实际竣工的日期为工程移交的日期

C. 由于非承包人的原因造成的实际进度与计划进度不符时,其后果由发包人承担责任

D. 承包人完成施工任务后的 28 天内,由工程师提交竣工验收报告

10. 承包人按照合同完成施工任务,通过工程竣工验收,实际竣工日期应为( )。

A. 合同约定的竣工日期　　　　　　　　B. 承包人送交竣工验收报告的日期

C. 发包人在竣工验收报告的签收日期　　D. 工程移交的日期

任务 8.3　建筑工程项目合同变更与索赔管理

由于工程建设的周期长、涉及的经济关系和法律关系复杂、受自然条件和客观因素的影响大,导致项目的实际情况与项目招标投标时的情况相比会发生一些变化。建设项目中的工程变更与索赔几乎是不可避免的,变更与索赔管理是风险管理的重要内容。变更索赔不仅是建筑工程合同管理的重要环节,更是挽回成本损失的重要手段,也是施工中获取效益的主要途径之一。

8.3.1　工程变更

1) 工程变更的范围

工程变更指的是施工过程中出现了与签订合同时的预计条件不一致的情况,而需要改变原定施工承包范围内的某些工作内容。

合同履行过程中发生以下情形的,应按照本条约定进行变更:

①增加或减少合同中任何工作,或追加额外的工作。

②取消合同中任何工作,但转由他人实施的工作除外。

③改变合同中任何工作的质量标准或其他特性。

④改变工程的基线、标高、位置和尺寸。

⑤改变工程的时间安排或实施顺序。

发包人可以取消任何工作,但不得转由他人实施。这属于违约行为,且涉嫌肢解分包。

2)变更程序

变更指示可以由发包人、监理人、承包人等发起,然后由工程师确认,并签发工程变更指令。

(1)发包人提出变更

发包人提出变更的,应通过监理人向承包人发出变更指示,变更指示应说明计划变更的工程范围和变更的内容。

承包人应在收到监理人下达的变更指示后,立即予以执行或提出不能执行该变更指示的理由。承包人执行变更的,应书面说明实施该变更指示对合同价格和工期的影响。

(2)监理人提出变更建议

监理人提出变更建议的,需要向发包人以书面形式提出变更计划,说明计划变更工程范围和变更的内容、理由,以及实施该变更对合同价格和工期的影响。发包人同意变更的,由监理人向承包人发出变更指示。发包人不同意变更的,监理人无权擅自发出变更指示。

(3)承包人的合理化建议

承包人提出合理化建议的,应向监理人提交合理化建议说明,说明建议的内容和理由,以及实施该建议对合同价格和工期的影响。

监理人应在收到承包人提交的合理化建议后7天内审查完毕并报送发包人,发现其中存在技术上的缺陷,应通知承包人修改。发包人应在收到监理人报送的合理化建议后7天内审批完毕。合理化建议经发包人批准的,监理人应及时发出变更指示,由此引起的合同价格调整按照变更估价条款的约定执行。发包人不同意变更的,监理人应书面通知承包人。

合理化建议降低了合同价格或者提高了工程经济效益的,发包人可对承包人给予奖励,奖励的方法和金额在专用合同条款中约定。

(4)变更执行

承包人收到监理人下达的变更指示后,认为不能执行,应立即提出不能执行该变更指示的理由。承包人认为可以执行变更的,应当书面说明实施该变更指示对合同价格和工期的影响,且合同当事人应当按变更估价条款约定确定变更估价。

对于应当前往当地建设行政主管部门进行备案监管的变更事项,应当遵循当地建设行政主管部门的规定要求,前往当地主管部门进行备案。

3)变更估价

(1)变更估价原则

①已标价工程量清单或预算书中有相同项目的,按照相同项目的单价认定。

②已标价工程量清单或预算书中无相同项目的,但有类似项目的,参照类似项目的单价认定。

③变更导致实际完成的变更工程量与已标价工程量清单或预算书中列明的该项目工程量的变化幅度超过15%的,或已标价工程量清单或预算书中无相同项目及类似项目单价的,按照合理的成本与利润构成的原则,由合同当事人按照相关规定确定变更工作的单价。

(2)变更估价程序

承包人应在收到变更指示后14天内,向监理人提交变更估价申请。监理人应在收到承包人提交的变更估价申请后7天内审查完毕并报送发包人,监理人对变更估价申请有异议,通知承包人修改后重新提交。发包人应在承包人提交变更估价申请后14天内审批完毕。发包人逾期未完成审批或未提出异议的,视为认可承包人提交的变更估价申请。因变更引起的价格调整应计入最近一期的进度款中支付。

(3)不利物质条件

不利物质条件是指有经验的承包人在施工现场遇到的不可预见的自然物质条件、非自然的物质障碍和污染物,包括地表以下物质条件和水文条件以及专用合同条款约定的其他情形,但不包括气候条件。

承包人遇到不利物质条件时,应采取克服不利物质条件的合理措施继续施工,并及时通知发包人和监理人。通知应载明不利物质条件的内容以及承包人认为不可预见的理由。监理人经发包人同意后应当及时发出指示,指示构成变更的,按变更条款的约定执行。承包人因采取合理措施而增加的费用和(或)延误的工期由发包人承担。

(4)异常恶劣的气候条件

异常恶劣的气候条件是指在施工过程中遇到的,有经验的承包人在签订合同时不可预见的,对合同履行造成实质性影响的,但尚未构成不可抗力事件的恶劣气候条件。承包人应采取克服异常恶劣的气候条件的合理措施继续施工,并及时通知发包人和监理人。监理人经发包人同意后应当及时发出指示,指示构成变更的,按变更条款约定办理。承包人因采取合理措施而增加的费用和(或)延误的工期由发包人承担。

4)不可抗力

(1)不可抗力的确定

不可抗力是指合同当事人在签订合同时不可预见,在合同履行过程中不可避免且不能克服的自然灾害和社会性突发事件,如地震、海啸、瘟疫、骚乱、戒严、暴动、战争和专用合同条款中约定的其他情形。

不可抗力发生后,发包人和承包人应收集证明不可抗力发生及不可抗力造成损失的证据,并及时认真统计所造成的损失。

(2)可抗力的通知

合同一方当事人遇到不可抗力事件,使其履行合同义务受到阻碍时,应立即通知合同另一方当事人和监理人,书面说明不可抗力和受阻碍的详细情况,并提供必要的证明。

不可抗力持续发生的,合同一方当事人应及时向合同另一方当事人和监理人提交中间报告,说明不可抗力和履行合同受阻的情况,并于不可抗力事件结束后28天内提交最终报告及有关资料。

(3)不可抗力后果的承担

不可抗力导致的人员伤亡、财产损失、费用增加和(或)工期延误等后果,由合同当事人按以下原则承担:

①永久工程、已运至施工现场的材料和工程设备的损坏,以及因工程损坏造成的第三人人员伤亡和财产损失由发包人承担;

②承包人施工设备的损坏由承包人承担;

③发包人和承包人承担各自人员伤亡和财产的损失;

④因不可抗力影响承包人履行合同约定的义务,已经引起或将引起工期延误的,应当顺延工期,由此导致承包人停工的费用损失由发包人和承包人合理分担,停工期间必须支付的工人工资由发包人承担;

⑤因不可抗力引起或将引起工期延误,发包人要求赶工的,由此增加的赶工费用由发包人承担;

⑥承包人在停工期间按照发包人要求照管、清理和修复工程的费用由发包人承担。

不可抗力发生后,合同当事人均应采取措施尽量避免和减少损失的扩大,任何一方当事人没有采取有效措施导致损失扩大的,应对扩大的损失承担责任。

因合同一方迟延履行合同义务,在迟延履行期间遭遇不可抗力的,不免除其违约责任。

(4)因不可抗力解除合同

因不可抗力导致合同无法履行连续超过 84 天或累计超过 140 天的,发包人和承包人均有权解除合同。合同解除后,由双方当事人按照相应合同条款商定或确定发包人应支付的款项,该款项包括以下几项:

①合同解除前承包人已完成工作的价款;

②承包人为工程订购的并已交付给承包人,或承包人有责任接受交付的材料、工程设备和其他物品的价款;

③发包人要求承包人退货或解除订货合同而产生的费用,或因不能退货或解除合同而产生的损失;

④承包人撤离施工现场以及遣散承包人人员的费用;

⑤按照合同约定在合同解除前应支付给承包人的其他款项;

⑥扣减承包人按照合同约定应向发包人支付的款项;

⑦双方商定或确定的其他款项。

合同解除后,发包人应在商定或确定上述款项后 28 天内完成上述款项的支付。

8.3.2　施工索赔

1)施工索赔的概念

施工索赔是指施工合同当事人在合同实施过程中,根据法律、合同规定,对并非由于自己的过错,而是应由合同对方或第三方承担责任的情况造成的实际损失向对方提出给予补偿要求的行为。索赔是承包商和业主之间承担风险比例的合理分摊。

通常,施工索赔主要指的是承包人向发包人提出的索赔,发包人向承包人提出索赔,通常叫作反索赔。

2)施工索赔的种类

(1)按索赔事件所处合同状态分类

①正常施工索赔。这是最常见的索赔形式。

②工程停、缓建索赔。工程因不可抗力(如自然灾害、地震、战争、暴乱等)、政府法令、资金或其他原因必须中途停止施工引起的索赔。

③解除合同索赔。一方严重违约,另一方行使合同解除权引起的索赔

(2)按索赔依据的范围分类

①合同内索赔。合同内索赔是指索赔所涉及的内容可以在履行的合同中找到条款依据。通常,合同内索赔的处理比较容易。

②合同外索赔。合同外索赔是指索赔所涉及的内容难以在合同条款及有关协议中找到依据,但可能来自民法、经济法及政府有关部门颁布的有关法规所赋予的权力。

③道义索赔。道义索赔是指索赔的依据无论在合同内还是合同外都找不到,发包人为了使

自己的工程得到很好的进展,出于同情、信任、道义而给予的补偿。

(3)按索赔目的分类

①工期索赔。工期索赔是因为工期延长而进行的索赔。其包括两种情况:工期延误,主要由于一方过失导致工期延长;工期延期,主要由于第三方原因导致工期拖后。如在地基开挖过程中发现古墓、文物,在这种情况下,乙方可向甲方提出工期索赔。

②费用索赔。费用索赔又称经济索赔,是承包商由于施工条件的客观变化而增加了自己的开支时,要求业主付给增加的开支或亏损,弥补承包商的经济损失的一种索赔。

(4)按索赔处理方式分类

①单项索赔:承包人对某一事件的损失提出的索赔。

②综合索赔:又称一揽子索赔,指承包人在工程竣工结算前,将施工过程中未得到解决的或对发包人答复不满意的单项索赔集中起来,综合提出一次索赔。

(5)按索赔的合同依据分类

①合同中明示的索赔:索赔涉及的内容可在合同文件中找到依据。如工程量计算规则,变更工程的计算和价格,不同原因引起的拖延。这类索赔不大容易发生争议。

②合同中默示的索赔:索赔的内容或权利虽然难以在合同条款中找出依据,但可以根据合同的某些条款的含义,推论出承包人有索赔权,如外汇汇率变化。

3)索赔程序与处理

(1)索赔程序

根据合同约定,承包人认为有权得到追加付款和(或)延长工期的,应按以下程序向监理人提出索赔:

①承包人应在知道或应当知道索赔事件发生后 28 天内,向监理人递交索赔意向通知书,并说明发生索赔事件的事由;承包人未在前述 28 天内发出索赔意向通知书的,丧失要求追加付款和(或)延长工期的权利;

②承包人应在发出索赔意向通知书后 28 天内,向监理人正式递交索赔报告;索赔报告应详细说明索赔理由以及要求追加的付款金额和(或)延长的工期,并附必要的记录和证明材料;

③索赔事件具有持续影响的,承包人应按合理时间间隔继续递交延续索赔通知,说明持续影响的实际情况和记录,列出累计的追加付款金额和(或)工期延长天数;

④在索赔事件影响结束后 28 天内,承包人应向监理人递交最终索赔报告,说明最终要求索赔的追加付款金额和(或)延长的工期,并附必要的记录和证明材料。

(2)索赔处理

①监理人应在收到索赔报告后 14 天内完成审查并报送发包人。监理人对索赔报告存在异议的,有权要求承包人提交全部原始记录副本;

②发包人应在监理人收到索赔报告或有关索赔的进一步证明材料后的 28 天内,由监理人向承包人出具经发包人签认的索赔处理结果。发包人逾期答复的,则视为认可承包人的索赔要求;

③承包人接受索赔处理结果的,索赔款项在当期进度款中进行支付;承包人不接受索赔处理结果的,按照争议解决条款约定处理。

4)索赔意向通知书

①索赔事件发生的时间、地点或工程部位。

②索赔事件发生的双方当事人或其他有关人员。

③索赔事件发生的原因及性质,特别说明并非承包人的责任。

④承包人对索赔事件发生后的态度,特别应说明承包人为控制事件的发展、减少损失所采取的行动。

⑤写明事件的发生将会使承包人产生额外经济支出或其他不利影响。

⑥提出索赔意向,注明合同条款依据。

5) 索赔报告

索赔报告是承包人提交的要求发包人给予一定经济赔偿或延长工期的重要文件。索赔报告的具体内容,随该索赔事件的性质和特点而有所不同。一般来说,完整的索赔报告应包括总论、根据、计算和证据四个部分。

6) 索赔的计算

(1) 索赔费用的组成

索赔费用包括人工费、机械使用费、材料费、管理费、利润、利息、分包费用和保函手续费等。

(2) 费用索赔的计算

费用索赔的计算方法有实际费用法、总费用法和修正总费用法等。其中,实际费用法是计算工程索赔时最常用的一种方法。

①实际费用法。该方法是按照各索赔事件所引起损失的费用项目分别分析计算索赔值,然后将各费用项目的索赔值汇总,即可得到总索赔费用值。这种方法以承包商为某项索赔工作所支付的实际开支为依据,但仅限于由于索赔事项引起的、超过原计划的费用,故也称额外成本法。在这种计算方法中,需要注意的是不要遗漏费用项目。

②总费用法。又称总成本法,就是当发生多项索赔事件以后,按实际总费用减去投标报价时的估算费用计算索赔金额的一种方法。

③修正的总费用法。这种方法是对总费用法的改进,即在总费用计算的原则上,去掉一些不确定的可能因素,对总费用法进行相应的修改和调整,使其更加合理。其计算公式如下:

$$索赔金额 = 某项工作调整后的实际总费用 - 该项工作的报价费用$$

【例8.1】某施工合同约定,施工现场主导施工机械一台,由施工企业租得,台班单价为300元/台班,租赁费为100元/台班,人工工资为40元/工日,窝工补贴为10元/工日,以人工费为基数的综合费率为35%,在施工过程中,发生了如下事件:

①出现异常恶劣天气导致工程停工2天,人员窝工30个工日;

②因恶劣天气导致场外道路中断,抢修道路用工20个工日;

③场外大面积停电,停工2天,人员窝工10个工日。

为此,施工企业可向业主索赔的费用为多少?

解:各事件处理结果如下:

①异常恶劣天气导致的停工通常不能进行费用索赔。

②抢修道路用工的索赔额 $= 20 \times 40 \times (1 + 35\%) = 1\,080$(元)

③停电导致的索赔额 $= 2 \times 100 + 10 \times 10 = 300$(元)

④总索赔费用 $= 1\,080 + 300 = 1\,380$(元)

(3) 工期索赔的计算

①网络图分析法。利用进度计划的网络图,分析计算索赔事件对工期影响的一种方法。适用于许多索赔事件的计算。

②比例计算法。在实际工程中,干扰时间常常影响某些单项工程、单位工程或分部分项工程工期,要分析它们对总工期的影响,可以采用简单的比例计算。其计算公式为

$$工期索赔额度 = \frac{受干扰部分工程的合同价}{原合同总价} \times 该受干扰部分工期拖延时间$$

$$工期索赔额度 = \frac{额外增加的工程量的价格}{原合同总价} \times 原合同总工期$$

7)反索赔

反索赔即业主向承包商提出的索赔,一般分为工程拖期索赔和施工缺陷索赔两类。

(1)反索赔的程序

根据合同约定,发包人认为有权得到赔付金额和(或)延长缺陷责任期的,监理人应向承包人发出通知并附有详细的证明。

发包人应在知道或应当知道索赔事件发生后28天内通过监理人向承包人提出索赔意向通知书,发包人未在前述28天内发出索赔意向通知书的,丧失要求赔付金额和(或)延长缺陷责任期的权利。发包人应在发出索赔意向通知书后28天内,通过监理人向承包人正式递交索赔报告。

(2)反索赔的处理

对发包人索赔的处理如下:

①承包人收到发包人提交的索赔报告后,应及时审查索赔报告的内容、查验发包人证明材料;

②承包人应在收到索赔报告或有关索赔的进一步证明材料后28天内,将索赔处理结果答复发包人。如果承包人未在上述期限内作出答复的,则视为对发包人索赔要求的认可;

③承包人接受索赔处理结果的,发包人可从应支付给承包人的合同价款中扣除赔付的金额或延长缺陷责任期;发包人不接受索赔处理结果的,按争议解决条款的约定处理。

【学习笔记】

_____
_____
_____
_____
_____
_____
_____

【关键词】

合同变更　工程变更　索赔　反索赔

【任务练习】

选择题

1.(　　)是在合同履行过程中,当事人一方就对方不履行或不完全履行合同义务,或者就可归责于对方的原因而造成的经济损失,向对方提出赔偿或补偿要求的行为。

A.变更　　　　　B.终止　　　　　C.反索赔　　　　　D.索赔

2. 工程反索赔是指（　　　）。

A. 承包商向业主提出的索赔　　　　　　B. 分包商向总包商提出的索赔

C. 承包商向供货商提出的索赔　　　　　D. 业主向承包商提出的索赔

3. 除下列（　　　）情况之外，均不予办理工程变更。

A. 由建设单位责任造成的工程量增加

B. 招标文件规定的应由承建单位自行承担的风险

C. 施工合同约定或已包括在合同价款内应由承建单位自行承担的风险

D. 承建单位在投标文件中承诺自行承担的风险或投标时应预见的风险

4. 承包人必须在发出索赔意向通知后的（　　　）天内，提交一份详细的索赔文件和有关资料。

A. 7　　　　　　　　　B. 14　　　　　　　　　C. 21　　　　　　　　　D. 28

5. 依据施工合同示范文本的规定，关于承包商索赔的说法，下列错误的是（　　　）。

A. 只能向有合同关系的对方提出索赔

B. 工程师可以对证据不充分的索赔报告不予理睬

C. 工程师的索赔处理决定不具有强制性的约束力

D. 索赔处理应尽可能协商达成一致

6. 某工程项目施工过程中，承包人运料车由于公共道路断路不能向工地运送材料，致使工期拖延 5 天，承包人就此向发包人提出工期索赔。其理由是发包人应承担外部协调不力责任。此种索赔属于（　　　）。

A. 总索赔　　　　　B. 道义索赔　　　　　C. 默示索赔　　　　　D. 工程变更索赔

7. 依据施工合同示范文本规定，索赔事件发生后的 28 天内，承包人应向工程师递交（　　　）。

A. 现场同期记录　　B. 索赔意向通知　　C. 索赔报告　　　　　D. 索赔证据

8. 在施工过程中发现地下文物，导致工期和费用增加则承包商（　　　）。

A. 只能索赔工期　　　　　　　　　　　B. 只能索赔费用

C. 二者均可　　　　　　　　　　　　　D. 不能提出索赔

9. 施工过程中，遇到特殊恶劣气候的影响造成了工期和费用的增加，则承包商（　　　）。

A. 只能索赔工期　　B. 只能索赔费用　　C. 二者均可　　　　　D. 不能索赔

10. 索赔的性质属于（　　　）行为。

A. 经济补偿　　　　B. 经济惩罚　　　　C. 经济获利　　　　　D. 施工监督

11. 索赔工作程序的第一步是（　　　）。

A. 递交索赔意向通知书　　　　　　　　B. 递交索赔通知

C. 索赔资料准备　　　　　　　　　　　D. 编写索赔文件

12. 工程师审查承包商索赔申请时，判断索赔是否成立的条件有（　　　）。

A. 与合同相比，事件造成了承包商损失

B. 损失的原因不属于承包商责任，而属于分包商责任

C. 承包商在索赔事件发生后 28 天内向工程师提交了索赔意向通知

D. 承包商在索赔意向通知发出后 28 天内向业主递交了索赔报告

E. 索赔资料已经建设主管部门审查合格

【项目小结】

本项目主要阐述了合同的相关知识、建筑工程项目各阶段的合同管理和建筑工程项目合同

的变更与索赔三部分内容。建筑工程项目合同管理包括:建筑工程施工合同的订立、施工准备阶段的合同管理、施工过程的合同管理、竣工阶段的合同管理,施工索赔包括工期索赔和费用索赔。合同管理是建筑工程项目管理的核心,工程管理的各方面工作都要围绕着这个核心来开展,工程项目合同管理是指依据合同和合同法规定,利用科学先进的方法综合组织工程项目建设,全面履行合同,保证合同目标的实现。

【项目练习】

选择题

1. 下列施工合同文件中,解释顺序优先的是(　　　　)。

A. 中标通知书　　　B. 投标书　　　　　C. 施工合同专用条款　　　D. 规范

2. 工程师对承包人施工进度计划确认后,由于进度计划的缺陷导致实际进度落后于计划进度,根据《建设工程施工合同示范文本》(GF—2013—0201),其工期拖延的责任应由(　　　)承担。

A. 承包人　　　　　　　　　　　B. 发包人

C. 工程师　　　　　　　　　　　D. 承包人与发包人协商

3. 根据《建设工程施工合同(示范文本)》(GF—2017—0201),属于发包人工作的有(　　　　)。

A. 保证向承包人提供正常施工所需的进入施工现场的交通条件

B. 确保工程及其人员、材料、设备和设施的安全,防止因工程施工造成的人身伤害和财产损失

C. 依据有关法律办理建设工程施工许可证

D. 按合同约定的工作内容和施工进度要求,编制施工组织设计和施工措施计划,并对所有施工作业和施工方法的完备性和安全可靠性负责

E. 向承包人提供施工现场的地质勘查资料

4. 施工合同履行过程中,因工程所在地突发罕见的大暴雨所造成的损失,应由承包人承担(　　　　)。

A. 运至施工场地用于施工的材料损害

B. 因工程损害导致的第三方财产损失

C. 承包人的停工损失

D. 工程所需修复费用

5. 按照施工合同示范文本规定,当组成施工合同的各文件出现含糊不清或矛盾时,应按(　　　　)顺序解释。

A. 施工合同协议书、工程量清单、中标通知书

B. 中标通知书、投标书及附件、合同履行中的变更协议

C. 合同履行中的洽商协议、中标通知书、工程量清单

D. 施工合同专用条款、施工合同通用条款、中标通知书

6. 根据《建设工程施工合同(示范文本)》(GF—2017—0201),因承包人原因引起的暂停施工,承包人在收到监理人复工指示后(　　　　)天内仍未复工的,视为承包人无法继续履行合同的情形。

A. 84　　　　　　　B. 90　　　　　　　C. 56　　　　　　　D. 42

7. 索赔的程序和争执的解决决定着索赔的解决方法,我们要分析它的(　　　　)。

A. 索赔的内容、方式及数额

B. 索赔的程序

C. 争执的解决方式和程序

D. 仲裁条款,包括仲裁所依据的法律,仲裁地点、方式和程序仲裁结果的约束力等

E. 索赔的金额

8. 按索赔所依据的理由分类分为(　　)。

　　A. 合同内索赔　　　　B. 合同外索赔　　　　C. 道义索赔　　　　D. 单项索赔

　　E. 总索赔

9. 建设单位在(　　)合同中承担了项目的全部风险。

　　A. 成本加酬金　　　B. 单价　　　　　C. 总价可调　　　　D. 总价不可调

10. 索赔意向通知要简明扼要地说明(　　)等。

　　A. 索赔事由发生的时间、地点　　　　　B. 简单事实情况描述和发展动态

　　C. 索赔依据和理由　　　　　　　　　　D. 索赔事件的不利影响

　　E. 索赔的最后期限

11. 下列索赔事件中,承包人可以索赔利润的是(　　)。

　　A. 材料价格上涨　　B. 工程暂停　　　C. 工期延期　　　　D. 工程变更

12. 建设工程索赔中,承包商计算索赔费用时最常用的方法是(　　)。

　　A. 总费用法　　　　　　　　　　　B. 修正的总费用法

　　C. 实际费用法　　　　　　　　　　D. 修正的实际费用法

13. 某工程采用实际费用法计算承包商的索赔金额,由于主体结构施工受到干扰的索赔事件发生后,承包商应得的索赔金额中除可索赔的直接费外,还应包括(　　)。

　　A. 应得的措施费和间接费　　　　　B. 应得的间接费和利润

　　C. 应得的现场管理费和分包费　　　D. 应得的总部管理费和分包费

【项目实训】

实训题 1

【背景资料】

　　承包商与业主签订一份建设工程施工合同。双方签字盖章并在公证处进行了公证。合同约定工期为 12 个月,合同固定总价为 1 500 万元。2020 年 2 月 1 日开工,工程进行才 3 个月,监理工程师于 2020 年 5 月 2 日自主决定,要求承包商于 2020 年 11 月 1 日竣工,承包商不予理睬,至 2020 年 5 月 21 日仍不作出书面答复。2020 年 5 月 31 日,业主以承包商的工程质量不可靠和工程不能如期竣工为由发文通知该施工企业:"本公司决定解除原施工合同,望贵公司予以谅解和支持。"同时限期承包商拆除脚手架,致使承包方无法继续履行原合同义务,承包商由此损失工程款、工程器材费及其他损失费 609 万元,该承包商于 2020 年 6 月 25 日向人民法院提起诉讼,要求业主承担违约责任。

　　注:经法院委托专业权威单位调查鉴定,确认承包商有能力按合同的约定保证施工质量,如期竣工。

【问题】

1.合同的效力方面

(1)**判断:**该合同属有效经济合同。(　　　)

(2)**选择:**合同的有效条件为(　　　)。

A.主体资格合格

B.内容合法

C.订立合同的形式合法

D.合同草案必须送建设行政主管部门或其授权机构审查

E.订立合同的程序合法

2.合同的履行方面

判断:

(1)工程师是建设施工合同的当事人。(　　　)

(2)未经业主授权,监理单位不得擅自变更与承建单位签订的承包合同。(　　　)

3.合同违约方面

(1)**判断:**发包方应承担违约责任。(　　　)

(2)**选择:**承担违约责任的形式有(　　　)。

A.违约金　　　　B.赔偿金　　　　　　C.继续履约　　　　　　　D.没收抵押物

E.变卖留置物

4.合同解除方面

选择:单方提出变更,解除合同的法律条件是(　　　)。

A.由于不可抗力致使合同的全部义务不能履行

B.由于一方在合同约定的期限没有履行义务

C.由于承包人的保证人失去民事权利能力和民事行为能力

D.由于承包人的保证人的法人地位被取消

E.由于承包人的法人代表已经更换

5.诉讼方面

判断:

(1)承包人可向被告住所地或合同履行地的人民法院上诉,方可能被立案处理。(　　　)

(2)此施工合同纠纷案件的经济诉讼当事人包括业主、承包商、监理工程师。(　　　)

6.诉讼时效方面

(1)**选择:**国内经济合同纠纷的申请仲裁或上诉的诉讼时效为(　　　)年。

A.1　　　　　　　B.2　　　　　　　　C.3　　　　　　　　D.4

(2)**判断:**凡超过诉讼时效的经济纠纷案件,法院一般不予受理。(　　　)

实训题 2

【背景资料】

某施工单位根据领取的某2 000 m² 两层厂房工程项目招标文件和全套施工图纸,采用低价策略编制了投标文件,并获得中标。该施工单位(乙方)于某年某月某日与建设单位(甲方)

签订了该工程项目的固定价格施工合同。合同工期为 8 个月。甲方在乙方进入施工现场后,因资金短缺,无法如期支付工程款,口头要求乙方暂停施工一个月,乙方也口头答应。工程按合同规定期限验收时,甲方发现工程质量有问题,要求返工。两个月后,返工完毕。结算时甲方认为乙方迟延交付工程,应按合同约定偿付逾期违约金。乙方认为临时停工是甲方要求的。乙方为抢工期,加快施工进度才出现了质量问题,因此延迟交付的责任不在乙方。甲方则认为临时停工和不顺延工期是当时乙方答应的。乙方应履行承诺,承担违约责任。

在工程施工过程中,遭受到了多年不遇的强暴风雨的袭击,造成了相应的损失,施工单位及时向监理工程师提出索赔要求,并附有与索赔有关的资料和证据。索赔报告中的基本要求如下。

(1)遭受多年不遇的强暴风雨的袭击属于不可抗力事件,不是施工单位造成的损失,故应由业主承担赔偿责任。

(2)给已建部分工程造成破坏损失 18 万元,应由业主承担修复的经济责任,施工单位不承担修复的经济责任。

(3)施工单位人员因此灾害导致数人受伤,处理伤病医疗费用和补偿总计 3 万元,业主应给予赔偿。

(4)施工单位进场的在使用机械、设备受到损坏,造成损失 8 万元,由于现场停工造成台班费损失 4.2 万元,业主应承担赔偿和修复的经济责任。工人窝工费 3.8 万元,业主应予支付。

(5)因暴风雨造成的损失现场停工 8 天,要求合同工期顺延 8 天。

(6)由于工程破坏,清理现场需费用 2.4 万元,业主应予支付。

【问题】

1. 该工程采用固定价格合同是否合适?

2. 该施工合同的变更形式是否妥当? 此合同争议依据合同法律规定范围应如何处理?

3. 监理工程师接到施工单位提交的索赔申请后,应进行哪些工作?

4. 因不可抗力发生的风险承担的原则是什么? 对施工单位提出的要求,应如何处理?

实训题 3

【背景资料】

某公司厂房建设施工土方工程中,承包商在合同标明有松软石的地方没有遇到松软石,因此工期提前 1 个月。但在合同中另一未标明有坚硬岩石的地方遇到更多的坚硬岩石,开挖工作变得更加困难,由此造成了实际生产率比原计划低得多,经测算影响工期 3 个月。由于施工速度减慢,使得部分施工任务拖到雨季进行,按一般公认标准推算,又影响工期 2 个月。为此承包商准备提出索赔。

【问题】

1. 该项施工索赔能否成立? 为什么?

2. 在该索赔事件中,应提出的索赔内容包括哪两个方面?

3. 在工程施工中,通常可以提供的索赔证据有哪些?

4. 承包商应提供的索赔文件有哪些? 请协助承包商拟定一份索赔通知。

实训题 4

【背景资料】

某建筑公司(乙方)于某年 4 月 20 日与某厂(甲方)签订了修建建筑面积为 3 000 m² 工业厂房(带地下室)的施工合同,乙方编制的施工方案和进度计划已获得工程师批准。该工程的基坑开挖土方量为 4 500 m³,假设直接费单价为 4.2 元/m³,综合费为直接费的 20%。该基坑施工方案规定:土方工程采用租赁一台斗容量为 1 m³ 的反铲挖掘机施工(租赁费 450 元/台班)。甲、乙双方合同约定 5 月 11 日开工,5 月 20 日完工。在实际施工中发生了以下几项事件:

(1)因租赁的挖掘机大修,晚开工 2 天,造成人员窝工 10 个工日;

(2)施工过程中,因遇软土层,接到工程师 5 月 15 日停工的指令,进行地质复查,配合用工 15 个工日;

(3)5 月 19 日接到工程师于 5 月 20 日复工的指令,同时提出基坑开挖深度加深 2 m 的设计变更通知单,由此增加土方开挖量 900 m³;

(4)5 月 20 日—22 日,因下特大暴雨迫使基坑开挖暂停,造成人员窝工 10 个工日;

(5)5 月 23 日用 30 个工日修复冲坏的永久道路,5 月 24 日恢复挖掘工作,最终基坑于 5 月 30 日挖坑完毕。

【问题】

1.上述哪些事件建筑公司可以向厂方要求索赔,哪些事件不可以要求索赔,并说明原因。

2.每项事件工期索赔各是多少天? 总计工期索赔是多少天?

3.假设人工费单价为 23 元/工日,因增加用工所需的管理费为增加人工费的 30%,则合理的费用索赔总额是多少?

项目9 建筑工程项目信息管理

【项目引入】

建筑施工企业通过信息化建设,可以把分散在各个业务管理部门和岗位的管理资信汇集到企业的信息系统,开展数据积累、数据分析工作,提高管理资信的利用率。

建筑施工企业通过信息化建设,可以借助现代网络技术的优势,及时掌握生产一线的施工情况,提高企业管理的效率,有效防范经营风险。

建筑施工企业通过信息化建设,可以降低企业的管理成本,节约管理费用的支出,加快资金流转速度,提高企业的盈利能力和竞争能力。

问题:

1. 建筑施工企业为什么要进行信息化建设?
2. 信息化建设能为建筑施工企业带来哪些好处?

【学习目标】

知识目标:熟悉建筑工程项目信息管理基础知识;了解计算机在建筑工程项目信息管理中的运用;了解 BIM 与项目管理信息化;熟悉 Microsoft Project 项目管理软件。

技能目标:初步具备应用 Microsoft Project 软件进行建筑工程项目管理的能力。

素质目标:建筑工程项目实行信息化管理,可以有效地利用有限的资源,用尽可能少的费用、尽可能快的速度来保证工程质量,获取最大的社会经济效益。通过运用 BIM、Project 等软件,获取、传递、利用信息资源方面更加灵活、快捷和开放,可以极大地增强信息处理能力和方案评价选择能力,最大限度地减少决策过程中的不确定性、随意性和主观性,增强决策的合理性、科学性及快速反应。作为学生应该以修身为目标,通过软件操作实践,促进创新意识的培养,拓展思维空间,延伸智力。同时,紧跟行业和技术的发展,学会适应发展,养成自主学习、终身学习的习惯。

【学习重、难点】

重点:建筑工程项目信息管理基础知识及 Microsoft Project 项目管理软件。
难点:建筑工程项目信息管理的任务、过程及 Microsoft Project 软件的基本操作。

【学习建议】

1. 本项目对计算机在建筑工程项目信息管理中的运用及 BIM 与项目管理信息化作一般了解,着重学习建筑工程项目信息管理的含义、任务、过程和内容以及 Microsoft Project 的功能介绍和基本操作。

2.学习 Microsoft Project 软件时,建议下载软件,结合课本中提供的案例及基本操作步骤进行自主练习。

3.项目后的习题应在学习中对应进度逐步练习,通过做练习加以巩固基本知识。

任务 9.1　建筑工程项目信息管理基础知识

建筑工程项目信息管理应适应项目管理的需要,为预测未来和做出正确决策提供依据,提高建筑企业管理水平。建筑工程项目的实施需要人力资源和物质资源,应认识到信息也是项目实施的重要资源之一。

9.1.1　建筑工程项目信息管理的含义

信息是指以口头、书面或电子的方式传输(传达、传递)的知识、新闻,或可靠的或不可靠的情报。声音、文字、数字和图像等都是信息表达的形式。

信息管理是指信息传输的合理组织和控制。

项目的信息管理是通过对各个系统、各项工作和各种数据的管理,使项目的信息能方便和有效地获取、存储、存档、处理和交流。项目的信息管理旨在通过有效的项目信息传输的组织和控制(信息管理)为项目建设的增值服务。

建筑工程项目的信息包括在项目决策过程、实施过程(设计准备、设计、施工和物资采购过程等)和运行过程中产生的信息,以及其他与项目建设有关的信息,它包括以下几项:

①组织类工程信息,如工程建设的组织信息、项目参与方的组织信息、参与工程项目建设有关的组织信息及专家信息等。

②管理类工程信息,如与投资控制、进度控制、质量控制、合同管理、安全管理和信息管理有关的信息等。

③经济类工程信息,如建设物资市场信息、项目融资信息等。

④技术类工程信息,如与设计、施工、物资有关的技术信息等。

⑤法规类信息,如各项法律法规、政策信息等。

9.1.2　建筑工程项目信息管理的任务

建筑工程项目的业主和项目参与各方都有各自的信息管理任务,为充分利用和发挥信息资源的价值,提高信息管理的效率,以及实现有序的和科学的信息管理,各方都应编制各自的信息管理手册,以规范信息管理工作。

1)信息管理手册的主要内容

①信息管理的任务(信息管理任务目录)。
②信息管理的任务分工表和管理职能分工表。
③信息的分类。
④信息的编码体系。
⑤信息输入/输出模型。
⑥各项信息管理工作的工作流程图。
⑦信息流程图。
⑧信息处理的工作平台及其使用规定。
⑨各种报表和报告的格式,以及报告周期。

⑩项目进展的月度报告、季度报告、年度报告和工程总报告的内容及其编制。

⑪工程档案管理制度。

⑫信息管理的保密制度等制度。

2)信息管理部门的主要工作任务

①负责编制信息管理手册,在项目实施过程中对信息管理手册进行必要的修改和补充,并检查和督促其执行。

②负责协调和组织项目管理班子中各个工作部门的信息处理工作。

③负责信息处理工作平台的建立和运行维护。

④与其他工作部门协同组织收集信息、处理信息和形成各种反映项目进展和项目目标控制的报表和报告。

⑤负责工程档案管理等。

9.1.3 建筑工程项目信息管理的过程和内容

建筑工程项目信息管理的过程主要包括信息的收集、加工整理和存储、检索和传递。在这些信息管理过程中,建筑工程项目信息管理的具体内容有很多。

1)建筑工程项目信息的收集

项目信息的收集,就是收集项目决策和实施过程中的原始数据,这是很重要的基础工作,信息管理工作质量的好坏,很大程度上取决于原始资料的全面性和可靠性。其中,建立一套完善的信息采集制度是十分有必要的。

(1)建筑工程项目建设前期的信息收集

建筑工程项目在正式开工之前,需要进行大量的工作,这些工作将产生大量的文件,文件中包含着丰富的内容,主要有以下几项:

①设计任务书及有关资料。

②设计文件及有关资料。

③招标、投标合同文件及其有关资料。

(2)建筑工程项目施工期的信息收集

建筑工程项目在整个施工阶段,每天都发生各种各样的情况,相应地包含着各种信息,需要及时收集和处理。因此,项目的施工阶段,可以说是大量信息的发生、传递和处理的阶段。该阶段收集的信息主要包括以下几项:

①建设单位提供的信息。

②承建商提供的信息。

③工程监理的记录。

④工地会议信息。

(3)工程竣工阶段的信息收集

工程竣工并按要求进行竣工验收时,需要大量的与竣工验收有关的各种资料、信息。这些信息一部分是在整个施工过程中长期积累形成的,一部分是在竣工验收期间根据积累的资料整理分析而形成的。完整的竣工资料应由承建单位编制,经工程监理单位和有关方面审查后,移交建设单位并由建设单位移交项目管理运行单位以及相关的政府主管部门。

2)建筑工程项目信息的加工整理和存储

建筑工程项目的信息管理除应注意各种原始资料的收集外,更重要的是要对收集的资料进行加工整理,并对工程决策和实施过程中出现的各种问题进行处理。建筑工程项目信息管理按照工程信息加工整理的深度可分为三类:第一类为对资料和数据进行简单的整理和过滤;第二类是对信息进行分析,概括综合后产生辅助建筑工程项目管理决策的信息;第三类是通过应用数学模型统计推断可以产生决策的信息。

在项目建设过程中,依据当时收集到的信息所做的决策或决定有以下几个方面:

①依据进度控制信息,对施工进度状况提出的意见和指示。

②依据质量控制信息,对工程质量控制情况提出的意见和指示。

③依据投资控制信息,对工程结算和决算情况提出的意见和指示。

④依据合同管理信息,对索赔的处理意见。

3) 建筑工程项目信息的检索和传递

无论是存入档案库还是存入计算机存储器的信息、资料,为了查找方便,在入库前都要拟定一套科学的查找方法和手段,做好编目分类工作。健全的检索系统可以使报表、文件、资料、人事和技术档案既保存完好又方便查找,否则会使资料杂乱无章、无法利用。

信息的传递是指信息借助于一定的载体在建筑工程项目信息管理工作的各部门、各单位之间的传递。通过传递,形成各种信息流。畅通的信息流,将利用报表、图表、文字、记录、各种收发文、会议、审批及计算机等传递手段,不断地将建筑工程项目信息输送到项目建设。

信息管理的目的是更好地使用信息,为决策服务。处理好的信息,要按照需要和要求编印成各类报表和文件,以供项目管理工作使用。信息检索和传递的效率、质量是随着计算机的普及而提高的。存储于计算机数据库中的数据,已成为信息资源,可为各个部门所共享。因此,利用计算机做好信息的加工储存工作,是更好地进行信息检索和传递、使用信息的前提。

9.1.4　建筑工程项目信息编码的内容

一个建筑工程项目有不同类型和不同用途的信息,为了有组织地存储信息,方便信息的检索和信息的加工整理,必须对项目的信息进行编码。编码由一系列符号(如文字)和数字组成,编码是信息处理的一项重要的基础工作。编码的主要内容如下:

①项目的结构编码。

②项目管理组织结构编码。

③项目的政府主管部门和各参与单位编码(组织编码)。

④项目实施的工作项编码。

⑤项目的投资项编码(业主方)/成本项编码(施工方)。

⑥项目的进度项(进度计划的工作项)编码,应综合考虑不同层次、不同深度和不同用途的进度计划工作项的需要,建立统一的编码,服务于项目进度目标的动态控制。

⑦项目进度报告和各类报表编码。

⑧合同编码。

⑨函件编码。

⑩工程档案编码。

【学习笔记】

【关键词】

建筑工程项目信息管理　任务　过程　编码

【任务练习】

选择题

1. 信息是以口头、书面或电子等方式传递的(　　)、新闻、情报。

A. 数据 　　　　　B. 数字 　　　　　C. 文字 　　　　　D. 知识

2. 建筑工程项目的实施需要人力资源、物质资源和(　　)资源。

A. 成本 　　　　　B. 质量 　　　　　C. 信息 　　　　　D. 合同

3. 信息管理指的是(　　)。

A. 信息的存档和处理 　　　　　B. 信息传输的合理组织和控制

C. 信息的处理和交流 　　　　　D. 信息的收集和存储

4. 项目信息管理的目的是通过有效的项目信息(　　)为项目建设的增值服务。

A. 存档和处理 　　B. 处理和交流 　　C. 传输的组织和控制 　　D. 收集和存储

5. 由于建筑工程项目有大量数据处理的需要,应重视利用(　　)的手段进行信息管理。

A. 信息技术 　　　B. 通信技术 　　　C. 计算技术 　　　　D. 存储技术

6. 项目的信息管理,可使项目的信息方便和有效地获取、(　　)、存档、处理和交流。

A. 分类 　　　　　B. 存储 　　　　　C. 编码 　　　　　D. 打印

7. 为了充分利用和发挥信息资源的价值,实现有序的科学信息管理,业主方和项目参与各方都应编制各自的(　　),以规范信息管理工作。

A. 信息管理手册 　　B. 信息编码手册 　　C. 信息格式 　　　　D. 信息管理流程

任务9.2　计算机在工程项目信息管理中的运用

随着现代化的生产和建设日益复杂化,社会分工越来越细,因此,对信息管理工作的及时性和准确性提出了更高的要求,而应用计算机进行信息管理正是适应这个形势。可以说要做好建筑工程项目管理工作中的信息处理工作,必须借助于电子计算机这一现代化工具来完成。

9.2.1　项目管理信息系统

1)工程项目管理信息系统定义

工程项目管理信息系统(PMIS)是一个全面使用现代计算机技术、网络通信技术、数据库技术、MIS技术、GPS、GIS、RS(即3S)技术以及土木工程技术、管理科学、运筹学、统计学、模型论和各种最优化技术,为工程承包企业经营管理和决策服务、为工程项目管理服务的人机系统,是一个由人、计算机、网络等组成的能进行管理信息收集、传递、储存、加工、维护和使用的系统。

2)工程项目管理信息系统的特点

①面向决策管理、职能管理、业务(项目)管理。

②人机网络协同系统。在管理信息系统开发过程中,要根据这一特点,正确界定人和计算机在系统中的地位和作用,充分发挥人和计算机各自的长处,使系统整体性能达到最优。

③管理是核心,信息系统是工具。如果只是简单地采用计算机技术以提高处理速度,而不采用先进的管理方法,那么管理信息系统的应用仅仅是用计算机系统仿真原手工管理系统,充其量只是减轻了管理人员的劳动,管理信息系统要发挥其在管理中的作用,就必须与先进的管理手段和方法结合起来,在开发管理信息系统时,融进现代化的管理思想和方法。

3)项目信息系统功能

项目信息系统功能尽可能包含项目管理的全部工作内容,为项目管理相关人员提供各种信息,并可以通过协同工作,实现对项目的动态管理、过程控制。项目信息系统需至少包括信息处理功能、业务处理功能、数据集成功能、辅助决策功能及项目文件与档案管理功能。

①信息处理工程:在项目各个阶段所产生的电子、数目等各种形式的信息、数据等,都应进行收集、传送、加工、反馈、分发、查询等处理。

②业务处理功能:对项目的进度管理、成本管理、质量管理、安全管理、技术管理等都能协同处理。

③数据集成功能:系统应有进度计划、预算软件等工具软件,与人力资源、财务系统、办公系统等管理系统有数据交换接口,以实现数据共享和交换的功能,实现数据集成,消除信息孤岛。

④辅助决策功能:项目的信息化管理要具备数据分析预测功能,利用已有数据和预先设定的数据处理方法,为决策提供依据信息。

⑤项目文件与档案管理功能:项目的信息化管理要具备对项目各个阶段所产生的项目文件按规定的分类进行收集、存储和查询功能,同时具备向档案管理系统进行文件推送功能,在档案系统内对项目文件进行整理、归档、立卷、档案维护、检索。

4)信息管理系统规划与实施

信息系统的建设应与时俱进,多采用先进技术,如 BIM、云计算、大数据、物联网、移动互联网,提高系统的易用性,降低人工对信息的采集、分析等工作量,提高数据分析的效率和价值。项目管理信息系统需要先规划再实施。

规划阶段需要开展以下工作:
①明确项目的信息化管理目标。
②确定项目的信息化管理实施策略。
③建立项目的信息化管理总体规划。
④制订项目的信息化管理行动计划。
⑤制订项目的信息化管理配套措施。
实施时,应包含如下环节:
①需求分析。
②选型采购。
③系统实施。
④运行。

9.2.2　常用项目管理软件

随着微型计算机的出现和运算速度的提高,20 世纪 80 年代后项目管理技术也呈现出繁荣发展的趋势,涌现出大量的项目管理软件。从目前看,网络版项目管理软件已经成为主流趋势,其主要有两种结构:一是 C/S 结构;二是 B/S 结构。

1)国外项目管理软件

(1) Microsoft Project

Microsoft Project 是微软公司的产品,目前,其已经占领了通用项目管理软件包市场的大量份额。Microsoft Project 是一个功能强大而灵活的项目管理工具,用户可以用它来管理各种简单及复杂的项目,能够安排和跟踪所有任务,从而能更好地控制工作进度,团队成员可以在组织内就某一个项目进行方便的通信和协作。其具有项目管理所需的各种功能,包括项目计划、资源的定义和分配、实时的项目跟踪、多种直观易懂的报表及图形、用 Web 页面方式发布项目信息、通过 Excel、Access 或各种 ODBC 兼容数据库存取项目文件等。

(2) Primavera Project Planner

Primavera Project Panner(简称 P3)系列工程项目管理软件是美国 Primavera 公司的产品,用于工程计划进度、资源、成本控制,是国际上流行的高档项目管理软件,已成为项目管理的行业标准。P3 适用于任何工程项目,能有效地控制大型复杂项目,并可以同时管理多个工程。P3 软件提供各种资源平衡技术,可以模拟实际资源消耗曲线、延时;支持工程各个部门之间通过局域网或 internet 进行信息交换。

(3) Primavera Project Planner for Enterprise/Construction

美国 Primavera 公司研发的 Primavera Project Planner for Enterprise/Construction 软件,简称 P3E/C,是 P3 的更新换代产品。就项目管理概念而言,P3 与 P3E/C 没有重大区别,区别在于 IT 技术。P3E/C 采用最新的 IT 技术,在大型关系数据库 Oracle 和 MS SQL Server 上构架起企业级的、包含现代项目管理知识体系的、具有高度灵活性和开放性的、以"计划—协同—跟踪—控制—积累"为主线的企业级工程项目管理软件。P3E/C 支持多用户在同一时间内集中存取所有项目的信息,它是一个集成的解决方案,包括有基于 WEB、基于 C/S 结构等不同的组件以满足不同角色的项目管理人员的使用。P3E/C 使得承包商进度的集成简单化、增强了协同工作功能(沟通协作平台),并且既能支持团队管理单一项目,也支持管理复杂的大型项目(包含多个项目)。

(4) Primavera P6

Primavera P6 软件是美国 Primavera 公司研发的项目管理软件 Primavera 6.0(2007 年 7 月 1 日全球正式发布)的缩写,是 P3E/C 系统的升级版本,目前最新版本为 V6.1 版。P6 充分融会贯通了现代项目管理知识体系,以"计划—跟踪—控制—积累"为主线,是企业项目化管理或项目群管理的首选。

2)国内项目管理软件

(1)易建工程项目管理软件

易建工程项目管理软件是一个适用于建设领域的综合型工程项目管理软件系统。该软件不仅可以提供给建设单位以及施工企业使用,而且可以扩展成为协同作业平台,融合设计单位、监理单位、设备供应商等产业链中不同企业的业务协同流程作业,构筑坚实的企业信息化工作平台。

(2)梦龙 Link Project 项目管理平台

梦龙 Link Project 项目管理平台基于项目管理知识体系(PMBOK)构建,整合了进度控制、费用分析、合同管理、项目文档等主要项目管理内容。各个管理模块通过统一的应用服务实现工作分发、进度汇报和数据共享,帮助管理者对项目进行实时控制、进度预测和风险分析,为项目决策提供科学依据。其适用范围主要有业主项目管理、工程总承包项目管理、企业内部的项目管理、项目施工单位项目管理。

(3) 广联达建筑施工项目管理系统 GGM

广联达建筑施工项目管理系统是以施工技术为先导,以进度计划为龙头,以 WBS 为载体,以成本管理为核心的综合性、平台化的施工项目管理信息系统,它采用人机结合的 PDCA 闭环控制等思想,动态监控项目成本的运转,以达到控制项目成本的目的。

(4) 中国建筑科学研究院研发的 PKPM 工程管理软件

PKPM 是面向建筑工程全生命周期的集建筑、结构、设备、节能、概预算、施工技术、施工管理、企业信息化于一体的大型建筑工程软件系统。其中,施工系列软件面向施工全过程中的各种技术、质量、安全和管理问题,提供高效可行的技术解决方案;主要产品包括有项目进度控制的施工计划编制,工程形象进度和建筑部位工料分析等;有控制施工现场管理的施工总平面设计,施工组织设计编制、技术资料管理、安全管理、质量验评资料管理等;有施工安全设施和其他设施设计方面的深基坑支护设计、模板设计、脚手架设计、塔吊基础和稳定设计、门架支架井架设计、混凝土配合比计算、冬季施工设计,工地用水用电计算及常用计算工具集、常用施工方案大样图集图库等等。PKPM 能够为企业和项目管理提供信息化解决方案,在系统提供的协同工作平台上完成项目的四控制四管理,即成本控制、进度控制、质量控制、安全控制和合同管理,生产要素(人、材、机、技术、资金)管理,现场管理,项目信息管理,同时完成收发文等 OA 项目的管理。

(5) 新中大工程项目管理软件(Project Management Software)

Project Management Software,简称 Psoft,是新中大针对现代项目管理模式吸取了当前国际最先进的项目管理思想 PMBOK,FIDIC 条款等设计系统模块和流程,并结合中国企业的管理思想基础研究开发的一体化大型项目管理系统。新中大 Psoft 所体现的设计思想内涵是"现代工程、互动管理"。Psoft 产品主要功能模块为项目管理、物资管理、协同办公管理、人力资源管理、客户关系管理、经理查询以及财务管理七大部分。

【学习笔记】

_____

_____

_____

_____

_____

【关键词】

项目管理信息系统　工程项目管理信息系统　管理软件

【任务练习】

选择题

1. 从目前看,网络版项目管理软件已经成为主流趋势,其主要有两种结构:一是_____结构;二是_____结构。

2. 项目信息系统功能有( )。

A. 信息处理功能
B. 业务处理功能
C. 数据集成功能
D. 辅助决策功能
E. 项目文件与档案管理功能

3. 应用项目管理信息系统的意义有( )。

A. 有利于项目管理数据处理的检索和查询

B. 提高项目管理数据的效率

C. 使业主更为有效地对项目各方进行监控

D. 实现项目管理数据的集中存储

E. 可方便地形成各种项目管理需要的报表

4. 由于建筑工程项目大量数据处理的需要,在当今时代应重视利用信息技术的手段进行信息管理,其核心技术是( )。

A. 施工图预算程序
B. 项目管理系统
C. 基于网络的信息处理平台
D. 设施管理信息处理系统

5. 建设工程信息管理系统包括( )。

A. 投资控制
B. 进度控制
C. 质量控制
D. 合同管理
E. 投资报表

6. 信息管理系统规划阶段需要做哪些工作( )。

A. 明确管理目标
B. 选型采购
C. 确定实施策略
D. 制定配套措施

7. 国外的项目管理软件主要有( )。

A. Microsoft Project
B. Primavera P6
C. LinkProject
D. P3E/C

8. 国内的项目管理软件主要有( )。

A. PKPM
B. GGM
C. Link Project
D. P3

任务 9.3　BIM 与项目管理信息化

BIM 是一种数据化工具,被国际工程界公认为建筑业生产力革命性技术。BIM 技术已成为继 CAD 之后行业内的又一个最重要的信息化应用技术。国家正在从上到下大力推行 BIM 技术。我国的工程建设行业,原来设计、施工、运营是脱节的,现在 BIM 贯穿在这样一个全生命周期里,无论是设计单位的建筑、结构、机电全方位的设计,还是施工单位的项目管理,为供应商提供设备,以及到最后的运营,BIM 都能发挥重要作用。

9.3.1　建筑业信息化

建筑业信息化是指运用信息技术,特别是计算机技术、网络技术、通信技术、控制技术、系统集成技术和信息安全技术等,改造和提升建筑业技术手段和生产组织方式,提高建筑企业经营管理水平和核心竞争能力,提高建筑业主管部门的管理、决策和服务水平。

住房和城乡建设部发布的《2016—2020 年建筑业信息化发展纲要》指出,我国将全面提高建筑业信息化水平,着力增强 BIM、大数据、智能化、移动通信、云计算、物联网、3D 打印等信息技术集成应用能力,建筑业数字化、网络化、智能化取得突破性进展,可见 BIM 技术与项目管理的结合不仅符合政策的导向,也是发展的必然趋势。

9.3.2　BIM

1) 建筑信息模型的概念

BIM 是建筑信息模型(Building Information Modeling)的简称,是指基于先进三维数字设计解决方案所构建的可视化的数字建筑模型,使得整个工程项目在设计、施工和使用等各个阶段都能够有效实现节省能源、节约成本、降低污染和提高效率。也就是说,BIM 是通过利用数字建模软件,把真实的建筑信息参数化、数字化以后形成一个模型,以此为平台,从设计师、工程师一直到施工单位和物业管理方,都可以在整个建筑项目的全生命周期进行信息的共享和改进。在这里信息不仅是三维几何形状信息,还包含大量的非几何形状信息,如建筑构件的材料、重量、价格和进度等。

2) BIM 的特点

(1) 可视化

可视化即"所见即所得"的形式,BIM 将以往的线条式的构件以一种三维的立体实物图形展示在人们的面前。在 BIM 建筑信息模型中,由于整个过程都是可视化的,因此可视化的结果不仅可以用作效果图的展示及报表的生成,更重要的是,项目设计、建造、运营过程中的沟通、讨论、决策都在可视化的状态下进行。

(2) 一体化

基于 BIM 技术可进行从设计到施工再到运营贯穿了工程项目的全生命周期的一体化管理。BIM 的技术核心是一个由计算机三维模型所形成的数据库,不仅包含了建筑的设计信息,而且可以容纳从设计到建成使用,甚至是使用周期终结的全过程信息。

(3) 参数化

参数化建模指的是通过参数而不是数字建立和分析模型,简单地改变模型中的参数值就能建立和分析新的模型;BIM 中图元是以构件的形式出现,这些构件之间的不同,是通过参数的调整反映出来的,参数保存了图元作为数字化建筑构件的所有信息。

(4) 模拟性

模拟性不仅可以模拟设计出的建筑物模型,而且可以模拟不能够在真实世界中进行操作的事物。在设计阶段,BIM 可以从设计上对节能、日照、热传导等进行模拟实验;在招投标和施工阶段可以针对施工组织设计进行 4D 模拟(3D 模型加项目的时间维度)指导实际施工,同时,还可以进行 5D 模拟(3D 模型+1D 进度+1D 造价),从而来实现进度控制和成本造价的实时监控;在运营阶段还可以模拟逃生、消防等日常紧急情况的处理方式的模拟。

(5) 协调性

在设计阶段 BIM 的协调作用除了能解决各专业间的碰撞问题,还可以解决:电梯井布置与其他设计布置及净空要求的协调,防火分区与其他设计布置的协调,地下排水布置与其他设计布置的协调等。在施工阶段,施工人员可以通过 BIM 的协调性清楚了解本专业的施工重点以及相关专业的施工注意事项。

(6)优化性

BIM 模型承载的大量信息有利于建筑项目的设计、施工、运营的整体优化,并且能够提高优化的效率和效果。例如,利用 BIM 对项目方案进行优化,可以把项目设计和投资回报分析结合起来,设计变化对投资回报的影响可以实时计算出来,有利于业主对设计方案的选择;利用 BIM 对裙楼、幕墙、屋顶等特殊项目的设计及施工方案进行优化,可以带来显著的工期和造价改进。

(7)可出图性

BIM 通过对建筑物进行可视化展示、协调、模拟、优化以后,方案图、初步设计图、施工图为同一个核心模型,通过不同的图层管理和显示管理达到一个模型对应多套图纸,整合的图纸发布器能一步就完成出图、打图工作。

(8)信息完备性

信息完备性体现在 BIM 技术可对工程对象进行 3D 几何信息和拓扑关系的描述以及完整的工程信息描述。

3)BIM 在项目管理信息化中的作用

以 BIM 应用为载体的项目管理信息化,可以使整个工程项目在设计、施工和运营维护等阶段都能有效地实现制订资源计划、控制资金风险、节省能源、节约成本、降低污染及提高效率,见表 9.1。

表 9.1　BIM 在工程项目各阶段的应用

工作阶段	具体应用点	操作方法	具体应用效果
设计管理	建立 3D 信息模型	建立三维几何模型,并把大量的设计相关信息(如构件尺寸、材料、配筋信息等)录入信息模型中	取代了传统的平面图或效果图,形象地表现出设计成果,让业主全方位了解设计方案;业主及监理方可随时统计实体工作量,方便前期的造价控制、质量跟踪控制
	建立 3D 信息模型	设计人员通过模型实现向施工方的可视化设计交底	能够让施工方清楚了解设计意图和设计中的每一个细节
投标策划管理	发现图纸设计问题	建立三维模型,立体直观感受每一构件空间位置,并分析构件与构件之间在空间上是否存在错误或冲突。发现图纸未标注点、矛盾点后指导设计修改	发现图纸未标注点、矛盾点或者设计不规范的点

工作阶段	具体应用点	操作方法	具体应用效果
投标策划管理	施工方案模拟	针对项目提出的不同施工方案建立相应动画,或建立集成多方案的交互平台	利用 BIM 模型制作的施工方案动画,快速、成本低、真实感强,各种方案对比更明显,更容易展示技术实力
	资源优化与资金计划	通过进度计划与模型的关联,以及造价数据与进度关联,可以实现不同维度(空间、时间、流水段)的造价管理与分析;将三维模型和进度计划相结合,模拟出每个施工进度计划任务对应所需的资金和资源,形成进度计划对应的资金和资源曲线	利用 BIM 可以方便、快捷地进行施工进度模拟、资源优化,以及预计产值和编制资金计划;便于选择更加合理的进度安排
	投标策划(工程量精算、报价策略)	根据工程量清单计算规则,利用三维模型提取工程量,运用计价软件制作投标报价书,并结合工程实际情况及人、材、机市场价格寻求最佳报价方案	提供最优投标方案的建议,发现业主提供招标清单或图纸存在的错误和问题;采取有针对性的报价策略,提升利润空间
施工管理	建立 4D 施工信息模型	把大量的工程相关信息(如构件和设备的技术参数、供方信息、状态信息)录入信息模型中,将 3D 模型与施工进度相链接,并与施工资源和场地布置信息集成一体,建立 4D 施工信息模型	4D 施工信息模型建立可视化模拟基础;在运营过程中可以随时更新模型,通过对这些信息快速准确地筛选调阅,能够为项目的后期运营带来很大便利
	碰撞检查	把建立好的各个 BIM 模型在碰撞检测软件中检查软硬碰撞,并出具碰撞报告	能够彻底消除硬碰撞、软碰撞,优化工程设计,避免在建筑施工阶段可能发生的错误损失和返工的可能;能够优化净空,优化管线排布方案
	构件工厂化生产	基于 BIM 设计模型对构件进行分解,对其进行二维码,在工厂加工好后运到现场进行组装	精准度高,失误率低

续表

工作阶段	具体应用点	操作方法	具体应用效果
施工管理	钢结构预拼装	BIM技术可以把需要现场安装的钢结构进行精确测量后在计算机中建立与实际情况相符的模型,实现虚拟预拼装,改变工厂预拼装→拆开→现场拼装的传统施工方法	传统的大型钢结构施工方法要在工厂进行预拼装后再拆到现场进行拼装。为技术方案论证提供全新的技术依据,减少方案变更
	虚拟施工	通过BIM软件,在计算机上模拟建造过程,包括施工现场布置、施工工艺、施工流程等,形象地反映出工程实体的实况	能够在实际建造之前对工程项目的功能及可建造性等潜在问题进行预测,包括施工方法试验、施工过程模拟及施工方案优化等;利用BIM模型的虚拟性与可视化,提前反映施工难点,避免返工
	工程量统计	基于模型对各步工作工程量,结合工作面和资源供应情况分析后可精确地组织施工资源进行实体的修建	实现真正的定额领料并合理安排运输
	进度款管理	根据三维图形分楼层、区域、构件类型、时间节点等进行"框图出价"	能够快速、准确地进行月度产值审核,实现过程"三算"对比,对进度款的拨付做到游刃有余;工程造价管理人员可及时、准确地筛选和调用工程基础数据
	材料管理	利用BIM模型的4D关联数据库,快速、准确获得施工过程中工程基础数据拆分实物量	按节点要求提供材料计划量,避免材料浪费,节约费用
	可视化技术交底	通过模型进行技术交底	直观地让接受技术交底的人员了解自身任务及技术要求
	BIM模型维护与更新	根据变更单、签证单、工程联系单、技术核定单等相关资料派驻人员进驻现场配合对BIM模型进行维护、更新	为项目各管理条线提供最为及时、准确的工程数据

续表

工作阶段	具体应用点	操作方法	具体应用效果
竣工验收管理	工程文档管理	将文档(勘察报告、设计图纸、设计变更、会议记录、施工声像及照片、签证和技术核定单、设备相关信息、各种施工记录、其他建筑技术和造价资料相关信息等)通过手工操作和 BIM 模型中相应部位进行链接	对文档进行快速搜索、查阅、定位,充分提高数据检索的直观性,提高工程相关资料的利用率
	BIM 模型的提交	汇总施工各相关资料制定最终的全专业 BIM 模型,包括工程结算电子数据、工程电子资料、指标统计分析资料,保存在服务器中,并刻录成光盘备份保存	可以快速、准确地对工程各种资料进行定位;大量的数据留存于服务器并经过相应处理形成建筑企业的数据库,日积月累为企业的进一步发展提供强大的数据支持
运维管理	三维动画渲染和漫游	在现有 BIM 模型的基础上,建立反映项目完成后的真实动画	让业主在进行销售或有关于建筑宣传展示的时候给人以真实感和直接的视觉冲击
	网络协同工作	项目各参与方信息共享,基于网络实现文档、图档和视档的提交、审核、审批及利用	建造过程中无论是施工方、监理方甚至非工程行业出身的业主领导都对工程项目的各种问题和情况了如指掌
全生命周期管理	项目基础数据全工程服务	在项目过程中依据变更单、技术核定单、工程联系单、签证单等工程相关资料实时维护更新 BIM 数据,并将其及时上传至 BIM 云数据中心的服务器中,管理人员即可通过 BIM 浏览器随时看到最新的数据	客户可以得到从图纸到 BIM 数据的实时服务,利用 BIM 数据的实时性、便利性大幅提升,实现最新数据的自助服务

4) BIM 应用软件

由于 BIM 应用中涉及不同的专业、不同的进度、不同的使用方,故完成一个项目的全生命周期只应用一个软件是很难做到的,需要多个软件的协同工作。BIM 应用软件主要有 BIM 基础软件、BIM 工具软件、BIM 平台软件。

（1）BIM 基础软件

BIM 基础软件是指可用于建立能为多个 BIM 应用软件所使用的 BIM 数据软件。它主要用于项目建模，是 BIM 应用的基础。目前，常用的软件有美国欧特克（Autodesk）的 Revit 软件、匈牙利 Graphisoft 公司的 ArchiCAD 等。其中，Revit 是我国建筑业 BIM 体系中使用最广泛的软件之一。Revit 是 Autodesk 公司一套系列软件的名称，它提供了 Revit Architecture、Revit MEP 和 Revit Structure 三种软件。

Revit Architecture 软件可以按照建筑师和设计师的思路进行设计，从而提供更高质量、更加精确的建筑设计。通过使用专为支持建筑信息模型工作流而构建的工具，可帮助用户捕捉和分析概念，以及保持从设计到施工的各个阶段的一致性。

Revit MEP 软件让暖通、电气和给水排水（MEP）工程师可以设计最复杂的建筑系统，在整个建筑生命周期中使用信息丰富的模型，可对暖通、电气和给水排水系统进行设计以及为这些系统编档。

Revit Structure 软件让结构工程师和设计师可以更加高效和精确地设计建筑结构。

为支持建筑信息建模（BIM）而构建的 Revit 可帮助用户使用智能模型，通过模拟和分析深入了解项目，并在施工前预测性能。同时，使用智能模型中固有的坐标和一致信息，可提高文档设计的精确度。

（2）BIM 工具软件

BIM 工具软件是指利用 BIM 基础软件提供的 BIM 信息数据，开展各种工作的应用软件。例如，可以利用由 BIM 基础软件建立的建筑模型作进一步的专业配合，如节能分析、造价分析，甚至到施工进度控制。目前，常用的软件有美国欧特克（Autodesk）的 Ecotect，国内的广联达、鲁班、斯维尔、鸿业等。

（3）BIM 平台软件

BIM 平台软件是指能对各类 BIM 基础软件及 BIM 工具软件产生的 BIM 数据进行有效的管理，以便支持项目全寿命周期 BIM 数据的共享应用的应用软件。目前，常用的软件有美国欧特克（Autodesk）的 BIM 360 系列。

【学习笔记】

_____

_____

_____

_____

_____

【关键词】

项目管理信息化　BIM

【任务练习】

选择题

1.我们所说的"建筑信息模型"是指（　　　）。

A. BIN　　　　　　B. BIM　　　　　　　　C. DIN　　　　　　　　　D. DIM

2.下列不是我国大力推崇BIM的原因的是(　　　)。

A.提高工作效率　　　　　　　　　B.控制项目成本

C.提升建筑品质　　　　　　　　　D.使建筑更安全

3.以下不是BIM的特点的是(　　　)。

A.可视化　　　　　　B.模拟性　　　　　　　C.保温性　　　　　　　D.协调性

4.下列不是BIM实现施工阶段的项目目标的是(　　　)。

A.施工现场管理　　B.物业管理系统　　　C.施工进度模拟　　　　D.数字化构件加工

5.(　　　)是指全寿命期工程项目或其组成部分物理特征、功能特性及管理要素的共享数字化表达。

A.建筑信息模型应用　　　　　　　B.建筑信息模型

C.基本任务工作方式应用　　　　　D.建筑业信息化

6.BIM让人们将以往的线条式的构件形成一种三维的立体实物图形展示在人们的面前,这体现了BIM的(　　　)特点。

A.可视化　　　　　　B.协调性　　　　　　　C.优化性　　　　　　　D.可出图性

任务9.4　Microsoft Project 项目管理软件

　　Microsoft Project 是一个国际上享有盛誉的通用的项目管理工具软件,凝集了许多成熟的项目管理现代理论和方法,可以帮助项目管理者高效地规划项目工作,包括:范围、进度、成本、质量、资源、风险、沟通等管理要素;有效地监控项目进度、成本和资源的实时状况;帮助项目经理实现对项目进度和成本分析、预测、控制等靠人工根本无法实现的功能,使项目工期大大缩短,资源得到有效利用,提高经济效益。该软件已经在国内企业被大量应用,有效地提升管理人员对工程项目的管理效率和效果。

9.4.1　Microsoft Project 功能介绍

1)制订项目计划

(1)进度计划

①创建WBS(工作分解结构):通过WBS编码来识别任务的层次级别,识别任务可交付成果。

②工期估算:利用PERT分析工具计算任务的准确工期计划值。

③相关性:任务逻辑设计。

④日程限制:其他影响为任务设置日程制约因素限制。

(2)质量管理

①基于工作分解结构和任务可交付成果,配置成果的验收标准。

②为质量审计匹配合理的质量管理活动。

(3)资源管理

①创建"企业共享资源池",支持资源跨项目、跨部门间协同和调动;

②设置"资源类型"并匹配资源费率结算标准,为成本计划提供基础;

③设置"资源日历",为进度计划提供合理的资源配置和管理基础;

④提供灵活的"资源调配"方式,解决项目资源过度分配的问题;

⑤实时跟踪项目使用状况,及时掌握资源投入与供给之间的缺口。

(4)成本及预算管理

①根据资源投入量和工期,自动估算任务成本;

②制作项目成本基准,并以此分配项目资金总需求。

(5)风险管理

①以任务(WBS)为导向,定向识别项目风险,分析风险程度,并创建风险应对方案;

②在项目管理模块加入风险审计活动,监控项目过程中的风险,保障项目目标实现。

(6)项目计划优化(含比较基准)

①设置项目比较基准,对项目工期、项目成本和项目资源进行优化;

②通过压缩关键路径和任务并行,实现优化项目工期;

③根据自由时差和总时差提高资源使用率;

④管理项目时间储备。

(7)发布项目计划

将项目计划发布至项目中心,并将具体工作安排通知到资源。

(8)日历管理(项目日历、资源日历)

设置多元化的项目日历和资源日历,契合项目工作实际需求。

(9)多项目管理(持续进阶课程)

①支持多项目管理(项目集、项目组合);

②整体统筹各关联项目的任务进度,协调进度;

③灵活地关联子项目与总项目数据更新和交互;

④通过优先级管理,在主项目中平衡各项子项目,以实现各子项目间的资源平衡、资金均衡。

2)项目跟踪

①在 Microsoft Project 软件中对任务和项目进行更新。

②帮助项目经理更新项目计划中与比较基准进行比对,从而对进度落后、超预算的任务进行有效的控制。

3)项目控制

(1)进度控制

通过比较基准、进行线等手段了解项目当前进度状态,采用赶工、快速跟进等措施对项目进度进行控制。

(2)成本控制

分析项目成本的组成及影响项目成本变化的各项因素,查找出超预算的任务进行控制。

(3)资源控制

基于资源工作表和资源日历,以提高资源使用率并有效解决资源冲突。

4）项目变更

（1）多比较基准

①利用多比较基准功能保留项目历史信息，可以在项目收尾阶段提供历史经验教训的总结；

②利用"多比较基准甘特图"下综合对照项目计划的历史变化过程进行分析。

（2）为项目变更引起的影响提供备选方案模拟信息，支持项目变更决策

5）项目分析

（1）实时更新的报表

软件提供的报表可适时反映项目的状态，为项目控制、决策提供基础信息。

（2）可视化报表集成

①与 Excel、Visio 集成；

②在 Visio 中生成任务树状结构图，报告资源、成本、分配状态；

③在 Excel 中生成资源、成本和分配状态的图表，并可以在数据透视中对这些信息深入分析。

6）项目收尾

总结/报表/版本对照：通过软件保存的历史数据，产生差异报告，为项目经理做经验、教训的总结提供数据依据。

7）其他

①与 Outlook 整合应用：通过 Outlook 识别和导入项目资源；

②时间表管理：管理、统计资源工作时间、非工作时间以及工作绩效；

③状态报告：在项目范围内工作组成员间进行定期交流，以反馈、统计、解决项目成员所关注的内容。

9.4.2　Microsoft Project 基本操作方法

Microsoft Project
操作说明

1）创建计划

（1）新建计划文件

创建日程的第一步是新建文件、计划项目的开始日期或完成日期，并输入其他的常规项目信息。如果用户没有输入项目的开始日期或完成日期，Microsoft Project 会自动将当前日期设为项目的开始日期。

（2）更改项目的开始、结束日期

Microsoft Project 基于用户输入的开始日期计算项目的完成日期，或基于用户输入的完成日期计算项目的开始日期。如果没有输入项目的开始日期，Microsoft Project 将默认当前日期为项目开始日期。

（3）输入任务及其工期

使用时按照发生的先后顺序输入任务，然后估计完成每项任务所需的时间，将估计值作为工期输入。Microsoft Project 利用工期计算完成任务的工作量。

(4)删除任务

①删除任务后,立即单击"撤销删除"按钮,可恢复该任务。

②如果删除了一个摘要任务,同时也就删除了该摘要任务下的所有子任务。删除一个任务后,Microsoft Project 将自动对剩余的任务重新编号。

(5)输入周期性任务

在 Microsoft Project 中可方便地输入和更改周期性任务。操作时可将任务的发生频率设置为每天、每周、每月或每年,也可以指定任务每次发生所持续的时间(工期)、任务何时发生以及两次发生之间的时间段(时间期间或指定的发生次数)。

(6)添加任务注释

使用时可以在任务中添加备注,以便跟踪任务的执行情况和其他有用信息。"备注"是刷新首次输入任务时对任务的期望的一种便利方式。

(7)创建阶段点

①阶段点是一个工期为零、用于标识日程中重要事项的简单任务。操作时当键入任务的工期为零时,Project 将在"甘特图"中该任务开始的日期处显示阶段点符号。

②操作时,可以不更改工期而直接将任务标记为阶段点,单击"任务信息",然后选取"高级"选项卡,选中"标记为阶段点"复选框即可。

(8)创建和删除任务链接

用户在输入任务时,Microsoft Project 在项目的开始日期排定任务日程,为了排序任务以便在正确的时间开始执行,可以链接相关的任务,并指定其相关性的类型。然后通过设置任务的开始日期与结束日期,错开"甘特图"条形图以显示新日期,并显示相关任务之间的链接线等一系列操作,来排定任务的日程。

(9)设置任务在适当的日期开始或完成

当首次输入任务时 Microsoft Project 将其开始日期设置为项目的开始日期。

(10)设置任务在指定日期

输入任务时,Microsoft Project 基于用户输入的任务信息,安排任务尽早开始。如果希望日程能反映实际情况中的时间限制,用户可以设置任务的限制,使之在某特定日期开始或完成,或开始得越晚越好。但是,最好不要设置任务限制。

(11)在特定日期开始或完成任务

①操作者可以键入任务工期,让 Microsoft Project 根据任务的相关性自动计算任务的开始日期和结束日期,依次高效地排定任务日程。

②只有当任务必须在特定日期开始和完成时,才需要用户输入开始日期和结束日期,然后让 Microsoft Project 计算任务工期。

(12)重叠或延迟链接任务

操作者双击"甘特图"中的链接线,然后在"任务相关性"对话框中键入前置重叠时间或延隔时间,可快速为后续任务添加前置重叠时间或延隔时间。

(13)中断任务的执行

①如果事先知道将会出现任务中断,可在创建任务时即进行拆分。

②如果是在任务开始后发生中断,也可以拆分任务,并通过拆分来表明何时将继续进行剩

余部分的工作。

(14)拆分任务

用户可以拆分任务以便于局部处理任务,然后再重新恢复任务日程。

(15)更改项目日历

操作者可以更改项目日历的工作日和工作时间,以反映项目中每个人员分配给任务的工作日和工作时间,可以指定非常规律的非工作日和非工作时间(例如周末和晚上为非工作日),也可以指定特定的非工作日(例如假日)。

(16)设置任务的默认开始日期

可以通过设置项目的开始日期,以指示最初希望任务开始的时间。输入任务后,Microsoft Project 排定任务在指定的日期开始执行。

(17)改变工作周的开始日期

用户可以更改 Microsoft Project 时间刻度中工作周的开始日期。

(18)更改工作日默认的开始时间和完成时间

如果用户没有指定任务的时间,Microsoft Project 使用默认的任务日开始时间和结束时间。

2)给任务分配人员资源

(1)分配资源

在默认情况下,Microsoft Project 基于分配给每项任务的资源数目和资源耗费在任务上的工作时间来计算每项任务的工期。

(2)删除资源

①从任务中删除已分配的资源后,这些任务的工期将更改。分配给已删除资源的工时将重新分配给剩余的资源。

②如果不希望这种情况发生在某些任务上,应取消这些任务的投入比导向日程排定方式。

(3)将人员和设备与任务联系起来

项目中通过指明哪一资源指定给哪一任务,可以在 Microsoft Project 中分配资源。可以将资源分配给任一任务,并可随时更改工作分配。

(4)创建项目的资源列表

在给任务分配资源之前,可以为项目创建资源列表,以便在项目开始前更清晰地定义工作组。

(5)给任务分配资源

①当日程更改时,可能需要用其他资源替换分配资源。操作者在"资源分配"对话框中,选取需要替换的已分配资源,然后单击"替换"按钮,再选取希望分配给任务的一个或多个资源,单击"确定"按钮即可完成资源替换。

②如果完成日程中的一些工作后,需要重新分配资源,那么若正在"甘特图"或其他 Microsoft Project 视图中进行操作,可以继续显示"分配资源"对话框。

(6)删除任务中的资源

①选取需要删除的资源。

②单击"删除"按钮。

(7)将资源分配给工作组

操作者对希望分配给某工作组的资源,在其"组"域中键入组名。

(8)给某一任务分配多个相同的资源

使用 Microsoft Project,可以给任务分配多个相同类型的资源(例如两个泥工),也可以分配多个不同类型的单独资源。

(9)给任务分配部分工作时间的资源

Microsoft Project 有给任务分配部分工作时间的资源的功能。

(10)管理任务中资源的工作时间

延迟某资源工作的开始时间之后,Microsoft Project 将重新计算该资源执行任务的开始日期和投入的时间。

(11)使用日历

Microsoft Project 有分配资源日历、新建基准日历、设置工作时间和休息时间、设置资源的工作时间和休息时间的功能。

3)使用大纲创建项目层次结构

用 Microsoft Project 使用大纲创建项目层次结构的内容包括:

①设置任务的大纲模式。

②通过降级和升级使任务成为摘要任务和子任务。

③显示并隐藏子任务。

④显示或隐蔽大纲符号。

⑤查看大纲编号。

⑥使用工作分解结构。

⑦更改大纲模式中任务的显示选项。

⑧对任务或资源进行移动或复制。

⑨对视图进行排序。

4)打印视图和报表

视图以特定格式显示 Microsoft Project 中输入信息的子集,该信息子集存储在 Microsoft Project 中,并且能够在任何调用该信息子集的视图中显示,通过视图可以展现项目信息的各个维度。视图主要分为任务类视图和资源类视图,常用的任务类视图有"甘特图"视图、"网络图"视图、"日历"视图、"任务分配状况"视图等;常用的资源类视图有"资源工作表"视图、"资源图表"视图、"资源使用状况"视图等。

使用 Microsoft Project,可以采用符合需求的视图或报表,打印有关任务、资源、成本和进度的信息。

①打印视图。打印视图的方法有两种:使用"标准"工具栏上的"打印"按钮,或使用"文件"菜单中的"打印"命令。

②打印报表。打印报表有几种不同的方法,根据需要可以采用不同的方法更改报表并查看报表的变动。

【学习笔记】

_____

_____

_____

_____

_____

【关键词】

Microsoft Project 功能　操作方法

【任务练习】

选择题

1.设置项目的非工作日,在(　　)对话框中设置。

A.更改工作时间　　B.选项　　　　　　　　C.项目信息　　　　　　　　D.任务信息

2.不属于 Microsoft Project 中项目控制内容的为(　　)。

A.成本　　　　　　　B.进队　　　　　　　C.信息　　　　　　　　　　D.资源

3.在输入项目任务时,默认情况下系统会以(　　)任务模板显示任务。

A.手动计划　　　　B.自动计划　　　　　C.任务信息　　　　　　　D.项目信息

4.在"甘特图"视图中,双击任务名称可快速打开(　　)对话框。

A.项目信息　　　　B.任务信息　　　　　C.更改工作时间　　　　　D.前置任务

5.不属于任务类视图的有(　　)。

A."甘特图"视图　　　　　　　　　　　B."资源图表"视图

C."任务分配状况"视图　　　　　　　　D."网络图"视图

【项目小结】

本项目主要阐述了建筑工程项目信息管理的基础知识和计算机在建筑工程项目信息管理中的运用。工程项目信息管理是项目管理的基础性工作,计算机已成为日常项目管理工作和辅助决策工作不可缺少的工具。在工程项目信息管理中,计算机网络技术的应用成了现代项目管理的重要组成部分。BIM 技术有诸多特点,BIM 是项目管理信息化的载体。Microsoft Project 是一个通用的项目管理工具软件,功能十分丰富。

【项目练习】

选择题

1.工程项目信息管理的核心指导文件是(　　)。

A.信息编码体系　　B.信息分类标准　　C.信息管理手册　　　　　D.信息处理方法

2.工程项目信息管理的目标就是利用(　　)为预测未来和进行正确决策提供科学依据,提高管理水平。

A.有效的信息规划和组织　　　　　　　B.计算机和网络技术

C.管理信息系统　　　　　　　　　　　D.信息工作人员

3.信息表达的形式有(　　),其为使用者提供决策和管理所需要的依据。

A.声音、文字、数字和图像　　　　　　B.对数据的解释

C.对数字的解释　　　　　　　　　　　D.一些数据

4. 建筑工程项目信息管理手册的主要内容有(　　)。

A. 信息管理的任务,信息管理的任务分工表和管理职能分工表,信息的分类

B. 信息的编码体系和编码,信息输入/输出模型,信息流程图

C. 各项信息管理工作的工作流程图,信息处理的平台及其使用规定

D. 各种报表和报告的格式,以及报告周期,信息管理的保密制度等制度

E. 信息使用的工作平台及其规定

5. 一个建筑工程项目有不同类型和不同用途的信息,为了有组织地存储信息,方便信息的检索和信息的加工整理,必须对项目的信息进行编码,编码的主要内容有(　　)。

A. 项目的结构编码、项目管理组织结构编码

B. 项目的政府主管部门和各参与单位编码

C. 项目实施的工作项编码、合同编码

D. 项目的投资项编码、项目的进度项编码

E. 项目的经费编码

6. 项目信息管理旨在(　　)。

A. 通过有效的项目信息传输的组织和控制为项目建设的增值服务

B. 使项目信息能方便和有效地获取

C. 存储信息

D. 交流信息

7. 信息指的是用三种方式传输的知识、新闻、可靠的或不可靠的情报,其中不包括(　　)。

A. 书面的形式　　　　B. 口头的形式　　　　C. 传真的形式　　　　D. 电子的方式

8. 下列选项的说法正确的是(　　)。

A. 从 CAD 到 BIM 不是一个软件的事　　B. 从 CAD 到 BIM 不是换一个工具的事

C. 从 CAD 到 BIM 不是一个人的事　　　　D. 以上选项均正确

9. BIM 是建筑行业的第(　　)次革命。

A. 一　　　　　　　　B. 二　　　　　　　　C. 三　　　　　　　　D. 四

10. 《2016—2020 年建筑业信息化发展纲要》对于勘察设计类企业,提出深度融合(　　)等信息技术,实现 BIM 与企业管理信息系统的一体化应用,促进企业设计水平和管理水平的提高。

A. BIM、互联网、智能化、移动通信、云计算

B. 大数据、互联网、智能化、移动通信、云计算

C. BIM、大数据、智能化、移动通信、云计算

D. 大数据、智能化、移动通信、云计算

11. Microsoft Project 软件的典型功能特点有(　　)。

A. 资源管理　　　　　　　　　　　　B. 费用管理

C. 进度计划管理　　　　　　　　　　D. 完备的帮助文档和扩展能力

E. 质量计划控制

【项目实训】

【背景资料】

某工业建筑工程项目,按产品类别分为 3 个子系统,计划投产时间各不相同;每个子系统均

由原料、制造、成品等车间组成,能源介质、总图运输、生活办公等公共辅助设施为各子系统共用;整个项目由一个施工企业承担施工总承包,由若干个分包单位参与施工;总承包项目部设立了综合信息管理组,负责施工方的信息管理工作。

【问题】

综合信息管理组的主要任务是负责本施工项目实施过程中的信息管理,其内容包括哪些?

项目 10 建筑工程项目风险管理

【项目引入】

重庆某商住楼项目建筑面积 30 万平方米,位于沙坪坝区科技城,分二期建设。共有建筑 30 栋,2009 年一期工程建设中,由于施工方工程技术人员与设计人员的沟通不足,设计文件出现的问题较多。一期未引入风险管理,整个项目期间,发生和暴露了许多的问题:

1. 对安全重视程度不够,施工人员的教育不到位,部分施工人员未挂安全带,所幸没有发生意外状况。

2. 设计单位资质的审查未到位,最后设计的户型有较大问题,导致部分房屋无法售出。设计人员与现场施工工程师沟通不到位,设计图纸反复修改,严重延误了工期。

3. 施工管理较松散,文明施工意识淡薄,场地高低不平,建渣等到处堆放,甚至有施工人员把在建的房屋当作住宿之地。

2012 年二期投入建设,工程师开始尝试着引入风险管理,在招投标阶段、勘察阶段、施工阶段、竣工验收阶段都进行风险的识别与控制。二期工程质量以及效率较一期有了很大的提高,设计变更等明显减少,小事故等发生的频率也大幅减小,项目的运行得到了很大的优化。具体各项指标见表 10.1。

表 10.1 风险管理结果对比

期数	单体	优质结构	标底价格	工程变更	设计变更	费用变化比
一期	16	6	1 900	13	21	43%
二期	14	10	1 700	5	9	1.8%

在二期整个工程建筑的过程中,风险管理贯穿项目的始终,对整个工程的顺利进行起了决定性作用,是项目顺利完成的重要保证,具体体现在以下几个方面:

1. 提前做好风险的回避,把好设计关卡、勘察单位资质的审查,将该项目的风险级别控制在较低的状态。

2. 做好了损失的控制,对建筑材料、人员技术、组织管理措施入手,加强风险的监控,比如加强了混凝土的标号,提高了桩基础的稳定性等手段,确保材料使用不当而引起的事故。对生产人员进行了多次安全教育,把安全的思维落实到施工工作的每一个细节之中。并预测损失可能发生的情况,将准备的工作提前做好。

3. 分散风险,将工程分包给多个承包商,加强对于承包商的管理,使其独立运作而又能有机协作。

问题:

1. 建筑工程项目可能有哪些风险?

2.作为施工单位,应该如何进行风险管理?

【学习目标】

知识目标:了解风险、建筑工程项目风险管理的基本概念,掌握建筑工程项目风险识别、风险评估、风险响应与监控等风险管理内容。

技能目标:能根据掌握的建筑工程项目风险管理程序,认识风险、识别风险并将风险的不利影响降低,达到对风险进行响应与监控的目的。

素质目标:建筑工程项目中风险管理是一项系统性的任务,贯穿工程的全过程,也是项目管理中最难的环节。作为学生,应该以正心、致知为目标,培养敏感的思维能力,不断积累,自我察觉和修炼,对管理范围内的风险有一个较清醒的认识,站在全局的立场,与各个部门相互协调,相互配合,才能实现风险管理目标。

【学习重、难点】

重点:风险的种类,建筑工程项目风险识别、评估、响应与监控。
难点:建筑工程项目风险识别、评估、响应与监控。

【学习建议】

1.通过网络查阅风险管理案例,识别风险的类型,总结风险管理的过程和内容。

2.假设自己为风险管理者,思考如果在施工过程中如何做好损失的控制,分散风险,转移风险。

3.项目后的习题应在学习中对应进度逐步练习,通过做练习加以巩固基本知识。

任务 10.1　建筑工程项目风险概述

风险管理是项目管理的核心任务,风险管理贯穿于项目管理的整个过程,也可以说项目管理其实就是风险管理。对于项目管理者,要建立风险管理思想,了解风险的定义、风险的特点、风险的分类和风险管理程序。

10.1.1　风险的定义

风险可以从很多角度进行定义,不同角度的定义各不相同,但至今尚无大家公认的统一定义。从建筑工程项目风险的角度对其进行定义:

①风险就是损失的不确定性。

②风险就是在项目决策和实施过程中,影响项目实际结果与预期目标差异的不确定因素。

10.1.2　风险的特点

(1)风险的客观存在性

风险的发生不以人的意志为转移,如自然界中的洪水、地震、特大暴雨等;经济环境下的物价动荡、通货膨胀等。只要风险的诱因存在,一旦风险发生的条件形成,风险就会发生。尽管风险的客观状态无法控制,但风险是可以认识并掌握其客观状态变化的规律性的,可对其做出科学的预测及管理。

(2)风险的普遍存在性

在当今社会中,无论是个人或者企业,无论你从事什么行业,都会面临各种各样的风险,如个人面临的意外、疾病等;企业面临的资金风险、管理风险、市场风险等。风险涉及社会及个人的方方面面,只要存在于社会中就会面临风险,所以风险是普遍存在的。

(3)风险的相对性

风险的相对性是针对风险主体而言的。对于同样的风险,不同的风险主体的影响也会不同。另外,风险的大小也是相对的,不同的风险主体对风险的承受能力也会不同。

(4)风险的可变性

风险并不是一成不变的,当引起风险的因素发生变化时,就会导致风险的变化。风险的可变性表现为:风险性质的可变、风险后果的变化、出现了新的风险或风险因素消除。

10.1.3 建筑工程项目风险的分类

建筑工程项目的风险有很多种,可以从不同的角度进行分类。

1)按风险来源划分

(1)自然风险

自然风险来源于建筑工程项目所在地的自然环境、地理位置、气候变化等。

(2)社会风险

社会风险来源于建筑工程项目所在国家的政治体制、人文素质、人口消费水平及教育水平等。

(3)经济风险

经济风险来源于建筑工程项目所在国家的经济发展情况、投资环境、物价变化、通货膨胀等。

(4)法律风险

法律风险来源于建筑工程项目所在国家的法律环境以及各种行业规章制度等。

(5)政治风险

政治风险来源于建筑工程项目所在国家的投资环境、政党体制、社会安定性等。

(6)技术风险

技术风险来源于建筑工程项目整个寿命周期内的设计内容、施工技术等。

(7)组织管理风险

组织管理风险来源于业主、施工单位、设计单位、监理单位之间的组织协调及各单位内部的组织协调。

2)按风险是否可管理划分

(1)可管理风险

可管理风险是指用人的智慧、知识等可以预测、控制的风险,如施工中可能出现的疑难问题,可以在施工前做好防范措施避免风险因素的出现。

(2)不可管理风险

不可管理风险是指用人的智慧、知识等无法预测和无法控制的风险,如自然环境的变化等。

风险可否管理不仅取决于风险自身,还取决于所收集资料的多少和管理者的管理技术水平等。

3)按风险影响范围划分

(1)局部风险

局部风险是指由于某个特定因素导致的风险,其影响范围较小。

(2)总体风险

总体风险影响的范围较大,其风险因素往往无法控制,如政治风险、社会风险、经济风险等。

4)按风险的后果划分

(1)纯粹风险

纯粹风险只有造成损失和不造成损失两种可能后果。纯粹风险总是和威胁、损失、不幸联系在一起。

(2)投机风险

投机风险有造成损失、不造成损失和获得利益三种可能后果。投机风险既可能带来机会、获得利益,又隐含着威胁。

纯粹风险和投机风险在一定条件下可以互相转化,项目管理者应避免投机风险转化为纯粹风险。在许多情况下,一旦发生纯粹风险,涉及风险的各有关方面均要蒙受损失,无一幸免。

5)按风险后果的承担者划分

(1)业主方的风险

①业主方组织管理风险。风险来源于业主方管理水平低,不能按照合同及时、恰当地处理工程实施过程中发生的各类问题。例如,不能及时地办理各项审批手续;不能及时做好开工前的各项准备工作等。

②投资环境风险。风险来源于建筑工程项目所在地政府的投资导向、有关法规政策、基础设施环境的变化等。

③市场风险。项目建成后的效益差,产品的市场占有率低,产品的销售前景不好,同类产品的竞争等带来的风险。

④融资风险。如投资估算偏差大,融资方案不恰当,资金不能及时到位等带来的风险。

⑤不可抗力风险。不可抗力风险包括自然灾害、战争、社会骚乱等。

(2)承包商的风险

①工程承包决策风险。如承包商做出是否承包工程项目决策时的信息会影响决策的准确性;招投标的合同价过高等。

②合同的签约及履行风险。如在工程实施过程中对合同条款定义不够准确,存在不平等的条款;承包商管理水平低,造成合同未按要求执行等。

③不可抗力风险。不可抗力风险包括自然灾害、物价上涨等。

(3)设计单位的风险

①来自业主方的风险。如业主提出不合理的设计要求,业主前期勘察工作失误造成设计原始数据错误等。

②来自自身的风险。如由于设计单位设备落后、设计能力有限等造成的风险。

(4)监理单位的风险

①来自业主方的风险。如业主提出过分的、不符合施工技术的要求;业主过分干涉监理决定等。

②来自承包方的风险。由于承包方自身的不良行为带来的风险,如不按正常程序进行工程变更。

③来自自身的风险。由于监理工程师自身的监理专业知识、相关经验、职业道德以及沟通能力不足,给工程项目带来的风险。

10.1.4 建筑工程项目风险管理程序

建筑工程项目的寿命周期全过程都会存在风险,如何对风险进行识别、预测、衡量和控制,将风险导致的各种不利后果减小到最低限度,需要科学的风险管理方法。

建筑工程项目风险管理是指风险管理主体通过风险识别、风险评价去认识项目的风险,并以此为基础,合理地使用风险回避、风险控制、风险自留、风险转移等管理方法、技术和手段对项目的风险进行有效控制,妥善处理风险事件造成的不利后果,以合理的成本保证项目总体目标实现的管理过程。

建筑工程项目风险管理程序是指对项目风险进行系统的、循环的工作过程,其包括风险识别、风险评估、风险响应以及风险监控四个阶段。它们之间的关系如图10.1所示。

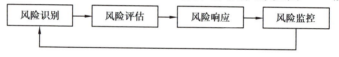

图10.1 风险管理程序的动态循环性

10.1.5 风险管理计划

企业应在项目管理策划时确定风险管理计划。风险管理计划包括下列内容:
①风险管理目标。
②风险管理范围。
③可使用的风险管理方法、措施、工具和数据。
④风险跟踪的要求。
⑤风险管理的责任和权限。
⑥必要的资源和费用预算。

【学习笔记】

_____

_____

_____

_____

_____

【关键词】

自然风险 社会风险 经济风险 法律风险 政治风险 技术风险 组织管理风险

【任务练习】

选择题

1.项目施工过程中,可能发现在地质资料中未发现的软土层,而应进行软土地基处理等工作,使施工进度延误,这种风险属于风险类型中的(   )风险。

    A.自然   B.组织管理   C.技术   D.经济

2.在建筑工程项目的风险类型中,承包方管理人员和一般技工的能力方面的风险属于(   )类型。

    A.经济风险   B.组织管理风险   C.政治风险   D.技术风险

3.事故防范措施和计划方面的风险属于(   )风险。

    A.技术   B.经济   C.组织管理   D.法律

4.设计人员和监理工程师的能力属于(   )风险。

    A.组织管理   B.经济   C.政治   D.技术

5.对建筑工程项目管理而言,风险是指可以出现的影响项目目标实现的(   )。

    A.不确定因素   B.错误决策   C.不合理指令   D.设计变更

6.建设工程施工过程,可能会出现不利的地质条件而使施工进度延误、成本增加,这种风险属于(   )。

    A.经济风险   B.组织管理风险   C.环境风险   D.技术风险

7.在建筑工程项目的风险类型中,技术风险主要来自(   )。

    A.工程机械   B.工程施工方案

    C.工程物资   D.岩土地质条件和水文地质条件

    E.事故防范措施计划

8.按风险来源划分,建筑工程项目的风险有(   )几种类型。

    A.组织管理风险   B.经济风险   C.自然风险   D.技术风险

    E.合同风险

9.风险管理过程包括项目实施全过程的(   )。

    A.项目风险策划   B.项目风险识别   C.项目风险评估   D.项目风险响应

    E.项目风险控制

任务 10.2　建筑工程项目风险识别

风险识别是风险管理的基础工作,也是最重要的一个步骤。它通过提供必要的信息,使风险估计和评估更具效果和效率,为制订相应的风险管理措施提供依据。由于风险具有多样性、可变性和普遍性,所以识别风险并非易事。风险识别需要项目管理者全面认真地收集资料,恰当有效地运用各种工具和方法对可能的、潜在的不确定性风险加以确认,识别出真正对所建项目有影响的风险。

10.2.1　建筑工程项目风险识别的定义

建筑过程项目风险识别,是人们基于对建筑工程项目风险的认识上,利用以往的经验和历史资料,罗列出项目各阶段中对项目目标有影响的所有可能的风险因素,作为全面风险识别的对象,采用合理的识别方法,针对项目具体情况,对风险因素进行去伪存真,识别出真正对项目

259

存在威胁的风险,并分析其产生原因的鉴定过程。

风险识别通常要从多方位、多角度进行,由总体到细节、宏观到微观,采用结构化的分析方法,对项目风险形成多方位的透视。

10.2.2　建筑工程项目风险识别的特点

建筑工程项目风险识别具有全期性、全员性、综合性、动态性、信息性等特点,其最重要的特点是"不确定性",而"不确定性"与这六个"w"问题有关:who(当事人),谁是最终涉及的当事人;why(动机),当事人想实现什么样的目的;what(设计),当事人对什么感兴趣;which way(活动),如何完成;where withal(资源),需要什么资源;when(时间表):何时完成。

10.2.3　风险识别的内容

风险识别的主要内容包括三个方面:识别并确定项目有哪些潜在的风险;识别引起这些风险发展的主要因素;识别风险可能引起的后果。

10.2.4　项目风险识别的主要方法和步骤

风险识别从项目的目标出发,经过调查、整理数据、分析信息、咨询专家及实践等,全面预测和认识项目风险,建立风险清单,列明编码、因素、事件和结果,建立风险目录摘要。

风险识别是对所有可能发生的风险事故的来源及其产生的影响,进行实事求是的研究调查,可分以下几个步骤进行。

①确认项目不确定性的客观存在:一是辨认所推测的或已发现的因素是否存在不确定性,倘若对其结果确定无疑,则无所谓风险。如承包商明知国家基础设施工程融资困难,仍作好充足准备决定投标,则融资困难便不是风险;二是确定这种不确定性的客观存在性,是确实存在的,而非凭空臆造。

②建立项目风险的初步清单:初步清单是风险目录的基础,它陈列出了所有客观存在的和潜在的风险因素。

③确定项目的各种风险事件,并推测其结果:根据初步清单列出的风险源,推测其合理的可能性,包括收益、损失、时间、成本等方面的结果。

④风险分类:是风险识别过程中极其重要的步骤,可加深认识和理解风险,认清风险的性质,更好的预测风险结果,还有利于制订风险管理目标。可根据风险的性质和潜在的结果进行风险分类。

⑤建立风险目录:把项目所有可能的项目风险汇总,分出轻重缓急,描绘总体风险印象,使全体项目管理人员都能相互考虑他人所面临的风险,觉察到各种风险之间的关联及相互影响。风险目录见表10.2。

表 10.2　风险目录

风险摘要:				编号:	日期:
项目名称:				负责人:	
序号	风险事件	风险事件描述	可能造成的后果	发生的概率	可能采取的措施
1					
2					
⋮					

10.2.5　建筑工程项目中常见风险因素的识别分析

(1) 政策风险

建筑工程项目政策风险是指由国家政治环境、法律环境、产业政策等的变动而引起的项目风险。如投资政策和相关法律、法规的不完善、不健全,在某种程度上,都会给项目投资者造成经济损失;相关政策的变动也会给投资者带来不确定性风险,其中,土地、金融、税收和外资等政策的变动对建筑工程行业的影响尤为重要。

(2) 经济风险

建筑工程项目经济风险指市场变化、供给水平、价格变动、财政与税收政策、利率和汇率的变动等对工程项目收益的影响。其中市场风险和融资风险对房地产项目的影响比较显著。

市场风险:主要有市场需求量、接受能力、产品竞争能力等。市场需求量大且稳定,能使项目获得投资利润。另外,需求越明确,越容易预测,市场风险则越小。

融资风险:由于汇率、利率或通货膨胀率的预期外的变化而带来的风险。银行利率的变化、市场投资收益率等都能直接或间接地引起项目价值的降低或项目收益受到损失。如银行贷款利率升高,会增加项目的融资成本;银行贷款及贷款利率受国家政治、经济政策及计划的影响,可能导致项目的中止、推迟或调整,因而给项目带来经济损失。

(3) 设计风险

建筑工程项目设计风险是指技术条件的不确定性给项目带来的风险可能性,包括设计单位水平低、设计创新等导致的风险。

在设计风险管理过程中,需对设计风险发生的时间段进行分析,有助于风险的预警性;而且设计各方面的风险因素较多,应对每个风险都予以重视,避免因设计失误而造成的质量问题,因为其在施工阶段往往是无法弥补的,可能带来全局性损失。

在许多情况下,虽然设计方案或图纸都交予业主审核批准,但业主往往不具备审核能力,常凭设计师解释或做出决定;而且,随着市场的需求,要求设计不断创新,这些对设计人员的能力来说,也是存在一定挑战风险的。

(4) 施工风险

在建筑工程项目施工过程中,可能会遇到各种各样的风险,主要有工期风险、质量风险和安全风险。

(5) 管理风险

建筑工程项目的管理指均衡各方利益,营造可持续发展的和谐环境,控制突发事件,降低项目风险。管理风险有很多,如:管理决策失误;规章制度不健全,企业制度是指以产权制度为核心和基础的企业组织和管理的模式和规范,其中的产权制度则是确定各个利益主体之间的权责利关系;管理者和相关人员的无能、失职、人员调整等;各利益相关者之间的协调不良好,包括业主与承包商之间的协调、业主与设计方之间的协调、施工方与监理方之间的协调以及各利益方内部之间的组织协调等。如因项目工程建设过程长,业主与承包商之间往往难免产生摩擦,这时就需监理单位出面协调。

在项目建设过程中,努力提高相关管理人员的综合素质,协调好各方面的关系,减少摩擦,有利于工程能保质保量如期完成,减少工程成本,避免管理风险可能给项目带来的损失。

(6) 合同风险

建设工程项目合同,指发包人与承包人为完成约定的工程项目,明确双方的权利和义务的协议,是工程实施阶段双方的最高行为准则,也是约束双方行为的法规性文件。由于建筑工程规模大、工期长、复杂等特点,在项目运作和建设过程中,涉及多方面的合同或协议的签约、履约过程,合同风险难免客观存在,如果不适当加以管理和控制,将给项目造成很大的麻烦,如项目索赔和合同纠纷。因此,加强合同风险管理是保证项目利益的重要手段。

加强索赔应对
风险管理案例

建设工程项目合同风险有很多,在合同审查和签订阶段有:合同不合法、合同文件和条款的不完备、合同双方的责任和权益不均衡、双方对合同的理解不一致等。

在合同履行过程中,则主要有合同变更、履约不力或不履约等风险。如承包商说业主没有采取保证措施或材料不到位而推脱工期拖延的责任,甚至要求索赔。因此,在实践工作中应加强合同风险管理,加强合同谈判,防范和控制合同风险,以实现发包人与承包人"双赢"的最终目标。

(7)自然与环境风险

建设工程项目自然与环境风险是指不可抗力因素如地震、洪水、台风、雷电等,恶劣的气候条件,工程地质条件的复杂性,以及建设过程对环境的污染等给项目带来的不确定性损失。这些风险造成的损失有直接损失和间接损失两种,直接损失指对项目设施本身造成影响的损失,间接损失指因项目设施功能的丧失而造成的损失。如施工时期内,遇暴雨、洪水等自然灾害,造成工程停工,导致工程成本增加。

不可抗力释读

10.2.6 风险识别的方法

在大多数情况下,风险并不是显而易见的,它往往隐藏在工程项目实施的各个环节,或被种种假象所掩盖,因此,风险识别要讲究方法。一方面,可以通过感性认识和经验认识进行风险识别;另一方面,可以通过对客观事实、统计资料的归纳、整理和分析进行风险识别。风险识别常用的方法有以下几种。

1)专家调查法

(1)头脑风暴法

头脑风暴法是最常用的风险识别方法,它借助于以项目管理专家组成的专家小组,利用专家们的创造性思维集思广益,通过会议方式进行项目风险因素的罗列,主持者以明确的方式向所有参与者阐明问题,专家畅所欲言,发表自己对项目风险的直观预测,然后根据风险类型进行风险分类。

不进行讨论和判断性评论是头脑风暴法的主要规则。头脑风暴法的核心是想出风险因素,注重风险的数量而不是质量。通过专家之间的信息交流和相互启发,从而引导专家们产生"思维共振",以达到相互补充并产生"组合效应",获取更多的未来信息,使预测和识别的结果更接近实际、更准确。

(2)德尔菲法

德尔菲法是邀请专家背对背匿名参加项目风险分析,主要通过信函方式来进行。项目风险调查员使用问卷方式征求专家对项目风险方面的意见,再将问卷意见整理、归纳,并匿名反馈给专家,以便进一步识别。这个过程经过几个来回后,就可以在主要的项目风险上达成一致意见。

问卷内容的制作及发放是德尔菲法的核心。问卷内容应对调查的目的和方法做出简要说明,让每一个被调查对象都能对德尔菲法进行了解;问卷问题应集中、用词得当、排列合理、问题内容描述清楚,无歧义;还应注意问卷的内容不宜过多,内容越多,调查结果的准确性越差;问卷发放的专家人数不宜太少,一般以 10 ~ 50 人为宜,这样可以保证风险分析的全面性和客观性。

2)财务报表分析法

财务报表能综合反映一个企业的财务状况,企业中存在的许多经济问题都能从财务报表中反映出来。财务报表有助于确定一个特定企业或特定的项目可能遭受哪些损失以及在何种情况下遭受这些损失。

财务报表分析法是通过分析资产负债、现金流量表、损益表、营业报表以及补充记录,识别企业当前的所有资产、负债、责任和人身损失风险,将这些报表与财务预测、预算结合起来,可以发现企业或项目未来的风险。

3)流程图法

流程图法是将项目实施的全过程,按其内在的逻辑关系或阶段顺序形成流程图,针对流程图中关键环节和薄弱环节进行调查和分析,标出各种潜在的风险或利弊因素,找出风险存在的原因,分析风险可能造成的损失和对项目全过程造成的影响。

4)现场风险调查法

从建筑项目本身的特点可看出,不可能有两个完全相同的项目,两个不同的项目也不可能有完全相同的项目风险。因此,在项目风险识别的过程中,对项目本身的风险调查必不可少。

现场风险调查法的步骤如下:

①做好调查前的准备工作。确定调查的具体时间和调查所需的时间;对每个调查对象进行描述。

②现场调查和询问。根据调查前对潜在风险事件的罗列和调查计划,组织相关人员,通过询问进行调查或对现场情况进行实际勘察。

③汇总和反馈。将调查得到的信息进行汇总,并将调查中发现的情况通知有关项目管理者。

【学习笔记】

_____

_____

_____

_____

_____

_____

【关键词】

风险识别　头脑风暴法　德尔菲法

【任务练习】

一、填空题

1. 建筑过程项目风险识别,是人们基于对建筑工程项目风险的认识上,利用以往的经验和历史资料,罗列出项目各阶段中对_____有影响的所有可能的风险因素。

2. 风险识别从项目的目标出发,经过调查、整理数据、分析信息、咨询专家及实践等,全面预测和认识项目风险,建立_____,列明编码、因素、事件和结果,建立风险目录摘要。

3.头脑风暴法的核心是_____。

4.利用德尔菲法识别风险,其发放问卷的专家数一般应为_____。

二、选择题

1.(   )不包含在建筑工程项目风险识别"不确定性"特点相关的六"w"。

A.当事人　　　　B.时间表　　　　C.安全　　　　　　　D.设计

2."市场风险"属于建筑工程项目中常见风险因素中的(   )。

A.经济风险　　　B.管理风险　　　C.自然与环境风险　　D.政策风险

3.风险识别是研究项目的(   ),试图以确定性的方式将这些因素表达出来。

A.目标　　　　　B.不确定因素　　C.机会　　　　　　　D.威胁

4.风险识别的方法有_____、_____、_____、_____。

A.专家调查法　　B.财务报表分析法　C.流程图法　　　　　D.风险清单

E.现场风险调查法

任务 10.3　建筑工程项目风险评估

系统全面地识别风险只是风险管理工作的第一步,要进一步把握风险,还需要对其进行深入的分析和评估。风险评估是风险识别和管理之间的纽带,是风险决策的基础。

10.3.1　风险评估的定义

风险识别只是对建筑工程项目各阶段单个风险分析进行估计和量化,其并没有考虑各单个风险综合起来的总体效果,也没有考虑到这些风险是否能被项目主体所接受。风险评估就是在对各种风险进行识别的基础上,综合衡量风险对项目实现既定目标的影响程度。

10.3.2　风险评估的目的

1)确定风险的先后顺序

对工程项目中各类风险进行评估,根据它们对项目的影响程度、风险事件的发生和造成的后果,确定风险事件的顺序。

2)确定各风险事件的内在逻辑关系

有时看起来没有关联性的多个风险事件,常常是由一个共同的风险因素造成的。如遇上未曾预料的施工环境改变下的设计文件变更,则项目可能会造成费用超支、工期延误、管理组织难度加大等多个后果。风险评估就是从工程项目整体出发,弄清各风险事件之间的内在逻辑关系,准确地估计风险损失,制订风险应对计划,在管理中消除一个风险因素,来避免多种风险后果的发生。

3)掌握风险间的相互转化关系

考虑各种不同风险之间相互转化的条件,研究如何才能化威胁为机会,同时,也要注意机会在什么条件下会转化为威胁。

4)进一步量化风险发生的概率和产生的后果

在风险识别的基础上,进一步量化风险发生的概率和产生的后果,降低风险识别过程中的不确定性。

10.3.3　风险评估的步骤

1)确定风险评估标准

风险评估标准是指项目主体针对不同的风险后果所确定的可接受水平。单个风险和整体风险都要确定评估标准。评估标准可以由项目的目标量化而成,如项目目标中的工期最短、利润最大化、成本最小化和风险损失最小化等均可量化成为评估标准。

2)确定风险水平

项目风险水平包括单个风险水平和整体风险水平。整体风险水平需要在清楚各单个风险水平高低的基础上,考虑各单个风险之间的关系和相互作用后进行。

3)风险评估标准和风险水平相比较

将项目的单个风险水平与单个评估标准相比较,整体风险水平与整体评估标准相比较,从而确定它们是否在可接受的范围之内,进一步确定项目建设的可行性。

10.3.4　风险评估的方法

项目风险的评估往往采用定性与定量相结合的方法来进行。目前,常用的项目评估方法主要有调查打分法、蒙特卡洛模拟法、敏感性分析法等。

1)调查打分法

调查打分法是一种常用的、易于理解的、简单的风险评估方法。它是指将识别出的项目可能遇到的所有风险因素列入项目风险调查表,将项目风险调查表交给有关专家,专家们根据经验对可能的风险因素的等级和重要性进行评估,确定出项目的主要因素。

调查打分法的步骤如下:

①识别出影响待评估工程项目的所有风险因素,列出项目风险调查表。

②将项目风险调查表提交给有经验的专家,请他们对项目风险调查表中的风险因素进行主观打分评价。

a.确定每个风险因素的权数 W,取值范围为 0.01～1.0,由专家打分加权确定。

b.确定每个风险因素的权重,即风险因素的风险等级 C,其权重分为五级,分别为 0.2、0.4、0.6、0.8、1.0,由专家打分加权确定。

③回收项目风险调查表。各专家打分评价后的项目风险调查表整理出来,计算出项目风险水平。将每个风险因素的权数 W 与权重 C 相乘,得出该项风险因素得分 WC。将各项风险因素得分加权平均,得出该项目风险总分,即项目风险度,风险度越大风险越大。

例如,某建筑工程项目综合风险评估见表 10.3。

表 10.3　某建筑工程项目综合风险评估

主要风险因素	权数 W	风险等级 C					WC
		0.2	0.4	0.6	0.8	1.0	
地质特殊处理	0.05			√			0.03
施工技术方案不合理	0.10			√			0.06
进度计划不合理	0.10			√			0.06
业主拖欠工程款	0.05		√				0.02

续表

主要风险因素	权数 W	风险等级 C					WC
		0.2	0.4	0.6	0.8	1.0	
施工组织不协调	0.05		√				0.02
材料供应不及时	0.10				√		0.08
设计缺陷	0.05				√		0.04
合同缺陷	0.10			√			0.06
安全事故	0.10			√			0.06
管理人员不胜任	0.05		√				0.02
施工人员流动性大	0.05			√			0.03
施工人员素质差	0.05			√			0.03
恶劣天气	0.05			√			0.03
物价上涨	0.10			√			0.06
合　计	1.00						0.60

由表10.3可以看出,该项目的风险度为0.60,此风险度可以和原前期计划中制订的风险管理计划中的风险度进行比较。例如,原前期计划中的风险度为0.65,比较可以看出,该项目实施中的综合风险在可接受范围之内。

2)蒙特卡洛模拟法

风险评估时经常面临不确定性、不明确性和可变性;而且,即使我们可以对信息进行前所未有的访问,仍无法准确预测未来。蒙特卡洛模拟法允许我们查看做出的决策的所有可能结果并评估风险影响,从而在存在不确定因素的情况下做出更好的决策。蒙特卡洛模拟法是一种计算机化的数学方法,允许人们评估定量分析和决策制订过程中的风险。

应用蒙特卡洛模拟法可以直接处理每一个风险因素的不确定性,并将这种不确定性在成本方面的影响以概率分布的形式表示出来。

【知识拓展】

蒙特卡洛(Monte Carlo)模拟法这个术语是在第二次世界大战时期美国物理学家Metropolis执行曼哈顿计划的过程中提出来的。此方法首先被科学家用于研究原子弹,它以因赌场而闻名的摩纳哥旅游城市蒙特卡洛命名。自从在第二次世界大战中推出以来,蒙特卡洛模拟法一直用于不同的物理和概念系统的模型建立。

3)敏感性分析法

敏感性分析法是研究和分析由于客观条件的影响(如政治形势、通货膨胀、市场竞争等风险)使项目的投资、成本、工期等主要变量因素发生变化,导致项目的主要经济效果评价指标(如净现值、收益率、折现率等)发生变动的敏感程度。

【学习笔记】

_____
_____
_____
_____
_____

【关键词】

风险评估　调查打分法　蒙特卡洛模拟法　敏感性分析法

【任务练习】

一、填空题

1.风险评估就是在_____的基础上,综合衡量风险对_____的影响程度。

2.风险评估的步骤是_____、_____、_____。

3.风险评估的目的是确定风险的先后顺序、确定风险时间的内在逻辑关系、掌握风险间的相互转化关系、量化_____。

二、单项选择题

1.在工程项目风险管理工作中,下列属于风险评估工作的是(　　　)。

A.分析各种风险的损失量

B.对风险因素采取应对措施

C.罗列风险因素

D.对风险进行监控

2.在系统地识别建筑工程风险与合理地做出风险对策之间起着重要桥梁作用的是(　　　)。

A.风险管理　　　　B.风险评估　　　　　C.损失控制　　　　　　D.风险调查

3.在下列方法中,属于建筑工程风险评估方法的是(　　　)。

A.初始清单法　　B.专家调查法　　　　C.经验数据法　　　　　D.流程图法

4.在风险评估的调查打分法中,风险等级可分为(　　　)级。

A.3　　　　　　　B.4　　　　　　　　C.5　　　　　　　　　D.6

5.在风险评估的调查打分法中,风险因素的得分为(　　　)。

A.风险因素权数(W)加上风险因素权重(C)

B.风险因素权数(W)减去风险因素权重(C)

C.风险因素权数(W)乘上风险因素权重(C)

D.风险因素权数(W)除以风险因素权重(C)

任务 10.4　建筑工程项目风险响应与监控

对于风险管理,仅仅把风险识别和评估出来是远远不够的,还要考虑对识别出来的风险如何应对,做好风险应对准备和计划。只要管理者对项目风险有了客观准确的识别和评估,并在此基础上采取合理的响应措施,人们对于风险就不会无能为力。风险的特征决定了风险是存在于项目整个生命周期的,风险又是可变的,所以,在整个项目的管理过程中都必须进行风险的监视和控制。在对风险采取了应对措施后,还应对措施实施的效果加以评价,这样才能保证风险管理的效果。

10.4.1 风险响应

1)风险响应的定义

风险响应是指针对项目风险而采取的相应对策、措施。由风险特征可知,虽然风险客观存在、无处不在,表现形式也多种多样,但风险并非不可预测和防范。在长期的工程项目管理实践中,人们已经总结出了许多应对工程项目风险的有效措施。只要工程项目管理者对项目风险有了客观、准确的识别和评估,并在此基础上采取合理的响应措施,风险是可以防范和控制的。

经过风险评估,项目整体风险有两种情况:一种是项目整体风险超出了项目管理者可接受的水平;另一种是项目整体风险在项目管理者可接受的水平之内。

①风险超过了可接受的水平,有两种措施可供选择:停止项目或全面取消项目;采取措施避免或消减风险损失,挽救项目。

②风险在可接受的水平,则应该制订各种各样的项目风险响应措施,去规避或控制风险。

2)风险响应的措施

常见的风险响应措施有风险回避、风险转移、风险分散、风险自留等。

(1)风险回避

风险回避是指在完成项目风险分析和评估后,如果发现项目风险发生的概率很高,而且可能造成很大的损失,又没有有效的响应措施来降低风险。考虑到影响预定目标达成的诸多风险因素,结合决策者自身的风险偏好和风险承受能力,从而做出的中止、放弃某种决策方案或调整、改变某种决策方案的风险处理方式。风险回避的前提在于企业能够准确地对企业自身条件和外部形势、客观存在的风险的属性和大小有准确的认识。

在面临灾难性风险时,采用风险回避的方式处置风险是比较有效的。它简单易行,对风险的预防和控制具有彻底性,而且具有一定的经济性。但有时,放弃承担风险也就意味着将放弃某些机会。因此,在某些情况下,这种方法是一种比较消极的处理方式。

通常最适合采取风险回避措施的情况有两种:一是风险事件发生的概率很大且损失后果也很大;二是采用其他的风险响应措施的成本超过了其带来的效益。

(2)风险转移

风险转移是一种常用的、十分重要的、应用范围最广且最有效的风险管理手段,其是指将风险及其可能造成的损失全部或部分转移给他人。风险转移并不意味着一定是将风险转移给了他人且他人肯定会受到损失。各人的优势、劣势不一样,对风险的承受能力也不一样,对于自己是损失但对于别人有可能就是机会,所以在某种环境下,风险转移者和接受者会取得双赢。

一般来说,风险转移的方式可以分为非保险转移和保险转移。非保险转移是指通过订立经济合同,将风险以及与风险有关的财务结果转移给别人。在经济生活中,常见的非保险转移有签订承包合同、工程分包、工程担保等;保险转移是指通过订立保险合同,将风险转移给保险公司(保险人)。在面临风险以前,可以向保险人缴纳一定的保险费,将风险转移。一旦预期风险发生并且造成了损失,则保险人必须在合同规定的责任范围之内进行经济赔偿。

《重庆市建设工程费用定额》CQFYDE—2018规定

由于保险存在着许多优点,因此通过保险来转移风险是最常见的风险管理方式。需要指出的是,并不是所有的风险都能够通过保险来转移,可保风险必须符合一定的条件。

(3)风险分散

风险分散就是将风险在项目各参与方之间进行合理分配。风险分配通常在任务书、责任书、合同、招标文件等文件中进行规定。风险分散旨在通过增加风险承受单位来减轻总体风险的压力,以达到共同分担风险的目的。

(4)风险自留

风险自留也称风险承担,是指项目管理者自己非计划性或计划性地承担风险,即将风险保留在风险管理主体内部,以其内部的资源来弥补损失。保险和风险自留是企业在发生损失后两种主要的筹资方式,都是重要的风险管理手段。风险自留目前在发达国家的大型企业中较为盛行。风险自留既可以是有计划的,也可以是无计划的。

①无计划的风险自留是由于风险管理人员没有意识到项目某些风险的存在,或者不曾有意识地采取有效措施,以致风险发生后只好保留在风险管理主体内部。这样的风险自留就是无计划的和被动的。

无计划的风险自留产生的原因有:风险部位没有被发现、不足额投保、缺乏风险意识、风险识别失误、风险分析与评价失误、风险决策延误、风险决策实施延误等。在这些情况下,一旦造成损失,企业必须以其内部的资源(自有资金或者借入资金)来加以补偿。如果该组织无法筹集到足够的资金,则只能停业。因此,准确地说,无计划的风险自留不能看作风险管理的措施。

②有计划的风险自留是一种重要的风险管理手段,是主动的、有意识的、有计划的选择。它是风险管理者察觉了风险的存在,估计到了该风险造成的期望损失,决定以其内部的资源(自有资金或借入资金)来对损失加以弥补的措施。有计划的风险自留绝不可能单独运用,而应与其他风险对策结合使用。实行有计划的风险自留,应做好风险事件的工程保险和实施损失控制计划。

3)风险响应的成果

风险响应的最后一步,是把前面已完成的工作归纳成一份风险管理规划文件。风险管理规划文件中应包括项目风险形势估计、风险管理计划和风险响应计划三大内容。

(1)项目风险形势估计

在风险的识别阶段,项目管理者其实已经对项目风险形势做了估计。风险响应阶段的形势估计比起风险识别阶段更全面、更深入,此阶段可以对前期的风险估计进行修改。

(2)风险管理计划

风险管理计划在风险管理规划文件中起控制作用。在计划中应确定项目风险管理组织机构、领导人员和相关人员的责任和任务。其目的在于在建筑工程项目的实施过程中,对项目各部门风险管理工作内容、工作方向、策略选择起指导作用;强化有组织、有目的的风险管理思路和途径。

(3)风险响应计划

风险响应计划是风险响应措施和风险控制工作的计划和安排,项目风险管理的目标、任务、程序、责任和措施等内容的详细规划,应该细到管理者可直接按计划操作的层次。

10.4.2　风险监控

1)风险监控的定义

风险监控就是对工程项目风险的监视和控制。

(1)风险监视

在实施风险响应计划的过程中,人们对风险的响应行动必然会对风险和风险因素的发展产生相应的影响。风险监视的目的在于通过观察风险的发展变化,评估响应措施的实施效果和偏差,改善和细化应对计划,获得反馈信息,为风险控制提供依据。风险的监控过程是一个不断认识项目风险的特征及不断修订风险管理计划和行为的过程,这个过程是一个实时的、连续的过程。

(2)风险控制

风险控制是指根据风险监视过程中反馈的信息,在风险事件发生时实施预定的风险应对计划处理措施;当项目的情况发生变化时,重新对风险进行分析,并制订更有效的、新的响应措施。

2)风险监控的步骤

(1)建立项目风险监控体系

建立项目风险监控体系是指在项目建设前,在风险识别、评估和响应计划的基础上,制订出整个项目的风险监控的方针、程序、目标和管理体系。

(2)确定要监控的具体项目风险

按照项目识别和分析出的具体风险事件,根据风险后果的严重程度和风险发生概率的大小,以及项目组织的风险监控资源情况,确定出应对哪些风险进行监控。

(3)确定项目风险的监控责任

将风险监控的责任工作分配和落实到具体的人员,并确定这些人员的具体责任。

(4)确定风险监控的计划和方案

制订相应的风险监控时间计划和安排,避免错过风险监控的时机。再根据风险监控的时间和安排,制订出各个具体项目风险的控制方案。

(5)实施与跟踪具体项目风险监控

在实施项目风险监控的活动时,要不断收集监控工作的信息并给出反馈,确认监控工作是否有效,项目风险的发展是否有新的变化,不断地提供反馈信息,不断地修订项目风险监控方案与计划。

(6)判断项目风险是否已经消除

判断某个项目风险是否已经解除,如已解除则该具体项目风险的控制作业就可以完成;反之,则需要进行重新识别并开始新一轮的风险监控作业。

(7)风险监控的效果评价

风险监控的效果评价是指对风险监控技术适用性及其收益情况进行的分析、检查、修正和评估,看风险管理是否以最小的成本取得了最大的安全保障。

【学习笔记】

_____

_____

_____

_____

_____

【关键词】

风险响应　风险转移　风险监控

【任务练习】

一、填空题

1. 风险响应措施包括风险回避、风险转移、_____、_____。

2. 风险响应应形成_____、_____、_____三个方面的成果。

3. 某建筑工程项目在经过可行性分析后,若发现在实施该项目后会面临较大的经济风险,此时立即停止该项目的实施,并放弃这一项目的计划,其属于_____响应措施。

4. 在合同条款中规定,业主对场地条件不承担责任,其属于_____响应措施。

5. 利用招投标方式,业主将设计任务承包给一家具有资质能力的设计单位,其属于_____响应措施。

6. 风险自留有两种形式:一是_____;二是_____。

7. 风险监控包括_____、_____两个方面的工作。

二、选择题

1. 对难以控制的风险向保险公司投保是(　　　)的一种措施。

　　A. 风险规避　　　　B. 风险减轻　　　　C. 风险转移　　　　　　D. 风险自留

2. 下列为防范土方开挖过程中塌方风险而采取的措施,属于风险转移对策的是(　　　)。

　　A. 投保建筑工程一切险　　　　　　B. 设置警示牌

　　C. 进行专题安全教育　　　　　　　D. 设置边坡护壁

3. 组织应对可能出现的风险因素进行监控,根据需要制订(　　　)。

　　A. 监控计划　　　B. 风险预警　　　C. 风险管理计划　　　　D. 应急计划

【项目小结】

本项目主要阐述了风险的定义、特点,建筑工程项目风险的分类、风险管理程序;建筑工程项目风险识别的定义、特点、内容,风险识别的主要方法和步骤,常见风险因素的识别分析,风险识别的方法;风险评估的定义、目的、步骤、方法。建筑工程项目风险管理的核心是对风险进行识别、评估、响应和监控。识别风险的主要方法有专家调查法、财务报表分析法、流程图法、现场风险调查法等。风险评估的方法有调查打分法、蒙特卡洛法、敏感性分析法等。风险响应措施有风险回避、风险转移、风险分散、风险自留等。

【项目练习】

选择题

1. 设计人员和监理工程师的能力属于(　　　)风险。

　　A. 组织管理　　　B. 经济　　　　　C. 政治　　　　　　　　D. 技术

2. 风险识别的第一步工作是(　　　)。

　　A. 收集与项目风险相关的信息　　　　B. 确定风险因素

　　C. 分析各种风险的损失量　　　　　　D. 编制项目风险识别报告

3. 组织应对可能出现的风险因素进行监控,根据需要制订(　　　)。

　　A. 监控计划　　　B. 风险预警　　　C. 风险管理计划　　　　D. 应急计划

4. 对建筑工程项目管理而言,风险是指可以出现的影响项目目标实现的(　　)。

A. 不确定因素　　B. 错误决策　　C. 不合理指令　　D. 设计变更

5. 建设工程施工过程,可能会出现不利的地质条件而使施工进度延误、成本增加,这种风险属于(　　)。

A. 经济风险　　B. 组织管理风险　　C. 环境风险　　D. 技术风险

6. 下列防范土方开挖过程中塌方风险而采取的措施,属于风险转移对策的是(　　)。

A. 投保建筑工程一切险　　　　B. 设置警示牌

C. 工程环境风险　　　　　　　D. 进行专题安全教育

E. 设置边坡护壁

7. 按风险来源划分,建筑工程项目的风险有(　　)几种类型。

A. 组织管理风险　　B. 经济风险　　C. 自然风险　　D. 技术风险

E. 合同风险

8. 风险管理过程包括项目实施全过程的(　　)。

A. 项目风险策划　　B. 项目风险识别　　C. 项目风险评估　　D. 项目风险响应

E. 项目风险控制

【项目实训】

实训题 1

【背景资料】

金色花园工程项目总占地面积约为 12 万 m^2,分两期工程按由南向北开展。项目规划总建筑面积为 35 万 m^2,其中住宅为 30 万 m^2。整个项目规划分为南、北两个小区,规划居住人口为 1.8 万人。项目计划总投资 2 亿元人民币。

建筑结构特征:小区内建筑以 6+1 式多层住宅为主,设计有地下车库,砖混结构为主,毛石混凝土基础。

现场特征及施工条件:由于多座楼房同时开工,且施工现场狭窄,施工现场管理任务重。施工现场离居民区较近,工期紧,施工难度大,为保证本工程如期完成,须协调好周边关系。

材料供应:三大材(钢材、木材、水泥)由业主统一协调采购,袋装水泥运到现场。

【问题】

为了使该工程项目能顺利实施,在开工前应做好风险分析和风险计划。试运用头脑风暴法对该项目进行风险初步识别。

实训题 2

【背景资料】

三峡工程左岸电站设备安装工程等保险和高压电器运输保险总投保金额约为 100 亿元人民币,这是三峡工程迄今为止最大的一项保险项目。中国三峡总公司采取了公开询价、专家评审、领导决策的方式进行投保,较好地体现了"公平、公开、公正"的原则。最后选定国内著名的三家保险公司共保,并由国内外再保险公司进行分保和再保。

【问题】

1.当预测到风险将会出现时,有哪些响应措施?

2.此案例中的投保属于风险响应措施中的哪一类?

3.此案例中采用的风险响应措施有什么优缺点?

实训题 3

【背景资料】

深圳福田写字楼建筑工程项目面积为 19 741.00 m^2,总造价为 5 757 万元,建筑层数为 15 层,高度为 75.3 m。该项目由新源房地产公司开发,日升建筑安装工程有限公司与其签订了施工合同并组织承建。该工程的空调工程造价为 497 万元,由于空调设备工程专业性强,日升公司在此方面缺乏专业施工及管理能力,经业主同意后,将空调工程分包给了另一家专业空调施工企业。

【问题】

1.建筑工程项目风险是如何分类的?

2.该项目在施工过程中可能面临哪些风险?

项目 11 建筑工程项目收尾管理

【项目引入】

某市一小区 1 号楼是 7 层混合结构住宅楼。施工单位自检合格后,报请建设方组织了竣工验收,验收后认为楼梯转角平台栏杆扶手高度不够、窗框四周渗水、内墙面空鼓面积超标,要求施工方整改后复验,施工单位整改后竣工验收合格。验收合格一周后,施工单位向建设方递交竣工及结算报告,建设方在收到报告后 30 天内完成了结算。该楼交付业主使用后,业主装修发现部分墙体空心,报请法定单位用红外线照相法统计发现,大约有 40% 的墙体未按设计要求设置构造柱。

问题:

1. 本工程竣工验收组织程序、结算申报程序是否合法?
2. 本工程是否达到竣工验收条件?
3. 施工单位在什么前提下才能向建设方提出竣工验收申请?
4. 竣工验收合格后,应签署什么文件?

【学习目标】

知识目标:了解建筑工程项目收尾管理工作,熟悉竣工验收和工程保修两项内容的相关知识,掌握建筑工程项目收尾管理的程序、流程和相关内容。

技能目标:能根据项目收尾管理知识并按计划、实施、验证、报告的程序,对项目的收尾、试运行、竣工验收、竣工结算、竣工决算、考核评价、保修回访等一系列工作进行计划、组织、协调和控制,并搞好回访与保修工作。

素质目标:项目收尾管理是指对项目的收尾、试运行、竣工验收、竣工结算、竣工决算、考核评价、回访保修等进行的计划、组织、协调、控制等活动。作为学生,应该以正心为目标,通过对收尾管理的学习,提升自己的法律意识和规范意识。

【学习重、难点】

重点:竣工结算的程序和编制依据、编制依据、竣工结算的编制内容、编制程序。
难点:建筑工程项目竣工验收的程序、保修期限、竣工结算与决算。

【学习建议】

1. 通过查阅《中华人民共和国建筑法》《建设工程质量管理条例》《建筑工程施工质量验收统一标准》《工程质量保修书》等文件,熟悉收尾工作内容。
2. 查阅已完工项目的档案资料,增强对项目收尾管理的认知体验。

3.项目后的习题应在学习中对应进度逐步练习,通过做练习加以巩固基本知识。

任务 11.1　建筑工程项目竣工验收、保修回访及项目管理总结

"竣工验收指建设工程项目竣工后,由建设单位会同设计、施工、设备供应单位及工程质量监督等部门,对该项目是否符合规划设计要求以及建筑施工和设备安装质量进行全面检验后,取得竣工合格资料、数据和凭证的过程。建筑工程的回访和保修制度是在工程竣工交付使用后,在一定的期限内由施工单位主动到建设单位进行回访,根据《中华人民共和国建筑法》《建设工程质量管理条例》及有关部门的相关规定,履行施工合同的约定和《工程质量保修书》中的承诺,并按计划、实施、验证、报告的程序,搞好回访与保修工作。

11.1.1　建筑工程项目竣工验收准备

1)建立竣工收尾工作小组

项目进入竣工验收阶段,项目经理部应建立竣工收尾工作小组,做到因事设岗、以岗定责,实现收尾的目标。该小组由项目经理、技术负责人、质量人员、计划人员、安全人员组成。

2)落实竣工收尾计划

首先,编制一个切实可行、便于检查考核的施工项目竣工收尾计划。项目竣工收尾计划的具体内容包括:

①竣工项目名称。
②竣工项目收尾具体工作。
③竣工项目质量、安全要求。
④竣工项目进度计划安排。
⑤竣工项目文件档案资料整理要求。

以上内容要求表格化,并由项目经理审核,报上级主管部门审批,具体见表11.1。项目经理应按计划要求组织实施竣工收尾工作,包括现场施工和资料整理两个部分。

表 11.1　工程项目竣工收尾计划表

序号	收尾工程名称	施工简要内容	收尾完工时间	作业班组	施工负责人	完成验证人
1						
2						
3						
⋮						

项目经理:　　　技术负责人:　　　编制人:

项目经理部要根据施工项目竣工收尾计划,检查其收尾的完成情况,要求管理人员做好验收记录,对重点内容重点检查,不使竣工验收留下隐患和遗憾而造成返工损失。

项目经理部完成各项竣工收尾计划后应向企业报告,提请有关部门进行质量验收,对照标准进行检查。各种记录应齐全、真实、准确。需要监理工程师签署的质量文件,应提交其审核签认。实行总分包的项目,承包人应对工程质量全面负责,分包人应按质量验收标准的规定对承包人负责,并将分包工程验收结果及有关资料交承包人。承包人与分包人对分包工程质量承担连带责任。承包人经过验收,确认可以竣工时,应向发包人发出竣工验收函件,报告工程竣工准

备情况,具体约定交付竣工验收的方式及有关事宜。

11.1.2 建筑工程项目竣工验收

1)竣工验收条件

施工承包人完成了合同约定的全部施工任务,施工项目具备竣工验收条件后,施工承包人向建设方提交"竣工工程申请验收报告"。竣工验收条件基本要求如下:

①完成工程设计合同和合同约定的各项工作内容。

②施工技术档案和管理资料齐全,包括主要建筑材料、设备等的进场、送检、合格报告。

③有勘察方、设计方、施工方、监理方、建设方五方责任主体签署的质量合格文件。

④有承包人签署的工程保修书。

⑤施工承包人竣工自验合格。

2)竣工验收依据

①上级主管部门的各项批准文件,包括可行性研究报告、初步设计、立项及与项目相关的其他各种文件。

②工程设计文件,含图纸、设备技术说明和操作指导说明、设计变更等。

③国家颁布的现行相关规范、行业标准,如《建筑工程施工质量验收统一标准》(GB 50300—2013)。

④与施工相关的一切合同、协议。

⑤与施工相关的技术核定、经济签证、整改通知及回执文件等。

3)项目竣工验收质量要求

建筑工程项目竣工验收质量要求如下:

①建筑工程质量应符合《建筑工程施工质量验收统一标准》(GB 50300—2013)和相关专业验收规范的规定。

②建筑工程施工应符合工程勘察、设计文件的要求。

③参加工程施工质量验收的各方人员应具备规定的资格。

④工程质量的验收均应在施工单位自行检查评定的基础上进行。

⑤隐蔽工程在隐蔽前应由施工单位通知有关单位进行验收,并应形成验收文件。

⑥涉及结构安全的试块、试件以及有关材料,应按规定进行见证取样检测。

⑦检验批的质量应按主控项目和一般项目验收。

⑧对涉及结构安全和使用功能的重要分部工程应进行抽样检测。

⑨承担见证取样检测及有关安全检测的单位应具有相应资质。

⑩工程的感观质量应由验收人员进行现场检查,并应共同确认。

4)竣工验收管理程序

竣工验收管理程序:竣工验收准备(主要包括施工单位自检、竣工验收资料准备、竣工收尾)→编制竣工验收计划→组织现场验收→进行竣工结算→移交竣工资料→办理竣工手续。

5)竣工验收实务

(1)竣工自验(竣工预验)

①竣工自验的标准与正式验收一样,其主要内容是:其工程是否符合国家或地方政府主管部门规定的竣工标准和竣工规定;工程完成情况是否符合施工图纸和设计的使用要求;工程质

量是否符合国家和地方政府规定的标准和要求;工程是否达到合同规定的要求和标准等。

②参加自验的人员,应由项目经理组织生产、技术、质量、合同、预算等相关人员以及有关的作业队长(或施工员、工号负责人)等。

③自验的方式,应分层分段、分房间地由上述人员按照自己主管的内容逐一进行检查。在检查中要做好记录。对不符合要求的部位和项目,确定修补措施和标准,并指定专人负责,定期修理完毕。

④复验。在基层施工单位自我检查的基础上,查出的问题全部修补完毕后,项目经理应提请上级单位进行复验(按一般习惯,国家重点工程、省市级重点工程,都应提请总公司级的上级单位复验)。通过复验,要解决全部遗留问题,为正式验收做好充分的准备。

(2)正式验收

在自验的基础上,确认工程全部符合竣工验收的标准,即可由施工单位同建设单位、设计单位、监理单位共同开始正式验收工作。

①发出《工程竣工报告》。施工单位应于正式竣工验收之日前 10 天,向建设单位发送《工程竣工报告》。其格式见表 11.2。

表 11.2   工程竣工报告

工程名称		建筑面积	
工程地址		结构类型	
建设单位		开工、竣工日期	
设计单位		合同工期	
施工单位		造价	
监理单位		合同编号	
竣工条件自检情况	项目内容	施工单位自查意见	
	工程设计和合同约定的各项内容完成情况		
	工程技术档案和施工管理资料		
	工程所用建筑材料、建筑配件、商品混凝土和设备的进场试验报告		
	涉及工程结构安全的试块、试件及有关材料的试(检)验报告		
	地基与基础、主体结构等重要分部(分项)工程质量验收报告签证情况		
	住房城乡建设主管部门、质量监督机构或其他有关部门对责令整改问题的执行情况		
	单位工程质量自检情况		
	工程质量保修书		
	工程款支付情况		

续表

经检验,该工程已完成设计和合同约定的各项内容,工程质量符合有关法律、法规和工程建设强制性标准。 项目经理: 企业技术负责人:(施工单位公章) 法定代表人:年 月 日 监理单位意见: 总监理工程师:(公章) 年 月 日

②组织验收工作。工程竣工验收工作由建设单位邀请设计单位、监理单位及有关方面参加,同施工单位一起进行检查验收。建设方按照国家规定,可以根据工程实际情况组织一次性或分阶段性竣工验收。一般情况下,建设方应在工程竣工验收确定日7个工作日前,将验收时间、地点、工程基本情况、验收组成员名单书面通知该工程的工程质量监督机构。

③工程竣工验收合格,签发《工程竣工验收报告》并办理工程移交手续。在建设单位验收完毕,确认工程符合竣工标准和合同条款规定要求以后,即应向施工单位签发《工程竣工验收报告》,其格式见表11.3。若五方责任主体对验收结论不能达成一致,应向施工承包人提出明确的整改事项和整改意见,并且五方协商提出解决问题的方法,待施工承包人整改达标后,重新组织竣工验收。

表11.3　工程竣工验收报告

工程 概况	工程名称		建筑面积	m²
	工程地址		结构类型	
	层数	地上　层,地下　层	总高	m
	电梯	台	自动扶梯	台
	开工日期		竣工验收日期	
	建设单位		施工单位	
	勘察单位		监理单位	
	设计单位		质量监督单位	
	工程完成设计与合同 所约定内容情况			
验收 组织 形式				
验收组 组成 情况	专业		验收人员	
	建筑工程			
	采暖卫生和天然气工程			
	建筑电气安装工程			
	通风与空调工程			
	电梯安装工程			
	工程竣工资料审查			

工程竣工验收意见	建设单位执行基本建设程序情况： 对工程勘察、设计、监理等方面的评价：
项目负责人 （公章） 建设单位　　　　　年　　月　　日	
勘察负责人 （公章） 勘察单位　　　　　年　　月　　日	
设计负责人 （公章） 设计单位　　　　　年　　月　　日	
项目经理 （公章） 企业技术负责人　施工单位　　　　年　　月　　日	
总监理工程师 （公章） 监理单位　　　　　年　　月　　日	
工程质量综合验收附件： ①勘察单位对工程勘察文件的质量检查报告； ②设计单位对工程设计文件的质量检查报告； ③施工单位对工程施工质量的检查报告，包括：单位工程、分部工程质量自检记录，工程竣工资料目录自查表，建筑材料、建筑构配件、商品混凝土、设备的出厂合格证和进场试验报告的汇总表，涉及工程结构安全的试块、试件及有关材料的试（检）验报告汇总表和强度合格评定表，工程开工、竣工报告； ④监理单位对工程质量的评估报告； ⑤地基与基础、主体结构分部工程以及单位工程质量验收记录； ⑥工程有关质量检测和功能性试验资料； ⑦住房城乡建设主管部门、质量监督机构责令整改问题的整改结果； ⑧验收人员签署的竣工验收原始文件； ⑨竣工验收遗留问题的处理结果； ⑩施工单位签署的工程质量保修书； ⑪法律、规章规定必须提供的其他文件	

　　④办理工程档案资料移交。

　　⑤办理工程移交手续。

　　在对工程检查验收完毕后，施工单位要向建设单位逐项办理工程移交手续和其他固定资产移交手续，并应签认交接验收证书。还要办理工程结算手续。工程结算由施工单位提出，送建设单位审查无误后，由双方共同办理结算签认手续。工程结算手续一旦办理完毕，合同双方除施工单位承担工程保修工作以外，建设单位同施工单位双方的经济关系和法律责任即予解除。

6)竣工验收的时效和竣工日期的规定

《建设工程施工合同(示范文本)》对项目竣工验收的时效性和竣工日期的确定做了一定的规定：

①发包人收到竣工验收报告后28天内组织有关单位验收,并在验收后14天内给予认可或提出修改意见,承包人按要求修改,并承担由自身原因造成的修改费用。

②发包人收到竣工验收报告后28天内不组织验收,或验收后14天内不提出修改意见,视为竣工验收报告已被认可。

③发包人收到竣工验收报告后28天内不组织验收,从第29天起承担工程保管及一切意外责任。

④中间交工工程的范围和竣工时间,双方在专用条款中约定。

⑤工程竣工验收通过,承包人交送竣工报告的日期为实际竣工日期,工程发包人要求修改后竣工验收的,实际竣工日期为承包人修改后提请发包人验收的日期。

7)建筑项目的竣工资料管理

工程竣工资料是记录和反映施工全过程工程技术与管理档案资料的总称。竣工资料的内容应包括工程技术资料、工程质量保证资料、工程检验评定资料、竣工图、规定的其他应交资料。承包人应按照竣工资料要求,整理、完善能反映建筑项目管理全过程实际的全套资料,并有规律地组卷。资料要真实、可靠、完整、连贯。

工程竣工资料的完善与组卷应与工程项目所在地建设主管部门、质量安全监督管理机构、建筑工程档案管理部门沟通,在其要求和指导下,并以《科学技术档案案卷构成的一般要求》(GB/T 11822—2008)为组卷基本依据进行组卷。

竣工资料移交时承包人应向发包人列出移交清单,发包人应逐项检查资料的完整性,并完备检验验证手续。发包人应将列入归档范围的竣工资料汇总后,向建筑工程档案管理部门移交备案。

竣工资料的移交验收是建筑工程项目竣工验收的重要内容。资料的移交应符合国家《建设项目(工程)档案验收办法》与《建设工程文件归档规范》(GB/T 50328—2019)的规定以及工程所在地建筑工程档案管理部门的规定。

竣工资料的套数一般按工程所在地建筑工程档案管理部门的要求进行准备,但竣工图一般在工程承包合同中明确规定套数,竣工图是真实记录建筑物(含隐蔽的、地下的)、构筑物等情况的技术文件,是对工程交工验收、维护、改建或扩建的依据。其具体要求如下：

①绝对真实。

②原施工图无变更,以原施工图加盖竣工图章作为竣工图;有设计变更时,在原图上做出修改后并注明,附上设计变更单加盖竣工图章作为竣工图。

③结构改变、施工工艺改变及平面布置等重大改变,原图纸修改无法真实反映的,应重新绘制后,加盖竣工图章作为竣工图。

11.1.3　工程质量保修及回访

1)工程质量保修

工程质量保修是指施工单位对房屋建筑工程竣工验收后,在保修期限内出现的质量不符合工程建设强制性标准以及合同的约定等质量缺陷,予以修复。

施工单位应在保修期内,履行与建设单位约定的、符合国家有关规定的、工程质量保修书中的关于保修范围、保修期限和保修责任等义务。

(1)保修范围

对房屋建筑工程及其各个部位,保修范围主要有:地基基础工程,主体结构工程,屋面防水工程,有防水要求的卫生间、房间和外墙面的防渗漏,供热与供冷系统,电气管线、给水排水管道、设备安装和装修工程以及双方约定的其他项目。由于施工单位施工责任造成的建筑物使用功能不良或无法使用的问题,都应实行保修。

凡是由于用户使用不当或第三方造成建筑功能不良或损坏者,或是工业产品项目发生问题,或不可抗力造成的质量缺陷等,均不属保修范围,由建设单位自行组织修理。

(2)保修期限

在正常使用条件下,房屋建筑工程的保修期应从工程竣工验收合格之日起计算,其最低保修期限如下:

①地基基础工程和主体结构工程,为设计文件规定的该工程的合理使用年限。

②屋面防水工程,有防水要求的卫生间、房间和外墙面的防渗漏,为 5 年。

③供热与供冷系统,为 2 个采暖期、供冷期。

④电气管线、给水排水管道、设备安装为 2 年。

⑤装修工程为 2 年。

⑥住宅小区内的给水排水设施、道路等配套工程及其他项目的保修期,由建设单位和施工单位约定。

(3)保修责任

①发送工程质量保修书(房屋保修卡)。工程质量保修书由施工合同发包人和承包人双方在竣工验收前共同签署,其有效期限至保修期满。

一般是在工程竣工验收的同时或之后的 3—7 天内,施工单位向建设单位发送《房屋建筑工程质量保修书》。保修书的主要内容包括:工程简况、房屋使用管理要求、保修范围和保修内容、保修期限、保修责任和记录等。还附有保修(施工)单位的名称、地址、电话、联系人等。

工程竣工验收后,施工企业不能及时向建设单位出具工程质量保修书的,由住房城乡建设主管部门责令改正及处罚等。

②实施保修。在保修期内发生了非使用原因的质量问题,使用人应填写《工程质量修理通知书》,通告承包人并注明质量问题及部位、联系维修方式等;施工单位接到保修责任范围内的项目进行修理的要求或通知后,应按《工程质量保修书》中的承诺,7 日内派人检查,并会同建设单位共同鉴定,提出修理方案,将保修业务列入施工生产计划,并按约定的内容和时间承担保修责任。

发生涉及结构安全或者严重影响使用功能的质量缺陷,建设单位应立即向当地住房城乡建设主管部门报告,采取安全防范措施;由原设计单位或具有相应资质等级的设计单位提出保修方案,施工单位实施,工程质量监督机构负责监督;对于紧急抢修事故,施工单位接到保修通知后,应立即到达现场抢修。

若施工单位未按质量保修书的约定期限和责任派人保修,发包人可以另行委托他人保修,由原施工单位承担相应责任。

③验收。施工单位在修理完毕后,要在保修书上做好保修记录,并由建设单位(用户)验收签认。涉及结构安全的保修,应报当地住房城乡建设主管部门备案。

(4)保修经济责任

保修经济责任由造成质量缺陷的责任方承担。

①由于承包人未按国家标准、规范和设计要求施工造成的质量缺陷,应由承包人修理并承担经济责任。

②因设计人造成的质量问题,可由承包人修理,由设计人承担经济责任,其费用额按合同约定,不足部分由发包人补偿。

③属于发包人供应的材料、构配件或设备不合格而明示或暗示承包人使用所造成的质量缺陷,由发包人自行承担经济责任。

④凡因地震、洪水、台风等不可抗力原因造成损坏或非施工原因造成的紧急抢修事故,施工单位不承担经济责任。

⑤不属于承包人责任,但使用人有意委托修理维护时,承包人应为使用人提供修理、维护等服务,并在协议中约定。

2)建筑工程项目回访

(1)工程回访的要求与内容

工程回访应纳入承包人的工作计划、服务控制程序和质量管理体系文件中。

工程回访工作计划由施工单位编制,其内容有:主管回访保修业务的部门、工程回访的执行单位、回访的对象(发包人或使用人)及其工程名称、回访时间安排和主要内容以及回访工程的保修期限。

工程回访一般由施工单位的领导组织生产、技术、质量、水电等有关部门人员参加。通过实地察看、召开座谈会等形式,听取建设单位、用户的意见、建议,了解建筑物使用情况和设备的运转情况等。每次回访结束后,执行单位都要认真做好回访记录。全部回访结束,要编写"回访服务报告"。施工单位应与建设单位和用户经常联系和沟通,对回访中发现的问题认真对待,及时处理和解决。

(2)工程回访类型

①例行性回访。例行性回访一般以电话询问、开座谈会等形式进行,每半年或一年一次,了解日常使用情况和用户意见;保修期满前回访,对该项目进行保修总结,向用户交代维护和使用事项。

②季节性回访。季节性回访根据各分项工程的不同特点,进行可能的质量问题回访,如在雨期回访屋面、外墙面的防水问题。

③技术性回访。技术性回访是对新材料、新工艺、新技术、新设备的技术性能和使用效果进行跟踪了解,通常采用定期和不定期两种模式相结合进行回访。

④保修期满时的回访。保修期满时的这种回访一般在保修期将结束前进行,主要是为了解决遗留的问题和向业主提示保修即将结束,业主应注意建筑的维修和使用。

11.1.4 项目管理总结

在项目管理收尾阶段,项目管理机构应进行项目管理总结,编写项目管理总结报告。根据项目范围管理和组织实施方式不同,需分别采取不同的项目管理总结方式。项目总结报告应包含下列主要内容:

①项目可行性研究报告的执行总结。

②项目管理策划总结。

③项目合同管理总结。

④项目管理规划总结。

⑤项目设计管理总结。

⑥项目施工管理总结。

⑦项目管理目标执行情况。

⑧项目管理经验与教训。

⑨项目管理绩效与创新评价。

【学习笔记】

_____

_____

_____

_____

_____

_____

【关键词】

竣工验收　　质量保修　　保修期

【任务练习】

选择题

1. 竣工预验由_____组织完成，正式验收由_____共同组织完成。

A. 施工单位　　　　B. 建设单位　　　　C. 监理单位　　　　D. 政府

2. 电气管线、给水排水管道、设备安装的质量保修年限为(　　　)。

A. 从竣工之日算起 5 年　　　　　　B. 从移交结束之日算起 2 年

C. 从竣工之日算起 2 年　　　　　　D. 从移交结束之日算起 5 年

3. 供热系统的保修期为(　　　)。

A. 2 年　　　　　B. 1 年　　　　　C. 2 个采暖期　　　　D. 1 个采暖期

4. 关于质量保修和竣工决算的说法，下列不正确的是(　　　)。

A. 工程竣工验收报告经发包人认可后 28 天内，承包人向发包人递交竣工决算报告

B. 发包人收到竣工结算报告和资料后 28 天内进行核实

C. 承包人收到竣工结算价款后 14 天内，将竣工工程交付给发包人

D. 发包人应在质量保证期满后 28 天内，将剩余保修金和利息返还给承包人

5. 由不可抗力造成的工程保修费，由(　　　)负责处理。

A. 业主　　　　　B. 政府　　　　　C. 承包方　　　　　D. 发包方

任务 11.2　建筑工程项目竣工结算与决算

建筑工程项目经竣工验收合格后，进入竣工结算阶段，建筑工程项目竣工结算直接关系到建设单位和施工单位的切身利益。竣工决算是建设工程经济效益的全面反映，是项目法人核定各类新增资产价值、办理其交付使用的依据。两者的区别在于，前者是工程价款结算，后者是建设单位单方面为了量化考核、分析项目投入实际费用等编制的经济文件。

11.2.1　建筑工程项目竣工结算

1）建筑工程项目竣工结算的定义

建筑工程项目竣工结算是指承包人在完全按照与发包人的约定完成全部承包工作，并通过了竣工验收后与发包人进行的最终工程价款结算过程。

2）建筑工程项目竣工结算的程序

①工程竣工验收报告经发包人认可后28天内，承包人向发包人递交竣工结算报告及完整的结算资料。双方按照协议书约定的合同价款及专用条款约定的合同价款调整内容，进行工程竣工结算。

②发包人收到承包人递交的竣工结算报告及结算资料后28天内进行核实，给予确认或者提出修改意见。发包人确认竣工结算报告后，通知经办银行向承包人支付工程竣工结算价款。承包人收到竣工结算价款后14天内，将竣工工程交付发包人。

③发包人收到竣工结算报告及结算资料后28天内无正当理由不支付工程竣工结算价款，从第29天起按承包人同期向银行贷款利率支付拖欠工程款的利息，并承担违约责任。

④发包人收到竣工结算报告及结算资料后28天内不支付工程竣工结算价款，承包人可以催告发包人支付结算价款。发包人在收到竣工结算报告及结算资料后56天内仍不支付的，承包人可以与发包人协议将该工程折价，也可以由承包人申请人民法院将该工程依法拍卖，承包人就该工程折价或者拍卖的价款优先受偿。

⑤工程竣工验收报告经发包人认可后28天内，承包人未能向发包人递交竣工结算报告及完整的结算资料，造成工程竣工结算不能正常进行或工程竣工结算价款不能及时支付，发包人要求交付工程的承包人应交付；发包人不要求交付工程的，承包人承担保管责任。

⑥发包人和承包人对工程竣工结算价款发生争议时，按有关争议的约定处理。

3）建筑工程项目竣工结算的编制依据

建筑工程项目竣工结算由承包人编制，发包人审查或者委托工程造价咨询单位进行审查，最终由发包人和承包人达成一致，共同认可、确定。其主要编制依据如下：

①合同文件，包括补充协议。主要参考合同及补充协议中对合同价款的确定模式，材料、人工等费用调整模式和计量模式。

②中标的投标书报价单。

③竣工图纸、设计变更文件、施工变更记录、技术经济签证单等。

④工程计价文件、工程量清单、取费标准及有关调价办法。

⑤三方认可的索赔资料。

⑥工程竣工验收报告。

⑦工程质量保修书。

4）建筑工程项目竣工结算的价款支付

建筑工程项目竣工结算价款支付是承包人回收工程成本并获取相应利润的最后步骤。只有有效地获得支付，才能实现承包人的既定目标，包括产值目标和经济效益目标。

建筑工程项目竣工结算价款的支付遵循如下公式：

建筑工程项目竣工结算最终价款支付＝合同总价＋工程变更等调整数额－已预付工程价款

工程价款的结算方式一般有竣工后一次结算和分段结算两种，发包人和承包人签订合同时应详细约定。

①竣工后一次结算。这种方式主要用于建筑项目或者单位工程建设周期不超过一年或者承包合同价格不高于 100 万元的项目。

②分段结算。这种结算方式主要用于建筑单位工程或项目要跨年度施工的情况,一般分不同阶段进行结算,其工程支付方式多采用逐月按形象进度预支工程款。

11.2.2　建筑工程项目竣工决算

1) 建筑工程项目竣工决算的定义

建筑工程项目竣工决算是指建筑工程项目在竣工验收、交付使用阶段,由建设单位编制的反映建设项目从筹建开始到竣工投入使用为止全过程中实际费用的经济文件。

编制建筑工程项目竣工结算的意义在于:可作为正确核定固定资产价值、办理交付使用、考核和分析投资效果的依据。

2) 建筑工程项目竣工决算的编制依据

①项目计划任务书和有关文件。

②项目总概算书和单项工程综合概算书。

③项目设计图纸和说明书。

④设计交底、图纸会审资料。

⑤合同文件。

⑥项目竣工结算书。

⑦各种设计变更、技术经济签证。

⑧设备、材料调价文件及记录。

⑨竣工档案资料。

⑩相关的项目资料、财务决算及批复文件。

3) 建筑工程项目竣工决算的编制内容

竣工决算一般由竣工财务决算说明书、竣工财务决算报表、工程项目竣工图、工程造价比较分析四个部分组成。其中,竣工财务决算说明书和竣工财务决算报表又合称为竣工财务决算。

(1) 竣工财务决算说明书

竣工财务决算说明书主要包括:工程项目概况;会计账务的处理、财产物资情况及债权债务的清偿情况;资金节余及结余资金的分配处理情况;主要技术经济指标的分析、计算情况;工程项目管理及决算中存在的问题、建议;需要说明的其他事项。

(2) 财务决算报表

建设项目竣工决算报表要根据大、中型建设项目和小型建设项目分别制订。大、中型建设项目竣工决算报表包括:建设项目竣工财务决算审批表、竣工工程概况表、竣工财务决算表、交付使用资产总表、交付使用资产明细表。小型建设项目竣工财务决算报表包括:建设项目竣工决算审批表、竣工财务决算总表、建设项目交付使用资产明细表。

(3) 工程项目竣工图

工程项目竣工图是真实地记录各种地上地下建筑物、构筑物等情况的技术文件,是工程进行交工验收、维护改建和扩建的依据,是重要技术档案。

国家规定:各项新建、扩建、改建的基本建设工程,特别是基础、地下建筑、管线、井巷、桥梁、隧道、港口、水坝以及设备安装等隐蔽部位,都要编制竣工图。为确保竣工图质量,必须在施工过程中(不能在竣工后)及时做好隐蔽工程检查记录,整理好设计变更文件。

(4)工程造价比较分析

工程造价比较分析是指对控制工程造价所采取的措施、效果及其动态的变化进行认真的比较,总结经验教训。工程造价比较分析应侧重完成的实物工程量和用于工程的材料消耗量。

4)建筑工程项目竣工决算的编制程序

①收集、整理有关项目竣工决算资料和依据。

②清理项目账务、债务和结余物资。

③填写项目竣工决算报告。

④编制项目竣工决算说明书。

⑤报上级审查。

【学习笔记】

_____

_____

_____

_____

_____

_____

【关键词】

竣工决算　竣工结算

【任务练习】

选择题

1.竣工决算是建设工程经济效益的全面反映,是(　　　)核定各类新增资产价值、办理其交付使用的依据。

A.建设项目主管单位　　　　　　　　B.施工企业

C.项目法人　　　　　　　　　　　　D.国有资产管理局

2.(　　　)是承包方将所承包的工程按照合同规定全部完工交付后,向发包单位进行的最终工程价款结算。

A.竣工结算(乙方编制)　　　　　　　B.竣工决算(甲方编制)

C.竣工结算(甲方编制)　　　　　　　D.竣工决算(乙方编制)

3.竣工决算是由(　　　)编制,反映建设项目实际造价和投资效果的文件。

A.承包方　　　　B.总承包方　　　　C.发包方　　　　　　D.项目经理

4.竣工决算的编制依据包括(　　　)。

A.经批准的项目建议书及其投资估算

B.竣工图及各种竣工验收资料

C.经批准的施工图设计及其施工图预算

D.设计交底、图纸会审资料

E.招投标的标底、承包合同、工程结算资料

5.竣工决算的编制步骤有(　　　)。

A. 收集、整理、分析原始资料

B. 做好工程造价对比分析

C. 对照、核实工程变动情况，重新核实各单位工程、单项工程造价

D. 编制竣工财务决算说明书

E. 按监理规定上报、审批、存档

【项目小结】

本项目主要阐述了建筑工程项目竣工验收准备、竣工验收，工程质量保修及回访；建筑工程项目竣工结算、建筑工程项目竣工决算。建筑工程项目收尾管理是整个项目管理周期中的一个重要环节，而在实际项目管理中通常没有给予足够重视，出现该阶段人员组织混乱、资料管理松散、剩余资源利用不合理等问题。

【项目练习】

选择题

1. 建筑工程竣工经验收合格后，方可交付使用；未经验收或者验收不合格的（　　　）。

A. 不能正式使用　　B. 不得进行销售　　C. 不能进行结算　　D. 不得交付使用

2. 根据《建设工程质量管理条例》，（　　　）应按照国家有关规定组织竣工验收，建设工程验收合格，方可交付使用。

A. 建设单位　　　　B. 施工单位　　　　C. 工程监理单位　　　　D. 设计单位

3. 某工程竣工验收合格后第 10 年内，部分梁板发生不同程度的断裂，经有相应资质的质量鉴定机构鉴定，确认断裂原因为混凝土施工养护不当致其强度不符合设计要求，则该质量缺陷应由（　　　）。

A. 建设单位维修并承担维修费用

B. 施工单位维修并承担维修费用

C. 施工单位维修，设计单位承担维修费用

D. 施工单位维修，混凝土供应单位承担维修费用

4. 根据《建设工程质量管理条例》关于质量保修制度的规定，下列关于最低保修期限的说法错误的是（　　　）。

A. 基础设施工程、房屋建筑的地基基础工程和主体结构工程，为设计文件规定的该工程的合理使用年限

B. 屋面防水工程，有防水要求的卫生间、房间和外墙面防渗漏为 5 年

C. 供热与供冷系统，为 2 个采暖期、供冷期

D. 电气管线、给水排水管道、设备安装和装修工程为 3 年

5. 根据《房屋建筑工程质量保修办法》的规定，（　　　）属于保修范围。

A. 1 个采暖期、供冷期内供热与供冷系统的质量缺陷

B. 因使用不当造成的质量缺陷

C. 第三方造成的质量缺陷

D. 不可抗力造成的质量缺陷

6. 某房屋的主体结构因设计原因出现质量缺陷，则关于该房屋质量保修事宜的说法，下列错误的是（　　　）。

A. 施工单位仅负责保修，并有权对由此发生的保修费用向建设单位索赔

B. 设计单位应承担此笔保修费用

C. 施工单位接到保修通知后,应在保修书约定的时间内予以保修

D. 施工单位不仅要负责保修,还要承担保修费用

7. 在保修期限内,因工程质量缺陷造成房屋所有人、使用人或者第三方人身、财产损害的,房屋所有人、使用人或者第三方可以向建设单位提出赔偿要求。因保修不及时造成新的人身、财产损害,由(　　)承担赔偿责任。

A. 保修施工方

B. 质量原因鉴定方

C. 建设管理方

D. 造成拖延的责任方

8. 工程项目回访的方式包括(　　)。

A. 季节性回访

B. 技术性回访

C. 保修期满前的回访

D. 周期性回访

【项目实训】

实训题 1

【背景资料】

某建筑工程合同工期为 700 天,当距离合同竣工日还有 40 天时,承包人自检认为已达到竣工验收要求,向发包人递交了竣工验收申请。发包人接到申请后次日,由总监组织,发包人、设计方、承包人、工程所在地质量安全监督管理站监督员共同进行了初验。初验现场,质量安全监督管理站监督员认为本次初验组织不符合要求,要求重新组织初验。2 日后,由总监组织,发包人、设计方、地勘单位、承包人、工程所在地质量安全监督管理站监督员再次共同进行初验。验收时,发包方以承包人有压缩工期之嫌,提前竣工验收后距离向业主交房的时间还有近 1 个月,增加了发包方的管理工作量,要求推迟验收。

【问题】

1. 总监组织发包人、设计方、承包人、工程所在地质量安全监督管理站监督员共同进行初验,质量安全监督管理站监督员认为该次验收组织不符合要求,理由是什么?

2. 发包方要求推迟验收是否合理?

3. 项目收尾管理主要包括哪些方面的管理工作?

实训题 2

【背景资料】

某施工单位承包某工程项目,甲、乙双方签订的关于工程价款的合同内容有:

(1)建筑安装工程造价为 660 万元,建筑材料及设备费占施工产值的比重为 60%;

(2)预付工程款为建筑安装工程造价的 20%,工程实施后,预付工程款从未施工工程尚需的主要材料及构件的价值相当于工程款数额时起扣;

(3)工程进度款逐月计算;

（4）工程保修金为建筑安装工程造价的 3%，竣工结算月一次扣留；

（5）材料价差调整按规定进行（按有关规定上半年材料价差上调 10%，在 6 月份一次调整）。

工程各月实际完成产值见表 11.4。

表 11.4　各月实际完成产值万元

月　份	2	3	4	5	6
完成产值	55	100	165	220	100

【问题】

1. 通常，工程竣工结算的前提是什么？

2. 工程价款结算的方式有哪几种？

3. 该工程的预付工程款为多少？

4. 6 月份办理工程竣工结算，该工程结算造价为多少？甲方应付工程结算款为多少？

5. 该工程在保修期间发生屋面漏水，甲方多次催促乙方修理，乙方一再拖延。最后，甲方另请施工单位修理，修理费为 1.5 万元，该项费用如何处理？

实训题 3

【背景资料】

某市一建筑公司与发包人签订建筑工程合同工期为 350 天。距离合同竣工日还有 60 天时，发包人口头要求将合同压缩 30 天，并承诺若承包人能压缩合同工期 30 天，将给予承包人 5 万元的奖励。承包人根据发包人要求，重新调整计划，组织赶工作业队伍进行赶工施工，并报方案经发包方签字确认。承包人于原合同工期的第 325 天时，完成了全部合同施工内容，并自检认为已达到竣工验收要求，向发包人递交了竣工验收申请。发包人接到申请后次日，组织了包括发包人、设计方、地勘单位、承包人、工程所在地质量安全监督管理站监督员在内的验收队伍进行工程竣工验收。

竣工验收合格，发包人认为承包人未能按要求压缩工期 30 天，取消奖励，同时不承认相关赶工费用，发包人还要求承包人自原合同工期满之日计算工程质保期。

按照合同约定，施工现场所有签证须在签证发生当月完成签证手续，承包人向发包人申请竣工结算时，发包人发现承包人基础施工时换填淤泥的签证未报发包人签字，仅现场管理人员进行了工程计量确认，因此，不予承认该签证。

承包人项目经理经过多次与发包人沟通，最终完成了项目竣工结算工作，拿到了工程尾款，宣布项目工作结束，解散项目部。

【问题】

1. 发包人取消承诺给承包人的奖励并不承认相关赶工费用，是否合理？

2. 承包人项目经理在项目收尾管理中应如何有效地与发包人进行沟通？

3. 发包人要求承包人自原合同期满之日起计算工程质保期是否正确？

4. 发包人不对承包人基础施工换填淤泥的签证予以承认是否正确？

5. 承包人项目经理拿到项目工程尾款就意味着项目工作结束了吗?

实训题 4

【背景资料】

某建设单位拟编制某工业生产项目的竣工决算。该建设项目包括 A、B 两栋办公楼和 C、D、E、F 职工宿舍及若干附属办公、生活建筑物。

【问题】

1. 什么是建设项目竣工决算? 竣工决算包括哪些内容?
2. 编制竣工决算的依据有哪些?
3. 如何进行竣工决算的编制?

项目 12 装配式建筑项目管理

【项目引入】

我国装配式建筑已经发展了近70年，从手工作业到机械化生产、从借鉴到自我创新，有过高潮也经历过低谷。进入21世纪，在"环保趋严+劳动力紧缺"背景下，装配式建筑迎来发展新契机。2013年以来，中央及地方政府持续出台相关政策大力推广装配式建筑，加之装配式技术发展日趋成熟，形成了如装配式框架结构、装配式剪力墙结构等多种形式的建筑技术，我国装配式建筑行业迎来快速发展新阶段。近几年，一系列政策的颁布，从行业规范、项目扶持、技术监督体系建设等方面加快了我国装配式建筑行业的发展。装配式建筑是一种新的生产方式，装配式建筑施工有别于传统的现浇施工，因此，对装配式建筑工程项目管理工作提出了更高的要求。

【学习目标】

知识目标：了解装配式建筑的概念和特征；熟悉装配式建筑项目管理的相关知识；熟悉现代信息技术在装配式建筑项目中的应用。

技能目标：能根据装配式建筑的特点进行质量、进度、成本、安全文明管理；能结合现代信息技术进行装配式建筑项目管理。

素质目标：在"中国制造2025"新一轮科技革命和产业变革背景下，建筑业正面临新的变革和重大影响。装配式建筑作为新型建筑工业化的代表，因其节能环保、降本增效等优势备受行业内关注。为规范行业发展，国家和地方政府相继出台政策为装配式技术的深度应用创造了良好的发展环境。作为学生，应该以治国、修身为目标，弘扬"工匠精神"，培养创新意识、团队协作意识，掌握扎实的专业技能，投身于产业报国，为建筑业的发展贡献自己的力量。

【学习重、难点】

重点：装配式建筑项目管理的内容。
难点：装配式建筑质量管理、进度管理、成本管理；BIM在装配式建筑中的应用。

【学习建议】

1. 本项目对装配式建筑作一般了解，着重学习装配式建筑项目管理的内容。
2. 学习中将装配式建筑和传统现浇建筑进行对比，掌握装配式建筑项目管理的内容。
3. 将现浇建筑的施工组织设计和装配式建筑施工组织设计进行对比，熟悉装配式建筑项目策划的重点和内容。
4. 项目后的习题应在学习中对应进度逐步练习，通过做练习加以巩固基本知识。

任务 12.1　装配式建筑概述

目前,国家正在大力发展装配式建筑,转变建筑业的生产方式,努力实现建筑行业的转型升级。相比传统现浇的建造方式,装配式建筑具有建筑质量高、建设速度快、节省成本多、环保效益好等优势。

12.1.1　装配式建筑的概念

装配式建筑是指把传统建造方式中的大量现场作业工作转移到工厂进行,在工厂加工制作好建筑用构件和配件(如楼板、墙板、楼梯、阳台等),运输到建筑施工现场,通过可靠的连接方式在现场装配安装而成的建筑。

装配式建筑主要包括预制装配式混凝土结构、钢结构、现代木结构建筑等,因为采用标准化设计、工厂化生产、装配化施工、信息化管理、智能化应用,是现代工业化生产方式的代表。

12.1.2　传统建造方式与装配式建造方式的区别

建筑生产方式的转变带来建筑生成流程的调整,由传统现浇混凝土结构环节转为预制构件厂生产,增加了预制构件的运输和堆放流程,最后在施工现场吊装就位,整体连接后现浇成整体结构,如图 12.1 和图 12.2 所示。装配式建筑设计阶段是工程项目的起点,对于项目成本和整体工期以及质量起到决定性作用,它比传统建筑设计增加了深化设计环节和预制构件的拆分设计环节。

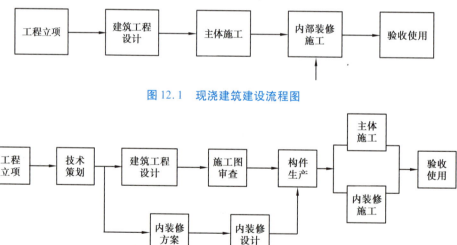

图 12.1　现浇建筑建设流程图

图 12.2　装配式建筑建设流程图

从建设过程与管理来看,装配式建造方式与传统现浇建造方式对比见表 12.1。

表 12.1　传统现浇建造方式与装配式建造方式的区别

内　容	传统现浇建造方式	装配式建造方式
设计阶段	设计与生产、施工脱节	一体化、信息化协同设计
施工阶段	现场湿作业、手工操作	装配化、专业化、精细化
装修阶段	毛坯房、二次装修	装修与主体结构同步
验收阶段	分部、分项抽验	全过程质量控制

续表

内　容	传统现浇建造方式	装配式建造方式
管理阶段	以农民工劳务分包为主追求各自利益	工程总承包管理,全过程追求整体效益最大化

装配式建筑不仅是技术方面的推广,可以肯定的是它将彻底改变当前建筑业的建造方式。简单概括装配式建筑和传统建筑的差别:

第一,装配式建筑必须要做到设计施工的一体化,集成利用资源,前端要考虑后端,后端要考虑前端,把这个建筑的产品变成一种最终的产品,而不是个半成品。

第二,工业化手段的介入,预制构件,包括现场机械化程度的提高,已替换现场的手工业作业。

第三,信息化的结合,建筑工程从设计到建造包含了大量数据,用信息化技术把数据系统化,建立数据库,数据的沉淀有助于后续工程项目逐渐完善。

12.1.3　装配式建筑的特征

装配式建筑以"五化一体"的建造方式为典型特征,即标准化设计、工厂化生产、装配化施工、一体化装修和信息化管理。

1)标准化设计

装配式建筑的核心是"集成",装配式建筑设计的理念为技术前置、管理前移、同步设计、协同合作,装配式建筑是采用共性条件对预制构件制订统一的标准与模式并进行适用范围广泛的设计,体现为标准化、模数化的设计方法(图12.3)。

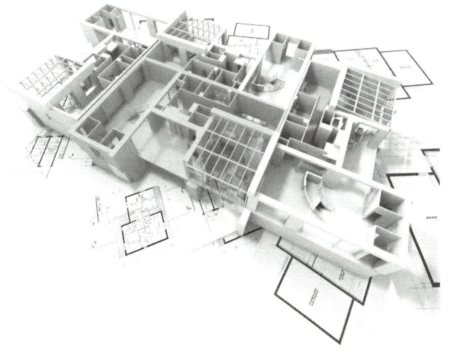

图 12.3　标准化设计

①施工图设计标准化。施工图设计需考虑工业化建筑进行标准化设计,通过标准化的模数、标准化的构配件通过合理的节点连接进行模块组装最后形成多样化及个性化的建筑整体。

②构件拆分设计标准化。构件厂根据设计图纸进行预制构件的拆分设计,构件的拆分在保证结构安全的前提下,尽可能减少构件的种类,减少工厂模具的数量。

③节点设计标准化。预制构件与预制构件、预制构件与现浇结构之间节点的设计,需参考国家规范图集并考虑现场施工的可操作性,保证施工质量,同时避免复杂连接节点造成现场施工困难。

2)工厂化生产

装配式建筑与传统现浇结构不同之处就是建筑生产方式发生了根本性变化,由过去的以现场手工、现场作业为主,向工业化、专业化、信息化生产方式转变。相当数量的建筑承重或非承重的预制构件和部品由施工现场现浇转为工厂化方式提前生产,是专业工厂制造和施工现场建造相结合的新型建造方式(图12.4)。工厂化生产全面提升了建筑工程的质量效率和经济效益。工厂化生产的优点:

①标准化程度高(工艺设置标准化,工序操作标准化)。

②机械化程度高(生产效率高,减少用工量)。

③产品质量有保证(内控体系)。

④受气候影响小(室内作业)。

图12.4 工厂化生产

工厂化生产带来五个方面的转变:手工生产→机械生产,工地生产→工厂生产,现场制作→现场装配,农民工→产业工人,污染施工→环保施工。

3)装配化施工

装配式建筑装配化施工强调现场施工机械化,施工现场的主要工作是对预制构件进行拼装,与传统现浇相比,重大区别是施工总平面的布置和吊装施工(图12.5)。

(1)平面布置

道路布置:现场施工道路需尽量设置为环形道路,其中构件运输道路需根据构件运输车辆载重设置成重载道路;道路尽量考虑永临结合并采用装配式路面。

堆场布置:吊装构件堆放场地要以满足1天施工需要为宜,同时为以后的装修作业和设备安装预留场地。预制构件堆场构件的排列顺序需提前策划,提前确定预制构件的吊装顺序,按先起吊的构件排布在最外端进行布置。

大型机械:根据最重预制构件重量及其位置进行塔式起重机选型,使得塔式起重机能够满足最重构件起吊要求。

（2）吊装施工

提前策划单位工程标准层预制构件的吊装顺序,构件出厂顺序与吊装顺序一致,保证现场吊装的有序进行。

预制构件吊装顺序为:预制墙体→叠合梁→叠合板→楼梯→阳台→空调板。外墙吊装顺序为先吊外立面转角处外墙,通过转角处外墙作为其余外墙吊装的定位控制基准,PC 板在两侧预制外墙吊装并校正完成之后进行安装。叠合梁、叠合板等按照预制外墙的吊装顺序分单元进行吊装,以单元为单位进行累积误差的控制。

图 12.5 装配化施工

4）一体化装修

装配式建筑强调主体结构与建筑装饰装修、机电管线预埋一体化,实现了高完成度的设计及各专业集成化的设计(图 12.6)。外墙门窗及外墙饰面砖随预制外墙同步工厂化生产,避免后期装修;采用夹心保温外墙板,外墙保温工程不单独施工;现浇部分采用铝模施工,与装配式结构结合,可避免后期抹灰,并可直接进行墙体装饰面的施工;水电等设备专用线盒在预制构件内预埋,避免后期剔凿。

图 12.6 一体化装修

5）信息化管理

建造过程信息化,需要在设计建造过程中引入信息化手段,采用 BIM(建筑信息模型)技术,进行设计、施工、生产、运营与项目管理全产业链整合(图 12.7)。通过 BIM 技术对现场进行建模应用,模拟施工现场,对预制构件进行深化设计、施工进度及构件吊装模拟;对现场进行实时视频监控；预制构件内预埋芯片实时跟踪预制构件在生产、出厂、卸车、安装及验收的状态。

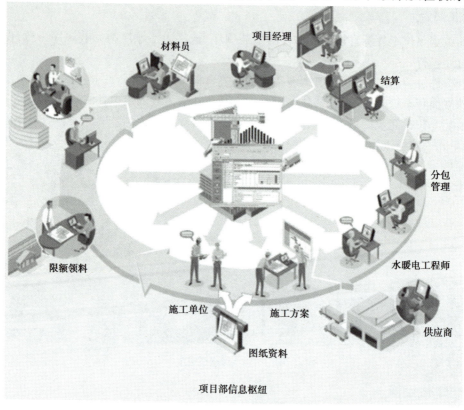

图 12.7　信息化管理

【学习笔记】

【关键词】

装配式建筑　标准化设计　工厂化生产　装配化施工　一体化装修　信息化管理

【任务练习】

选择题

1.装配式建筑项目管理具有明显区别于传统现浇建筑项目管理的特点有(　　　)和协同管理。

A.全过程性　　　B.精益建造理念　　　C.信息化管理　　　　　D.质量管理

2.相比传统现浇的建造方式，装配式建筑具有(　　　)、节省成本多、环保效益好等优势。

①建筑质量高　②建设速度快　③节省成本多　④适应范围广　⑤环保效益好

A.①②③④⑤　　　B.①②③⑤　　　　C.①②③④　　　　　D.②③④⑤

3. 装配式建筑是( )、装修和管理"五位一体"的体系化和集成化的建筑。

①设计　②运营　③生产　④施工

A. ①②③　　　　　　B. ①②④　　　　　　C. ①③④　　　　　　D. ②③④

4. 装配式建筑的核心是"( )",装配式建筑要求技术前置、管理前移、同步设计、协同合作。

A. 集成　　　　　　B. 环保　　　　　　C. 高效　　　　　　D. 优质

5. 下列几个选项中,( )是装配式建筑相比于现浇建筑独特的建设流程。

A. 工程立项　　　　B. 构件生产　　　　C. 施工图审查　　　　D. 主体施工

6. 装配式建筑信息化管理指的是采用( )技术,进行设计、施工、生产、运营与项目管理全产业链整合。

A. BIM　　　　　　B. 物联网　　　　　　C. 人工智能　　　　　　D. 虚拟现实

7. 装配式建筑的典型特征包括( )。

A. 标准化设计　　B. 工厂化生产　　　C. 装配化施工　　　　D. 一体化装修

E. 信息化管理

8. 装配式建筑构件的工厂化生产带来了哪些方面的转变( )?

A. 手工生产→机械生产　　　　　　　B. 工地生产→工厂生产

C. 现场制作→现场装配　　　　　　　D. 农民工→产业工人

E. 污染施工→环保施工

任务 12.2　装配式建筑项目管理基础

装配式建筑与传统现浇建筑区别很大。传统的静态管理和粗放式管理已无法满足当下装配式建筑工程项目的实际管理需求,必须积极转变工程项目管理模式,实施动态管理和精细化管理,才能够有效提高工程项目管理水平。装配式建筑项目管理也有别于传统的建筑项目管理。

12.2.1　装配式建筑项目管理的内容

装配式建筑项目管理应根据项目管理规划大纲和项目管理实施规划所明确的管理计划和管理内容进行管理。项目管理内容包括:策划管理、质量管理、进度管理、成本管理、安全文明管理、环境保护以及绿色施工管理、合同管理、信息管理、沟通协调等。装配式建筑项目管理中的施工管理不仅仅是施工现场的管理,而是包括工厂化预制管理在内的整个工程施工的全过程管理和有机衔接。

1) 装配式建筑项目策划管理

相对于传统现浇建筑项目,装配式建筑项目特别需要进行精细化管理,体现着精益建造的理念,强调设计、生产与施工的一体化以及技术与管理一体化。装配式建筑项目管理策划是装配式建筑项目管理的重点内容,项目管理策划对于装配式建筑项目后期进行的质量、成本、进度、安全管理等各方面管理工作产生重大影响。

装配式建筑项目管理策划工作,要抓住一个核心,即一切以"预制构件吊装"为计划的核心,其他一切要服从于这个计划,并以预制构件为核心来配置各种资源。装配式建筑项目管理策划应根据装配式建筑项目的特点和具体情况来进行,不同项目的管理策划内容及重点会有所不同,见表12.2。装配式建筑项目要制定各种策划方案,比如,吊装工程专项方案、灌浆工程专项方案、预制构件堆放架专项方案、预制构件运输方案等。

表 12.2　装配式建筑项目构件吊装策划的内容及重点

内　容	策划重点	备　注
施工总平面布置	垂直运输机械(塔吊)、施工便道、构件堆场	全局性、合理性、阶段性;场内通道,吊装设备,吊装方案,构件码放场地等
施工进度计划	总体进度计划、标准层施工计划,施工工艺	考虑是否分层验收,是否流水及立体穿插,构件运输、堆场、塔吊使用,需要其他配套计划配合
构件运输	运输方案	车辆型号数量,运输路线,现场装卸方法
质量管理	构件(设计+进场+成品保护)、构件吊装、灌浆质量控制	构件质量控制包括工厂内和现场梁阶段,吊装涉及钢筋定位、吊装精度、灌浆质量控制
人员管理	项目团队,构件吊装	专业管理团队,构件吊装人员培训,塔吊司机、电焊工等特种作业人员均持证上岗
材料管理	吊具、支撑、辅材	预制构件,专业吊具,堆放,吊装支撑系统,吊装辅材,模板系统
技术管理	专项方案、技术措施	专项方案验算,图纸会审及技术交底
安全管理	事前控制、事中控制、事后控制	设计的质量及深度,设计交底,施工专项方案安全验算(支撑、吊具),生产过程(埋件、强度),吊装设备及吊具安全,吊装人员,套筒灌浆,吊装过程,安全设备及防护
协调管理	设计、构件、工序等	与设计单位的设计协调,与构件厂家的生产、运输的协调,施工现场施工工艺的协调
绿色建造与环境保护计划	绿色设计、绿色施工	实施绿色设计、绿色施工、节能减排、保护环境

2)质量管理

装配式建筑项目策划

装配式混凝土结构是建筑行业由传统的粗放型生产管理方式向精细化方向转型发展的重要标志,相应的质量精度要求由传统的厘米级提升至毫米级的水平,因此,对施工管理人员、施工设备、施工工艺等均提出了很高的要求。

装配式建筑项目施工的质量管理必须涵盖构件生产、构件运输、构件进场、构件堆置、构件吊装就位、节点施工等一系列过程,质量管控人员的监管及纠正措施必须贯穿始终。预制构件生产必须对每个工序进行质量验收,尤其对与吊装精度息息相关的埋件、出筋位置、平面尺寸等严格按照设计图纸及规范要求进行验收。预制构件运输应采用专用运输车辆,构件装车时必须按照设计要求设置搁置点,搁置点应满足运输过程中构件强度的要求。构件进场后,必须对预埋件、出筋位置、外观、平面尺寸等进行逐一验收。构件堆放必须符合相关标准和规范所规定的要求,地面应硬化,硬化标准应按照所堆放构件的种类和重量进行设计,并确保具有足够的承载力。对于外墙板,应使用专用堆置架,并对边角、外饰材、防水胶条等加强保护。

竖向受力构件的连接质量与预制建筑结构安全密切相关,是质量管理的重点。竖向受力构件之间的连接一般采用灌浆连接技术,灌浆的质量直接影响整个结构的安全性,因此必须进行重点监控。灌浆前应对浆料的物理化学性能、浆液流动性、28 天强度、灌浆接头同条件试样等进行检测,同时对于灌浆过程应进行全程旁站式施工质量监管,确保灌浆质量满足设计要求。

精细化质量管理,对人员素质、施工机械、施工工艺要求极高,因此施工过程中必须由专业的质量管控人员全程监控,施工操作人员必须为专业化作业人员,施工机械必须满足装配式建筑施工精度要求并具备施工便利性,施工工艺必须先进和可靠。

在装配式建筑工程的前期准备阶段,项目管理人员应全面了解工程资料和施工情况,并据此对项目总体质量目标进行分解;在施工阶段,加强对施工现场各生产要素的管理,如在各施工环节前先有效组织技术交底、施工现场分区、分类放置施工材料和设备并保障材料运输通道畅通、监督施工人员的各项作业等,并重视施工质量检验,前一道工序装配完成并检验合格后才能进行下道工序的装配;在项目竣工验收阶段,严格按照相关法律法规、标准规范、施工图纸及合同对施工质量进行全面检查验收。

3) 进度管理

在装配式建筑工程进度管理中,应根据合同工期要求合理编制施工进度计划,明确各阶段作业的时间安排,并有效落实进度计划。在编制进度计划时应着重关注施工里程碑进度计划,明确各阶段的控制点,用以约束后续计划;在编制项目施工详细进度计划时,应明确各施工环节的具体作业内容;在编制施工专业进度计划时,应明确每项作业的精确进度计划,采用日进度管理,将项目整体施工进度计划分解至日施工计划,以满足精细化进度管理的要求。构件之间装配及预制和现浇之间界面的协调施工直接关系到整体进度,因此必须做好构件吊装次序、界面协调等计划。装配式建筑与传统建筑施工进度管理对垂直运输设备的使用频率相差极大,装配式建筑对垂直运输设备的依赖性非常大,因此必须编制垂直运输设备使用计划,计划编制时应将构件吊装作业作为最关键作业内容,并精确至日、小时,最终以每日垂直运输设备使用计划指导施工。在具体的工程项目进度管理过程中,应充分考虑到装配式建筑工程项目的总工期、后续工期条件等问题,综合各种因素并采取系统措施来确保项目施工进度计划的有效落实。再者还应加强项目施工进度监测,实时更新进度信息,形成每周反馈。

4) 成本管理

装配式建筑的成本管理主要包括预制厂内成本管理、运输成本管理及现场吊装成本管理。厂内成本管理主要受制于模具设计、预埋件优化、生产计划合理化等因素。模具设计在满足生产要求下,应做到数量最少化、效率最大化,同时合理安排生产计划,尽可能提高模板的周转次数,降低模具的摊销费用。运输成本主要与运距有关,因此,预制厂选址时必须考虑运距的合理性和经济性,预制厂与施工现场的最大距离不宜超过 80 km。现场吊装成本主要包括垂直运输设备、堆场及便道、吊装作业、防水等成本,此阶段成本控制应在深化设计阶段即对构件的拆分、单块构件重量、最大构件单体重量的进行优化,尽可能降低垂直运输、堆场及便道的标准,降低此部分的施工成本。

5) 安全文明管理

起重吊装作业贯穿于装配式建筑项目的主体结构施工全过程,作为安全生产的重大危险源,必须重点管控,结合装配式建筑施工特色引进旁站式安全管理、新型工具式安全防护系统等先进安全管理措施。

由于装配式建筑所用构件种类繁多,形状各异,重量差异也较大,因此对于一些重量较大的异形构件,应采用专用的平衡吊具进行吊装。由于起重作业受风力影响较大,现场应根据作业层高度设置不同高度范围内的风力传感设备,并制订各种不同构件吊装作业的风力受限范围,在预制构件吊装的规划中应予以明确并实施管理。在施工中应结合装配式建筑的特点合理布置现场堆场、便道和建筑废弃物的分类存放与处置。有条件的尽可能使用新型模板、标准化支撑体系等,以提高施工现场整体绿色建造施工水平,达到资源重复利用的目的。

由于装配式建筑施工的特殊性,相关施工作业人员必须配置完整的个人作业安全防护装备并正确使用。一般的安全防护用品应包括但不限于安全帽、安全带、安全鞋、工作服、工具袋等施工必备的装备。装配式建筑施工管理人员及特殊工种等有关作业人员必须经过专项安全培训,在取得相应的作业资格后方可进入现场从事与作业资格对应的工作。对于从事高空作业的相关人员,应定期进行身体检查,对有心脑血管疾病史、恐高症、低血糖等病症的人员一律严禁从业。

6)环境保护与绿色施工管理

装配式建筑是绿色、环保、低碳、节能型建筑,是建筑行业可持续发展的必由之路。以人为本、发展绿色建筑,特别是住宅项目把节约资源和保护环境放在突出的位置,极大地推动了绿色建筑的发展。装配式建筑施工技术使施工现场作业量减少、使施工现场更加简洁,采用高强度自密实商品混凝土大大减少了噪声、粉尘等污染,最大限度地减少了对周边环境的污染,让周边居民享有一个更加安宁整洁的无干扰环境。装配式建筑由干式作业取代了湿式作业,现场施工的作业量和污染排放量明显减少,与传统施工方法相比,建筑垃圾大大减少,如图 12.8 所示。

图 12.8　装配式施工现场与传统式现浇施工现场对比

绿色施工管理针对装配式建筑主要体现在现场湿作业减少,木材使用量大幅下降,现场的用水量降低幅度也很大,通过对预制率和预制构件分布部位的合理选择以及现场临时设施的重复利用,并采取节能、节水、节材、节地和环保的技术措施,达到绿色建造的管理要求。

建筑节能与
绿色建筑发展
"十四五"规划

12.2.2　装配式建筑项目管理的特点

装配式建筑是一种现代化的生产方式的转变,装配式建筑项目管理明显有别于传统现浇建筑项目管理,装配式建筑在项目管理的过程中更加强调以下特点。

1)全过程性

装配式建筑的工程项目管理模式不同于传统现浇建筑的管理模式,正在逐步地由单一的专业性管理向综合各个阶段管理的全过程项目管理模式发展,充分体现了项目管理全过程性的特点。装配式建筑项目摒弃原有现浇项目的策划、设计、施工、运营分别由不同单位各自管理的模式,整合所有相关专业部门高度参与到项目策划、设计、施工和运营的整个过程,强调工程系统集成与工程整体优化,突显了全过程项目管理的优势。

2)精益建造

精益建造对施工企业产生了革命性的影响,现在精益建造也开始在建筑业应用。特别是在装配式建筑项目中,部分预制构件和部品由相关专业生产企业制作,专业生产企业在场区内采用专业设备、专业模具,由经过培训的专业操作工人加工预制构件和部品,并运输到施工现场;在施工现场经过科学地安装,可以最大限度地满足建设方或业主的需求;同时,改进工程质量,减少浪费,保证项目完成预定的目标并实现所有劳动力工程的持续改进。精益建造对提高生产效益是显而易见的,它为避免大量库存造成的浪费,可以按所需及时供料。它强调施工中的持续改进和零缺陷,不断提高施工效率,从而实现建筑企业利润最大化的系统性的生产管理模式。精益建造更强调面向建筑产品的全生命周期进行动态的控制,更好地保证项目完成预定的目标。

3）信息化管理

装配式建筑"设计、生产、装配一体化"的实现需要设计、生产、装配过程的 BIM 信息技术应用。基于 BIM 的一体化信息管理平台,可以实现对装配式建筑设计、生产、装配全过程的采购、成本、进度、合同、物料、质量和安全的信息化管理,最终实现项目资源全过程的有效配置。

4）协同管理

从建造过程来看,装配式建筑项目区别于传统的"设计 + 施工"的建造模式,需要利用 BIM 技术将设计、生产、施工、装修和管理的全过程进行集成,在这个过程中,不但需要实现装配式建筑设计阶段各专业的协同管理,充分考虑到建筑、结构、给水排水、供暖、通风空调、强电、弱电等专业前期在施工图纸上高度融合;而且还要提升项目设计、生产、施工、装修、运营管理等各环节的协同管理,比如,施工组织管理应提前介入施工图设计及深化设计和构件拆分设计,使得设计差错尽可能少,生产的预制构件规格尽可能少,预制构件重量同运输和吊装机械相匹配,施工安装效率高,模板和支撑系统便捷,建造工期适当缩短。从横向来看,项目建设及管理的各个阶段均需要实现进度、成本、质量等的协调管理。

12.2.3　装配式建筑与 BIM、EPC（工程总承包）的关系

装配式建筑"设计、生产、装配一体化"的实现需要设计、生产、装配过程的 BIM 信息技术应用。通过 BIM 一体化设计技术、BIM 工厂生产技术和 BIM 现场装配技术的应用,设计、生产、装配环节的数字化信息会在项目的实施过程中不断地产生,实现了协同。因此,装配式建筑需要建立基于 BIM 的信息化管理平台,建立一个数据中心作为工程项目 BIM 设计、生产、装配信息的运算服务支持,通过该平台可以形成企业资源数据库,并实现协同办公。

EPC 是装配式建筑的关键,这是由传统的生产方式和新型装配式建筑这种新的建造方式的区别所决定的。传统的现浇生产模式是分散的,相对资源是粗放的,管理是各自管各自的,新型装配式建筑是需要集约化管理。通过基于 BIM 的一体化信息管理平台,EPC 工程建造一体化管理可以实现对装配式建筑设计、生产、装配全过程的采购、成本、进度、合同、物料、质量和安全的信息化管理,最终实现项目资源全过程的有效配置。

装配式建筑项目具有"标准化设计、工厂化生产、装配化施工、一体化装修、信息化管理"的特征。装配式建筑是一项系统性工程,这种建造方式的最大特征就是高度集成,需要系统化的工程项目管理模式与之相匹配,这种模式就是 EPC 工程总承包管理模式。装配式建筑设计需要"技术前移,管理前置,同步设计,协同合作"。传统的建造模式设计和施工可以分开,而装配式建筑在设计和施工之间需要相互介入、融合,两者密不可分,这是传统项目管理模式无法做到的。通过 EPC 工程总承包的系统性管理,充分发挥设计的主导作用。EPC 模式的优势在于由总承包商从一开始就对项目进行优化设计,充分发挥设计、采购、施工各阶段的合理交叉和充分协调,由此降低管理与运行成本,提升投资效益,如图 12.9 所示。从行业的角度来看,唯有推行

EPC 总承包
管理模式解读

EPC 模式,才能将工程建设的全过程联结为完整的一体化产业链,全面发挥装配式建筑的建造优势。

图 12.9　EPC 模式下的交叉协同管理

　　BIM 技术协同和集成的理念与装配式建筑一体化建造的思路高度融合,特别是在 EPC 工程总承包管理模式下,基于 BIM 的装配式建筑信息化应用的作用和优势越发突出。结合 BIM 技术的发展状况和装配式建筑的系统性特征,借助 BIM 等信息化技术将各环节、各专业、各参与方的信息屏障打通,进而推进装配式建筑一体化建造的实施和推广,实现我国建筑工业化和信息化的深度融合。

12.2.4　现代信息技术在装配式建筑项目中的应用

　　装配式建筑核心是"集成",BIM 则是"集成"的主线,串联设计、生产、施工、装修和管理全过程,服务于设计、建设、运维、拆除全生命周期,可数字化仿真模拟,信息化描述系统要素,实现信息化协同设计、可视化装配,工程量信息交互和节点连接模拟及检验等全新运用,整合建筑全产业链,实现全过程、全方位信息化集成。装配式建筑预制构件的生产、运输、吊装的信息化管理需要将 BIM 技术、物联网技术、大数据和云技术等综合起来。其中 BIM 技术是基础,物联网是纽带,大数据是核心,云技术是平台。

1) BIM 技术应用

　　装配式建筑"设计、生产、装配一体化"的实现需要设计、生产、装配过程的 BIM 技术应用。通过 BIM 一体化设计技术、BIM 工厂生产技术和 BIM 现场装配技术的应用,设计、生产、装配环节的数字化信息会在项目的实施过程中不断地产生,实现了协同。BIM 技术在装配式建筑施工管理阶段中的运用主要包括:施工模拟(图 12.10)、成本控制(图 12.11)、进度控制(图 12.12)、可视化技术交底(图 12.13)、质量管理、竣工模型交付(图 12.14)和信息化管理。

图 12.10　墙体构件安装模拟

<钢筋明细表>

B	C	D	E	F	G	H
A	钢筋体积	钢筋直径	钢筋长度	起点的弯钩	终点的弯钩	总钢筋长度
5760 mm	1465.74 cm³	18 mm	5760 mm	无	无	5760 mm
5760 mm	1465.74 cm³	18 mm	5760 mm	无	无	5760 mm
5760 mm	1465.74 cm³	18 mm	5760 mm	无	无	5760 mm
5760 mm	1465.74 cm³	18 mm	5760 mm	无	无	5760 mm
5760 mm	886.68 cm³	14 mm	5760 mm	无	无	5760 mm
5760 mm	886.68 cm³	14 mm	5760 mm	无	无	5760 mm
5760 mm	886.68 cm³	14 mm	5760 mm	无	无	5760 mm
5760 mm	886.68 cm³	14 mm	5760 mm	无	无	5760 mm
5760 mm	886.68 cm³	14 mm	5760 mm	无	无	5760 mm
5760 mm	886.68 cm³	14 mm	5760 mm	无	无	5760 mm
5760 mm	886.68 cm³	14 mm	5760 mm	无	无	5760 mm
460 mm	5601.59 cm³	8 mm	1990 mm	抗震镫筋/箍筋	抗震镫筋/箍筋	111440 mm
460 mm	4025.26 cm³	8 mm	1430 mm	抗震镫筋/箍筋	抗震镫筋/箍筋	80080 mm
5760 mm	886.68 cm³	14 mm	5760 mm	无	无	5760 mm
160 mm	3912.67 cm³	8 mm	1390 mm	抗震镫筋/箍筋	抗震镫筋/箍筋	77840 mm
460 mm	5629.73 cm³	8 mm	2000 mm	抗震镫筋/箍筋	抗震镫筋/箍筋	112000 mm
360 mm	4503.79 cm³	8 mm	1600 mm	抗震镫筋/箍筋	抗震镫筋/箍筋	89600 mm
860 mm	6192.71 cm³	8 mm	2200 mm	抗震镫筋/箍筋	抗震镫筋/箍筋	123200 mm
5760 mm	1809.56 cm³	20 mm	5760 mm	无	无	5760 mm
5760 mm	1809.56 cm³	20 mm	5760 mm	无	无	5760 mm
5760 mm	1809.56 cm³	20 mm	5760 mm	无	无	5760 mm
5760 mm	1809.56 cm³	20 mm	5760 mm	无	无	5760 mm
5760 mm	1809.56 cm³	20 mm	5760 mm	无	无	5760 mm
5760 mm	1809.56 cm³	20 mm	5760 mm	无	无	5760 mm
5760 mm	1809.56 cm³	20 mm	5760 mm	无	无	5760 mm
5760 mm	1809.56 cm³	20 mm	5760 mm	无	无	5760 mm
5760 mm	886.68 cm³	14 mm	5760 mm	无	无	5760 mm
5760 mm	886.68 cm³	14 mm	5760 mm	无	无	5760 mm
5760 mm	886.68 cm³	14 mm	5760 mm	无	无	5760 mm
5760 mm	886.68 cm³	14 mm	5760 mm	无	无	5760 mm

图 12.11　钢筋明细表

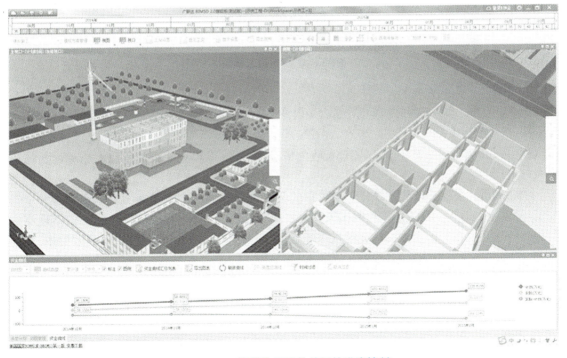

图 12.12　某项目 BIM 软件下的进度控制

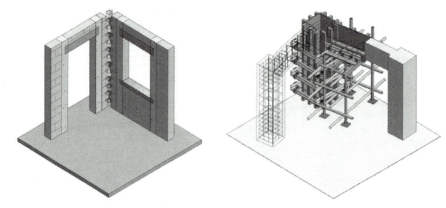

图 12.13　可视化技术交底

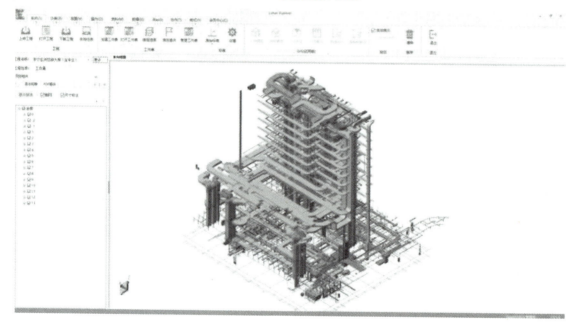

图 12.14　BIM 竣工模型

2）装配式建筑物联网系统

装配式建筑物联网系统是以单个部品（构件）为基本管理单元，以无线射频芯片（RFID 及二维码）为跟踪手段，以工厂部品生产、现场装配为核心，以工厂的原材料检验、生产过程检验、出入库、部品运输、部品安装、工序监理验收为信息输入点，以单项工程为信息汇总单元的物联网系统。

物联网可以贯穿装配式建筑施工与管理的全过程，实际上从深化设计开始就已经将每个构件唯一的"身份证"—ID 识别码编制出来，为预制构件生产、运输、存放、装配、施工包括现浇构件施工等一系列环节的实施提供关键技术基础，保证各类信息跨阶段无损传递、高效使用，实现精细化管理，实现可追溯性。

3）智慧工地

智慧工地，就是立足于"智慧城市"和"互联网+"，采用云计算、大数据和物联网等技术手段，针对所收集的信息特点，结合不同的需求，构建信息化的施工现场一体化管理解决方案。"智慧工地"是建立在高度信息化基础上的一种支持对人

智慧工地应用

和物全面感知、施工技术全面智能、工作互通互联、信息协同共享、决策科学分析、风险智慧预控的新型信息化手段,围绕人、机、料、法、环等关键要素,可大大提升工程质量、施工安全,节约成本,提高施工现场决策能力和管理效率,实现工地的数字化、精细化、智慧化,如图 12.15 所示。

图 12.15　智慧工地示意

智慧工地的内容涵盖质量管理、资料管理、进度管理、安全管理、施工管理、费用管理、人员管理等各个层面,随着智慧工地应用的不断完善,智慧工地的管理内容将更加广泛。

（1）**人员管理**

（2）**安全监控管理**

①塔吊安全监控管理。

②吊钩可视化管理。

③防火监测报警系统。

④防汛报警系统。

⑤视频监控管理。

⑥卸料平台监控管理。

⑦安全疏散模拟系统。

（3）**环境管理**

①扬尘噪声监控。

②降尘喷淋。

③天气预报。

④红外线感应节能照明。

（4）**工程进度管理**

（5）**质量管理**

①三维激光扫描技术。

②机器人放样技术。

③3D 打印技术。

④激光放线。

⑤三维施工交底。

⑥质量安全巡检。

(6)物料管理

(7)工程资料管理

【学习笔记】

_____

_____

_____

_____

_____

_____

【关键词】

装配式建筑　项目管理　BIM　物联网系统　智慧工地

【任务练习】

选择题

1.装配式建筑项目应采用建筑信息模型(BIM)技术,通过设计、(　　)、运输、施工等专业协调和信息共享,为实现全过程的质量控制和管控追溯提供信息化支撑。

A.建模　　　　　B.生产　　　　　C.预制　　　　　D.装配

2.在进行项目策划管理过程中,(　　)属于装配式建筑项目要制订的策划方案。

A.土方开挖工程方案　　　　　　B.土方回填工程方案

C.打孔工程专项方案　　　　　　D.灌浆工程专项方案

3.装配式建筑项目施工的(　　)涵盖构件生产、构件运输、构件进场、构件堆置、构件吊装就位、节点施工等一系列过程,质量管控人员的监管及纠正措施必须贯穿始终。

A.质量管理　　B.进度管理　　　C.成本管理　　　　D.信息管理

4.我们所说的"建筑信息模型"是指(　　)。

A.BIN　　　　　B.BIM　　　　　C.DIN　　　　　D.DIM

5.(　　)是指全寿命期工程项目或其组成部分物理特征、功能特性及管理要素的共享数字化表达。

A.建筑信息模型应用　　　　　　B.建筑信息模型

C.基本任务工作方式应用　　　　D.建筑业信息化

6.BIM让人们将以往的线条式的构件形成一种三维的立体实物图形展示在人们的面前,这体现了BIM的(　　)特点。

A.可视化　　　　B.协调性　　　　C.优化性　　　　　D.可出图性

7.装配式建筑物联网系统以(　　)为基本管理单元。

A.单个部品(构件)　　　　　　B.无线射频芯片

C.现场装配　　　　　　　　　D.单项工程

8.物联网系统是集行业门户、企业认证、工厂生产、运输安装、竣工验收、大数据分析、(　　)等为一体的。

A.工程分包　　　　B.工程监理　　　　　C.工程施工　　　　　　　D.工程招标

9.智慧工地采用技术手段包括(　　　)。

A.云计算　　　　　B.大数据　　　　　　C.物联网　　　　　　　　D.打桩机

E.挖掘机

【项目小结】

本项目介绍了装配式建筑的概念,传统建造方式与装配式建造方式的区别,装配式建筑的特征;装配式建筑项目管理的内容,装配式建筑项目管理的特点,装配式建筑与 BIM、EPC 的关系以及现代信息技术在装配式建筑项目中的应用。装配式建筑项目管理的要求比现浇项目更高更严,策划工作是装配式建筑项目管理的重点内容,其核心是"预制构件吊装"。

【项目练习】

选择题

1.下列不是我国大力推崇 BIM 的原因的是(　　　)。

A.提高工作效率　B.控制项目成本　　　C.提升建筑品质　　　　　D.使建筑更安全

2.以下不是 BIM 的特点的是(　　　)。

A.可视化　　　　　B.模拟性　　　　　　C.保温性　　　　　　　　D.协调性

3.下列不是 BIM 实现施工阶段的项目目标的是(　　　)。

A.施工现场管理　B.物业管理系统　　　C.施工进度模拟　　　　　D.数字化构件加工

4.BIM 的精髓在于(　　　)。

A.控制　　　　　　B.模型　　　　　　　C.大数据　　　　　　　　D.协同

5.在进行项目策划管理过程中,(　　　)属于装配式建筑项目要制订的策划方案。

A.土方开挖工程方案　　　　　　　　　B.土方回填工程方案

C.打孔工程专项方案　　　　　　　　　D.灌浆工程专项方案

6.装配式建筑项目施工的(　　　)必须涵盖构件生产、构件运输、构件进场、构件堆置、构件吊装就位、节点施工等一系列过程,质量管控人员的监管及纠正措施必须贯穿始终。

A.质量管理　　　　B.进度管理　　　　　C.成本管理　　　　　　　D.信息管理

7.装配式建筑预制构件的生产、运输、吊装的信息化管理需要将 BIM 技术、物联网技术、大数据和云技术等综合起来。其中 BIM 技术是基础,(　　　)是纽带。

A.物联网　　　　　B.人工智能　　　　　C.大数据　　　　　　　　D.云技术

8."构件之间装配及预制和现浇之间界面的协调施工直接关系到整体进度,因此必须做好构件吊装次序、界面协调等计划",涉及的是装配式建筑项目施工的(　　　)。

A.质量管理　　　　B.进度管理　　　　　C.成本管理　　　　　　　D.信息管理

9.(　　　)针对装配式建筑主要体现在现场湿作业减少,木材使用量大幅下降,现场的用水量降低幅度也很大,通过对预制率和预制构件分布部位的合理选择以及现场临时设施的重复利用,并采取节能、节水、节材、节地和环保的技术措施。

A.安全文明管理　B.进度管理　　　　　C.成本管理　　　　　　　D.绿色施工管理

10.以建筑设计为前提是装配式建筑的(　　　)特征。

A.建筑设计标准化　　　　　　　　　　B.部品生产工厂化

C.现场施工装配化　　　　　　　　　　D.结构装修一体化

【技能实训】

实训题 1

【背景资料】

某装配式建筑群由两栋单体建筑组成,由 1 台塔吊负责 AB 栋建筑构件吊装。标准层施工工期安排见表12.3。

表12.3　AB 栋标准层施工工期安排

工期	时间	B 栋	A 栋	塔吊利用率
第一天	6:30—8:30	测量放线	墙柱铝模安装	中
	8:30—15:30	爬架提升、下层预制楼梯吊装	墙柱铝模安装	
	8:30—18:30	预制外墙板吊装、绑扎部分墙柱钢筋	梁板铝模安装、穿插梁钢筋绑扎	
第二天	6:30—12:00	竖向构件钢筋绑扎及验收	预制叠合板、预制阳台吊装	高
	12:30—17:30	墙柱铝模安装		
第三天	6:30—12:00	墙柱铝模安装	预制叠合板、预制阳台吊装	高
	12:30—19:30	梁板铝模安装、穿插梁钢筋绑扎		
第四天	6:30—12:00	预制叠合板、预制阳台吊装	预制叠合板、预制阳台吊装	高
	13:00—15:30		板底筋绑扎	
	15:30—19:30		水电预埋	
第五天	6:30—11:30	预制叠合板、预制阳台吊装	板面筋绑扎、验收	高
	12:30—18:30		混凝土浇筑	
第六天	6:30—12:00	预制叠合板、预制阳台吊装	测量放线、爬架提升	中
	13:00—15:30	板底筋绑扎	爬架提升、下层预制楼梯吊装	
	15:30—19:30	水电预埋	预制外墙板吊装、绑扎部分墙柱钢筋	
第七天	6:30—11:30	板面筋绑扎、验收	竖向构件钢筋绑扎及验收	低
	12:30—18:30	混凝土浇筑	墙柱铝模安装	

【问题】

1. 利用 Excel 或者 Project 软件完成标准层施工工期横道图的绘制。

2. 每天的工作时间怎么分段?具体到小时。

3. 装配式建筑项目除需要制订标准层进度计划以外,还需要制订什么计划?

4. 装配式建筑相对于传统现浇项目,增加了什么工种?

参考文献

［1］中华人民共和国住房和城乡建设部.建筑工程施工质量验收统一标准:GB 50300—2013 ［S］.北京:中国建筑工业出版社,2014.

［2］中华人民共和国国家质量监督检验检疫总局,中国国家标准化管理委员会.环境管理体系　要求及使用指南:GB/T 24001—2016［S］.北京:中国标准出版社,2017.

［3］中华人民共和国国家质量监督检验检疫总局,中国国家标准化管理委员会.职业健康安全管理体系要求:GB/T 28001—2011［S］.北京:中国标准出版社,2012.

［4］中华人民共和国住房和城乡建设部,中华人民共和国国家质量监督检验检疫总局.建设工程项目管理规范:GB/T 50326—2017［S］.北京:中国建筑工业出版社,2018.

［5］中华人民共和国住房和城乡建设部,国家质量监督检验检疫总局.建设工程监理规范:GB/T 50319—2013［S］.北京:中国建筑工业出版社,2014.

［6］全国一级建造师执业资格考试用书编写委员会.建筑工程管理与实务［M］.北京:中国建筑工业出版社,2022.

［7］全国二级建造师执业资格考试用书编写委员会.建筑工程管理与实务［M］.北京:中国建筑工业出版社,2021.

［8］刘晓丽,谷莹莹.建筑工程项目管理［M］.2版.北京:北京理工大学出版社,2018.

［9］周鹏,奉丽玲.建筑工程项目管理［M］.北京:冶金工业出版社,2010.

［10］银花.建筑工程项目管理［M］.北京:机械工业出版社,2010.

［11］郑文新.土木工程项目管理［M］.北京:北京大学出版社,2011.

［12］李玉芬,冯宁.建筑工程项目管理［M］.北京:机械工业出版社,2008.

［13］王庆刚,李静.建筑工程施工项目管理［M］.武汉:武汉理工大学出版社,2011.

［14］宋春岩,付庆向.建设工程招投标与合同管理［M］.北京:北京大学出版社,2008.

［15］叶雯,路浩东.建筑信息模型(BIM)概论［M］.重庆:重庆大学出版社,2017.

［16］桑培东,亓霞.建筑工程项目管理［M］.北京:中国电力出版社,2007.

［17］冯松山,李海全.建设工程项目管理［M］.北京:北京大学出版社,2011.

［18］李佳升.工程项目管理［M］.北京:人民交通出版社,2007.